U0197829

21世纪高等学校网络空间安全专业规划教材

视频监控原理与应用

◎ 洪云 李锦 赵家兴 主 编
张爽 闫薇 宇忠源 郝家磊 副主编

清华大学出版社
北京

内 容 简 介

本书从音视频的基础技术入手，以视频监控系统为主要技术结构，精选大量的实用案例，循序渐进地介绍了视频监控系统的基本原理及其应用技术，结合实例讲解了难点和关键技术，在实例选择上侧重实用性和启发性。特别强调知识点的应用性，配合视频监控系统的行业应用图片来系统介绍视频监控系统的原理并提高读者对视频监控系统的操作技能。全书内容包括：音视频技术基础，视频监控技术概述，视频监控系统前端摄像机、前端配套器件、传输设备、处理控制设备、终端设备和存储设备，最后从实际应用的角度，详细阐述了视频监控系统的行业应用步骤与需求。

本书特别注重引导学生参与课堂教学活动，非常适合作为高等院校公安视听技术、网络空间安全、计算机科学与技术、网络工程、多媒体信息技术等专业视频监控系统方面的教材，也特别适合作为视频行业人员的工具书。

图书在版编目(CIP)数据

视频监控原理与应用/洪云，李锦，赵家兴主编. —北京：清华大学出版社，2021.3(2022.8重印)
21世纪高等学校网络空间安全专业规划教材
ISBN 978-7-302-57256-5

Ⅰ. ①视… Ⅱ. ①洪… ②李… ③赵… Ⅲ. ①视频系统－监视控制－高等学校－教材 Ⅳ. ①TN94

中国版本图书馆CIP数据核字(2021)第005374号

责任编辑：闫红梅　薛　阳
封面设计：刘　键
责任校对：焦丽丽
责任印制：杨　艳

出版发行：清华大学出版社
　　网　　址：http://www.tup.com.cn，http://www.wqbook.com
　　地　　址：北京清华大学学研大厦A座　　**邮　　编**：100084
　　社 总 机：010-83470000　　**邮　　购**：010-62786544
　　投稿与读者服务：010-62776969，c-service@tup.tsinghua.edu.cn
　　质量反馈：010-62772015，zhiliang@tup.tsinghua.edu.cn
　　课件下载：http://www.tup.com.cn，010-83470236
印 装 者：三河市少明印务有限公司
经　　销：全国新华书店
开　　本：185mm×260mm　　**印　张**：16.75　　**字　　数**：383千字
版　　次：2021年4月第1版　　**印　　次**：2022年8月第2次印刷
印　　数：1501～2300
定　　价：49.00元

产品编号：081667-01

前言

本书集音频、视频、视频监控系统和视频监控设备于一身，精选大量实用案例，循序渐进地介绍了音视频的基本原理及其应用技术。注重结合实例讲解难点和关键技术，在实例上侧重实用性和启发性。全书分为9章，内容包括：音视频技术基础，视频监控技术概述，视频监控系统前端摄像机，视频监控系统前端配套器件，视频监控系统的传输设备，视频监控系统的处理控制设备，视频监控系统的终端设备，视频监控系统的存储设备和视频监控系统的行业应用。

每个单元的核心知识点强调在音视频方面最重要和实用的知识，尤其在视频监控系统方面，集成了大量的实际应用的图片，更加易于学生理解。第1章重在打下坚实的理论基础，主要介绍声学的基础常识，数字音频的获取与处理以及压缩和编码技术。第2章主要从宏观的角度介绍视频监控技术，包括视频监控系统的组成与功能，视频监控系统的发展过程与方向。第3章主要介绍视频监控系统的前端设备，包括视频监控系统的镜头及其技术指标，图像传感器的分类和技术指标，以及摄像机的功能分类情况和基本参数。第4章主要介绍视频监控系统前端的配套设备，包括摄像机的防护罩与支架，以及云台的材质和功能，前端配套设备和终端解码器的具体应用。第5章主要介绍视频监控系统的传输方式和常用传输设备，以及前沿的网络视频传输技术。第6章主要介绍视频监控系统的处理控制设备，包括微机控制系统，视频切换器及模拟与数字视频矩阵切换主机，视频分配器，视频放大器，云台镜头防护罩控制器，视频编码器和其他控制处理设备，最后详细介绍了视频监控管理系统，从整体架构到大数据的引入和人工智能分析等技术。第7章主要介绍视频监控系统的终端设备，如平板显示器等，重点介绍了大屏与投影显示器的知识，并对投影显示器进行了分类讲解。第8章主要介绍视频监控系统的存储设备，包括磁性存储、闪存技术、光存储的原理及蓝光存储技术。第9章从行业应用的角度整体介绍了视频监控系统的具体应用，并详细介绍了视频监控系统的应用步骤，包括需求分析、监控系统设计、智能技术及视频智能应用等。

本书由辽宁警察学院和大连市公安局诸位专家合作编著，其中，第1章由张爽编写，第2章由李锦编写，第3章由闫薇编写，第4、5章由宇忠源编写，第6章由洪云编写，第7章由赵家兴编写。在此对诸位老师和专家表示最诚挚的谢意。最后还要感谢清华大学出版社，鼓励作者把理论和实践经验相结合并整理成书籍出版。

编　者

2020年10月

于大连

第1章 音视频技术基础 …… 1

1.1 音频技术基础 …… 1

1.1.1 声学的基础常识 …… 1

1.1.2 数字音频 …… 2

1.1.3 音频的获取与处理 …… 4

1.1.4 音频编码技术 …… 5

1.2 视频技术基础 …… 6

1.2.1 数字图像基础 …… 7

1.2.2 静态图像压缩技术 …… 12

1.2.3 视频编码压缩 …… 17

1.2.4 主流视频编码技术 …… 22

1.2.5 视频编解码技术应用 …… 29

第2章 视频监控技术概述 …… 30

2.1 视频监控系统的组成与功能 …… 30

2.1.1 视频监控系统的组成和特点 …… 30

2.1.2 视频监控系统的基本功能 …… 32

2.2 视频监控系统的发展过程 …… 33

2.3 视频监控的发展方向 …… 34

第3章 视频监控系统前端摄像机 …… 36

3.1 镜头 …… 36

3.1.1 镜头的分类 …… 36

3.1.2 镜头的术语及技术指标 …… 36

3.1.3 镜头的选择原则 …… 39

3.2 图像传感器 …… 42

3.2.1 CCD图像传感器 …… 42

3.2.2 CMOS图像传感器 …… 45

3.2.3 图像传感器技术指标 …… 49

3.3 摄像机 …… 49

3.3.1 摄像机的分类 …… 50
3.3.2 摄像机的基本参数 …… 51
3.3.3 网络摄像机 …… 53
3.3.4 智能摄像机 …… 54

第4章 视频监控系统前端配套器件 …… 56

4.1 摄像机的防护罩与支架 …… 56
4.1.1 一般防护罩 …… 56
4.1.2 特种防护罩 …… 56
4.1.3 支架 …… 57
4.2 云台 …… 58
4.2.1 水平云台 …… 60
4.2.2 全方位云台 …… 60
4.2.3 球形云台 …… 60
4.2.4 特殊云台 …… 61
4.3 终端解码器 …… 62
4.3.1 终端解码器的工作原理 …… 62
4.3.2 解码器的抗干扰与自动复位 …… 65
4.3.3 解码器的实用电路与实际连接 …… 66
4.3.4 解码器的协议和波特率等的选择设置 …… 69
4.4 视频监控系统的防雷 …… 70
4.4.1 雷电过电压的基本特性及防雷技术措施 …… 70
4.4.2 抗雷电过电压的基本元器件 …… 71
4.4.3 均压、接地、屏蔽、隔离等综合防护 …… 72
4.4.4 视频监控设备的防雷措施与实际安装 …… 73
4.5 前端其他配套设备 …… 75
4.5.1 摄像机电源 …… 75
4.5.2 以太网供电 …… 77
4.5.3 监听器 …… 79

第5章 视频监控系统的传输设备 …… 81

5.1 视频监控系统信号的传输方式 …… 81
5.1.1 光纤传输方式 …… 81
5.1.2 无线传输方式 …… 83
5.2 视频监控系统的常用传输设备 …… 84
5.2.1 视频同轴电缆 …… 84
5.2.2 光端机 …… 85
5.2.3 光纤及光纤收发器 …… 87

5.2.4 交换机及路由器 …… 91
5.3 网络视频传输技术 …… 94
5.3.1 网络视频监控的系统架构 …… 94
5.3.2 网络视频传输协议 …… 95
5.3.3 媒体分发技术 …… 98
5.3.4 视频监控系统的互连互通 …… 106

第6章 视频监控系统的处理控制设备 …… 110

6.1 微机控制系统 …… 110
6.1.1 微机控制系统的结构 …… 110
6.1.2 主控制器及控制键盘 …… 112
6.1.3 通信接口方式及其选择 …… 113
6.1.4 控制系统软件设计及其抗干扰 …… 118
6.1.5 微机控制系统的干扰及其解决措施 …… 120
6.2 视频切换器及模拟与数字视频矩阵切换主机 …… 123
6.2.1 普通视频切换器 …… 123
6.2.2 模拟式视频矩阵切换主机 …… 123
6.2.3 数字式视频矩阵切换主机 …… 125
6.3 视频分配、放大、画面分割及图像处理器 …… 128
6.3.1 视频分配器 …… 128
6.3.2 视频放大器 …… 129
6.3.3 多画面图像分割器 …… 130
6.3.4 数字多画面图像处理器 …… 132
6.4 云台镜头防护罩控制器 …… 133
6.4.1 云台控制器 …… 134
6.4.2 镜头控制器 …… 135
6.4.3 云台镜头防护罩多功能控制器 …… 135
6.5 其他控制处理设备 …… 136
6.5.1 时间日期发生器与字符叠加器 …… 136
6.5.2 点钞数据与客户面像视频叠加显示器 …… 137
6.5.3 电梯楼层显示器 …… 139
6.5.4 视频移动检测器 …… 140
6.6 视频编码器与视频服务器 …… 144
6.6.1 视频服务器的组成原理及特点 …… 144
6.6.2 视频编码器的组成及原理 …… 146
6.6.3 视频服务器与视频编码器的区别 …… 147
6.7 视频监控管理系统 …… 148
6.7.1 视频监控管理系统整体架构 …… 148

6.7.2 视频监控管理系统 …… 152
6.7.3 视频分发与转发系统 …… 154
6.7.4 视频存储系统 …… 156
6.7.5 大数据系统 …… 158
6.7.6 智能分析系统 …… 167
6.7.7 结构化数据接入 …… 168
6.7.8 设备接入协议与跨域交换协议 …… 171
6.7.9 视频数字化切换 …… 176
6.7.10 用户、资源及权限管理模型 …… 179

第7章 视频监控系统的终端设备 …… 192

7.1 平板显示器 …… 192
7.1.1 LCD显示器 …… 192
7.1.2 PDP显示技术 …… 195
7.1.3 LED阵列显示器 …… 197
7.1.4 OLED显示器 …… 200
7.1.5 QLED显示器 …… 202
7.2 大屏与投影显示器 …… 207
7.2.1 硅基液晶投影显示器 …… 207
7.2.2 使用数字微镜器件的DLP投影显示器 …… 209
7.2.3 光阀投影显示器 …… 212
7.2.4 激光投影显示器 …… 213
7.2.5 大屏与投影显示技术的发展趋势 …… 216

第8章 视频监控系统的存储设备 …… 218

8.1 磁性存储 …… 218
8.1.1 磁性存储基本原理 …… 218
8.1.2 硬盘录像机DVR …… 221
8.1.3 网络录像机NVR …… 224
8.1.4 专业存储IP-SAN …… 226
8.1.5 分布式云存储系统 …… 227
8.2 闪存技术 …… 231
8.2.1 闪存原理 …… 232
8.2.2 固态硬盘 …… 233
8.3 光存储 …… 234
8.3.1 光存储原理 …… 234
8.3.2 大容量蓝光存储技术 …… 234
8.3.3 全息存储技术 …… 237

第9章 视频监控系统的行业应用 …… 238

9.1 需求分析 …… 238

9.2 监控系统设计 …… 238

9.3 智能技术 …… 244

9.4 视频智能应用 …… 248

参考文献 …… 254

第1章 音视频技术基础

1.1 音频技术基础

我们听到的录音几乎都是通过多声道原始信号合成的。目前,调音技术,特别是艺术性方面还没有标准,因此合成音响的效果因人而异,聆听者只能在这样的基础上重现声音。

1.1.1 声学的基础常识

1. 声音的产生

声音是由振动产生的,物体振动停止,声音也停止。当振动波传到人耳时,人便听到了声音。人能听到的声音包括语音、音乐和其他声音(环境声、音效声、自然声等),可以分为乐音和噪声。乐音是由规则的振动产生的,只包含有限的某些特定频率,具有确定的波形。噪声是由不规则的振动产生的,包含一定范围内的各种音频的声振动,没有确定的波形。

2. 声音的传播

声音靠介质传播,真空不能传声。介质是指能够传播声音的物质。声音在所有介质中都以声波形式传播。

声音在每秒内传播的距离叫作声速。声音在固体、液体中比在气体中传播得快。

3. 声音的感知

外界传来的声音引起人耳鼓膜振动经听小骨及其他组织传给听觉神经,听觉神经再把信号传给大脑,这样人就听到了声音。

人耳能感受到(听觉)的频率范围约为20Hz～20kHz,此频率范围内的声音称为可听声或音频,频率低于20Hz的声音称为次声,频率高于20kHz的声音称为超声。

4. 声音的三要素

声音具有三个要素:音调、响度(音量/音强)和音色。人们就是根据声音的三要素来区分声音的。

1) 音调

音调是指声音的高低(高音、低音),由频率决定,频率越高,音调越高。

声音的频率是指每秒钟声音信号变化的次数,用Hz表示。例如,20Hz表示声音信号在1s内周期性地变化20次。

高音的音色强劲有力，富于英雄气概，擅于表现强烈的感情。低音的音色深沉浑厚，擅于表现庄严雄伟和苍劲沉着的感情。

2）响度

响度又称音量、音强，指人主观上感觉声音的大小，由振幅和人离声源的距离决定，振幅越大，响度越大，人和声源的距离越小，响度越大。响度的单位为分贝（dB）。

3）音色

音色又称音品，由发声物体本身的材料和结构决定。每个人讲话的声音以及钢琴、提琴、笛子等各种乐器所发出的不同声音，都是由音色不同造成的。

5. 声道

声道是指声音在录制或播放时在不同空间位置采集或回放的相互独立的音频信号，所以声道数也就是声音录制时的音源数量或回放时相应的扬声器数量。

早期的声音重放技术落后，只有单一声道，只能简单地发出声音（如留声机、调幅 AM 广播）。后来有了双声道的立体声技术（如立体声唱机、调频 FM 立体声广播、立体声盒式录音带、激光唱盘 CD-DA），利用人耳的双耳效应，感受到声音的纵深和宽度，具有立体感。现在又有了各种多声道的环绕声重放方式（如 4.1、5.1、6.1、7.1 声道），将多只喇叭（扬声器）分布在听者的四周，建立起环绕聆听者的声学空间，使听者感受到自己被声音包围起来，具有强烈的现场感（如电影院、家庭影院、DVD-Audio、SACD、DTS-CD、HDTV）。

1.1.2 数字音频

1. 模拟信号

音频信号是典型的连续信号，不仅在时间上是连续的，在幅度上也是连续的。在时间上“连续”是指在任何一个指定的时间范围里声音信号都有无穷多个幅值；在幅度上“连续”是指幅度的数值为实数。

我们把在时间（或空间）和幅度上都连续的信号称为模拟信号。

2. 数字信号

在某些特定的时刻对模拟信号进行测量叫作采样，在有限个特定时刻采样得到的信号称为离散时间信号。采样得到的幅值是无穷多个实数值中的一个，因此幅度还是连续的。把幅度取值的数目限定为有限个信号就称为离散幅度信号。

我们把时间和幅度都用离散的数字表示的信号称为数字信号。

从模拟信号到数字信号的转换称为模数转换，记为 A/D（Analog-to-Digital）；从数字信号到模拟信号的转换称为数模转换，记为 D/A（Digital-to-Analog）。

3. 模拟音频的数字化

对于计算机来说，处理和存储的只可以是二进制数，所以在使用计算机处理和存储声音信号之前，必须使用模数转换（A/D）技术将模拟音频转换为二进制数，这样模拟音频就转换为数字音频了。所谓模数转换就是将模拟信号转换为数字信号，模数转换的过程包括采样、量化和编码三个步骤。模拟音频向数字音频的转换是在计算机的声卡中完成的。

1）采样

采样是指将时间轴上连续的信号每隔一定的时间间隔抽取出一个信号的幅度样本，

把连续的模拟量用一个个离散的点表示出来，使其成为时间上离散的脉冲序列。每秒采样的次数称为采样频率，用 f 表示；样本之间的时间间隔称为取样周期，用 T 表示，$T=1/f$。例如，CD 的采样频率为 44.1kHz，表示每秒采样 44 100 次。常用的采样频率有 8kHz、11.025kHz、22.05kHz、15kHz、44.1kHz、48kHz 等。

在对模拟音频进行采样时，取样频率越高，音质越有保证；若取样频率不够高，声音就会产生低频失真。著名的采样定理(Nyquist 定理)中指出：要想不产生低频失真，采样频率至少应为所要录制的音频的最高频率的 2 倍。例如，电话话音的信号频率约为 3.4kHz，采样频率就应该≥6.8kHz，考虑到信号的衰减等因素，一般取为 8kHz。

2）量化

在数字音频技术中，把采样得到的表示声音强弱的模拟电压用数字表示。模拟电压的幅值仍然是连续的，而用数字表示音频幅度时，只能把无穷多个电压幅度用有限个数字表示，即把某一幅度范围内的电压用一个数字表示，这称为量化。

量化是将采样后离散信号的幅度用二进制数表示出来的过程。每个采样点所能表示的二进制位数称为量化精度或量化位数。量化精度反映了度量声音波形幅度的精度。例如，每个声音样本用 16 位(2 字节)表示，测得的声音样本值在 0～65 536 的范围里，它的精度就是输入信号的 1/65 536。常用的采样精度为 8b/s、12b/s、16b/s、20b/s、24b/s 等。

3）编码

采样和量化后的信号还不是数字信号，需要把它转换成数字编码脉冲，这一过程称为编码。最简单的编码方式是二进制编码，即将已经量化的信号幅值用二进制数表示，计算机内采用的就是这种编码方式。

模拟音频经过采样、量化和编码后所形成的二进制序列就是数字音频信号，可以将其以文件的形式保存在计算机的存储设备中，这样的文件通常称为数字音频文件。

4. 数字音频文件格式

1）WAV 格式音频文件——无损的音乐

WAV 是最早出现的数字音频格式，即波形声音文件，由 Microsoft 公司和 IBM 公司共同开发。其优点是支持多种音频量化位数、采样频率和声道，音质较好，是一种标准数字音频。采用 44.1kHz 的采样频率、16 位量化位数的 WAV 文件的音质与 CD 相差无几。其缺点是数据量大。

2）MP3 格式音频文件——流行风尚

MP3 的全称是 MPEG-1 Audio Layer3，是近年来颇为流行的音乐文件格式，它在 1992 年被合并至 MPEG 规范中。MP3 音频文件的压缩是一种有损压缩，能基本保持低音频部分不失真，但 MP3 的压缩算法牺牲了声音文件中 12～16kHz 高音频部分的质量来减小文件存储空间。其优点是音质较好且文件的数据量较小。

3）CD 格式——天籁之音

CD 音轨文件的后缀名为 cda。

标准 CD 格式是 44.1kHz 的采样频率，速率为 88kb/s，16 位量化位数，近似无损。CD 光盘可以在 CD 唱机中播放，也能用计算机里的各种播放软件来重放。一个 CD 音频文件是一个.cda 文件，这只是一个索引信息，并不真正包含声音信息，所以不论 CD 音乐的长短，在计算机上看到的“*.cda 文件”都是 44B 大小。

4）RA 格式音频文件——流动的旋律

RA(RealAudio)是 Real Network 公司开发的一种流式音频文件，主要应用于网络上的音频传输，网络连接速率不同，客户端所获得的声音质量也不尽相同。有的下载站点会提示根据 Modem 速率选择最佳的 RA 文件。

5）MIDI 格式音频文件——作曲家的最爱

MIDI(Musical Instrument Digital Interface，乐器数字接口)是数字音乐/电子合成乐器的统一国际标准。MIDI 文件中存储的是一些指令，这些指令包括指定发声乐器、力度、音量、延迟时间和通信编号等信息，声卡接收到这些指令后就按照指令将声音合成出来，重放的效果完全依赖声卡的档次。一个 30min 的 MIDI 音乐只有 200KB。

MIDI 文件主要用于原始乐器作品、流行歌曲的业余表演、游戏音轨以及电子贺卡等。

6）WMA 格式——最具实力的格式

WMA 文件是 Microsoft 公司开发的一种音频压缩格式，其最大的特点是具有版权保护功能并且具有比 MP3 更强大的压缩能力，能限定播放机器、播放时间及播放次数。其音质要强于 MP3 格式，更远胜于 RA 格式。它以减少数据流量但保持音质的方法来达到比 MP3 压缩率更高的目的，WMA 的压缩率一般都可以达到 1∶18 左右。

WMA 格式在录制时可以对音质进行调节。同一格式，音质好的可与 CD 媲美，压缩率较高的可用于网络广播。

7）APE 格式

APE 是一种新兴的无损音频编码，可以提供 50%～70%的压缩比。APE 文件的大小大概为 CD 的一半，可以节约大量的资源。APE 可以做到真正的无损，而不是听起来无损，压缩比也要比类似的无损格式好。其特点是音质非常好，适用于最高品质的音乐欣赏及收藏。

1.1.3 音频的获取与处理

1. 音频获取途径

(1) 使用声卡采集模拟设备上的声音信息，并以文件的形式存储在计算机中。

(2) 使用声卡录制声音信息，并以文件的形式存储在计算机中。

(3) 使用声卡及 MIDI 设备在计算机上创作乐曲。

(4) 从互联网下载或购买音频光盘。

(5) 从 CD 或 VCD 上截取音频数据。

(6) 从视频上获取音频数据。

2. 音频文件的处理

常见的音频处理软件有 Cool Edit、Audition 和 GoldWave。

1）Cool Edit

Cool Edit 是美国 Adobe Systems 公司开发的一款功能强大、效果出色的多轨录音和音频处理软件。它的主要功能有：录制和采集音频文件；对音频文件进行剪切、粘贴、合

并、重叠声音等操作；提供多种特效(如放大、降低噪声、扩展、回声、延迟、失真、调整音调等)；可以生成噪声、低音、静音、电话信号等声音；可以实现自动静音检测和删除、自动节拍查找等功能；可以在多种音频文件格式之间进行转换。

2) Audition

Audition专为在照相室、广播设备和后期制作设备方面工作的音频和视频专业人员设计,可提供先进的音频混合、编辑、控制和效果处理功能。最多混合128个声道,可编辑单个音频文件、创建回路并可使用45种以上的数字信号处理效果。Audition是一个完善的多声道录音室,可提供灵活的工作流程并且使用简便。无论是录制音乐、无线电广播,还是为录像配音,Audition中恰到好处的工具均可为用户提供充足动力,以创造可能的最高质量的丰富、细微音响。

3) GoldWave

GoldWave是一个功能强大的数字音乐编辑器,是一个集声音编辑、播放、录制和转换功能于一身的音频工具,体积小巧,功能却不弱。可打开的音频文件很多,包括WAV、OGG、VOC、IFF、AIF、AFC、AU、SND、MP3、MAT、DWD、SMP、VOX、SDS、AVI、MOV、APE等音频文件格式,也可以从CD或VCD或DVD或其他视频文件中提取声音。GoldWave内含丰富的音频处理特效,从一般特效如多普勒、回声、混响、降噪到高级的公式计算。它还可以对音频内容进行转换格式等处理。

1.1.4 音频编码技术

根据编码方式的不同,音频编码技术分为三种:波形编码、参数编码和混合编码。一般来说,波形编码的话音质量高,但编码速率也很高;参数编码的编码速率很低,产生的合成语音的音质不高;混合编码同时使用参数编码技术和波形编码技术,编码速率和音质介于它们之间。

1. 波形编码

波形编码是指不利用生成音频信号的任何参数,直接将时间域信号变换为数字代码,使重构的语音波形尽可能地与原始语音信号的波形保持一致。波形编码的基本原理是在时间轴上对模拟语音信号按一定的速率抽样,然后将幅度样本分层量化,并用代码表示。

波形编码方法简单、易于实现、适应能力强并且语音质量好。不过因为压缩方法简单也带来了一些问题:压缩比相对较低,需要较高的编码速率。一般来说,波形编码的复杂程度比较低,编码速率较高,通常在16kb/s以上,质量相当高。但编码速率低于16kb/s时,音质会急剧下降。

最简单的波形编码方法是PCM(Pulse Code Modulation,脉冲编码调制),指模拟音频信号只经过采样、模数转换直接形成二进制序列,未经过任何编码和压缩处理。它只对语音信号进行采样和量化处理。其优点是编码方法简单,延迟时间短,音质高,重构的语音信号与原始语音信号几乎没有差别。不足之处是编码速率比较高(64kb/s),对传输通道的错误比较敏感。在计算机应用中,能够达到最高保真水平的就是PCM编码,基于PCM编码的WAV是被支持得最好的音频格式,所有音频软件都能完美支持,由于本身可以达到较高的音质要求,因此,WAV也是音乐编辑创作的首选格式,适合保存音乐素材。因此，基于 PCM 编码的 WAV 被作为一种中介格式，常常使用在其他编码的相互转换之中。

2. 参数编码

参数编码是从语音波形信号中提取生成语音的参数，使用这些参数通过语音生成模型重构出语音，使重构的语音信号尽可能地保持原始语音信号的语意。也就是说，参数编码是把语音信号产生的数字模型作为基础，然后求出数字模型的模型参数，再按照这些参数还原数字模型，进而合成语音。

参数编码的编码速率较低，可以达到 2.4kb/s，产生的语音信号是通过建立的数字模型还原出来的，因此重构的语音信号波形与原始语音信号的波形可能会存在较大的区别，失真会比较大。而且因为受到语音生成模型的限制，增加数据速率也无法提高合成语音的质量。不过，虽然参数编码的音质比较低，但是保密性很好，一直被应用在军事上。典型的参数编码方法为 LPC(Linear Predictive Coding，线性预测编码)。

LPC 的优点是压缩比大，价格低廉；缺点是计算量大，语音质量不是很好，自然度较低。

3. 混合编码

混合编码是指同时使用两种或两种以上的编码方法进行编码。这种编码方法克服了波形编码和参数编码的弱点，并结合了波形编码的高质量和参数编码的低编码速率，能够取得比较好的效果。

几种典型音频编码技术参数比较如表 1-1 所示。

表 1-1 典型音频编码技术比较

编码技术	算法	编码标准	码率/($kb \cdot s^{-1}$)	质量	应用领域
波形编码	PCM	G.711	64	4.3	PSTN/ISDN
	ADPCM	G.721	32	4.1	—
	SB-ADPCM	G.722	64/56/48	4.5	—
参数编码	LPC	—	2.4	2.5	保密语音
混合编码	CELPC	—	4.8	3.2	—
	VSELPC	GIA	8	3.8	移动通信、语音信箱
	RPE-LTP	GSM	13.2	3.8	—
	LD-CELP	G.728	16	4.1	ISDN
	MPE	MPE	128	5.0	CD

1.2 视频技术基础

静止的画面叫作图像。连续的图像变化超过每秒 24 帧画面时，根据视觉暂留原理，人眼无法辨别每帧单独的静态画面，看上去是平滑连续的视觉效果，这样的连续画面叫作视频。当连续图像变化低于每秒 24 帧画面时，人眼有不连续的感觉，叫作动画。电影、电视和录像已属于较为传统的视听媒体，随着计算机网络和多媒体技术的发展，视频信息技术已经成为人们生活中不可或缺的组成部分。

1.2.1　数字图像基础

1. 图像的色彩模型

色彩模型也叫颜色空间。在多媒体系统中常涉及用不同的色彩模型表示图像的颜色，如计算机显示时采用 RGB 色彩模型，彩色全电视数字化系统中使用 YUV 色彩模型，彩色印刷时采用 CMYK 色彩模型等。不同的色彩模型对应不同的应用场合，在图像生成、存储、处理及显示时，可能需要做不同的色彩模型处理和转换。

1）RGB 色彩模型

从理论上讲，任何一种颜色都可用三种基本颜色——红、绿、蓝（RGB）按不同的比例得到。三种颜色的光强越强，到达眼睛的光就越多，如果没有光到达眼睛，就是一片漆黑。色光混合的比例不同，看到的颜色也就不同。当三基色按不同强度相加时，总的光强增强，并可得到任何一种颜色。

某一种颜色与三基色之间的关系可用下面的公式来描述。

颜色＝R(红色的百分比)＋G(绿色的百分比)＋B(蓝色的百分比)

红色（100％）＋绿色（100％）＋蓝色（100％）＝白色

红色（100％）＋绿色（100％）＋蓝色（0）＝黄色

红色（100％）＋绿色（0）＋蓝色（100％）＝品红色

红色（0）＋绿色（100％）＋蓝色（100％）＝青色

电视机和计算机显示器使用的阴极射线管（CRT）是一个有源设备，它使用三个电子枪分别产生红（Red）、绿（Green）和蓝（Blue）三种波长的光，并以各种不同的相对强度综合起来产生颜色。组合这三种光波以产生特定颜色即相加混色，称为 RGB 相加模型。相加混色是计算机应用中定义颜色的基本方法。

2）HSL 色彩模型

在多媒体计算机应用中，除用 RGB 来表示图像之外，还使用色调、饱和度、亮度颜色模型——HSL 模型。在 HSL 模型中，H 定义颜色的波长，称为色调（Hue）；S 定义颜色的深浅程度，称为饱和度（Saturation）；L 定义掺入的白光量，称为亮度（Lightness）。

色调是由于某种波长的颜色光使观察者产生的颜色感觉，它决定颜色的基本特性，红色、蓝色等都是指色调。某一物体的色调，是该物体在日光照射下所反射的各光谱成分作用于人眼的综合效果。

饱和度指的是颜色的纯度，或者说是指颜色的深浅程度。通常把色调和饱和度通称为色度。亮度用来表示某彩色光的明亮程度，而色度则表示颜色的类别与深浅程度。

亮度是光作用于人眼时所引起的明亮程度的感觉，它与被观察物体的发光强度有关。

3）YUV 与 YIQ 色彩模型

在彩色电视制式中，图像是通过 YUV 和 YIQ 空间来表示的。PAL 彩色电视制式使用 YUV 模型，Y 表示亮度，U、V 表示色差，U、V 是构成彩色的两个分量。

美国、日本等国家采用的 NTSC 电视制式选用 YIQ 彩色空间，Y 为亮度信号，I、Q 为色差信号，与 U、V 不同的是，它们之间存在着一定的转换关系。人眼的彩色视觉特性表明，人眼分辨红、黄之间的颜色变化的能力最强，而分辨蓝色与紫色之间的变化的能力最弱。通过一定的变换，I 对应于人眼最敏感的色度，而 Q 对应于人眼最不敏感的色度。

4）YCrCb 色彩模型

YCrCb 色彩模型是由 YUV 色彩模型派生出的一种颜色空间，主要用于数字电视系统，是数字视频信号的世界标准。

2. 图像的基本属性

1）分辨率

我们经常遇到的分辨率有两种：显示分辨率和图像分辨率。

（1）显示分辨率。

显示分辨率是指显示屏上能够显示出的像素数目。例如，显示分辨率为 640×480 表示显示屏分成 480 行，每行显示 640 个像素，整个显示屏总共含有 307 200 个显像点。屏幕能够显示的像素越多，说明显示设备的分辨率越高，可显示的图像质量也就越高。

（2）图像分辨率。

图像分辨率是组成一幅图像的像素密度的度量方法。对同样大小的一幅图，组成该图的图像像素数目越多，则说明图像的分辨率越高，图像的信息量就越大，视觉效果也就越逼真。相反，图像像素数量越少，图像就显得越粗糙，效果不清晰。

图像分辨率与显示分辨率是两个不同的概念，以身边数码相机拍照为例，对于同样的场景，如果调整到 40 万（即 704 像素×576 像素）进行拍照，然后在计算机上进行照片的显示，假设计算机的显示分辨率为 1024 像素×768 像素，那么该画面只能占到显示器画面的一半。本例中，704 像素×576 像素是图像分辨率，是图像的固有属性，不管到哪里显示，永远不会改变；而 1024 像素×768 像素是显示设备的分辨率，不依所显示的图片的分辨率不同而改变，通常是固定不变的。

2）像素深度

像素深度是指每个像素所占用的位数，像素深度决定了彩色图像的每个像素可能有的颜色数，或者确定灰度图像的每个像素可能有的灰度级数。

例如，一幅彩色图像的每个像素用 R、G、B 三个分量来表示，若每个分量用 8 位，那么一个像素共用 24 位表示，就是说像素的深度为 24 位，每个像素可以是 2^{24}，即 16 777 216（千万级）种颜色中的一种。在这个意义上，往往把像素深度说成是图像深度。表示一个像素的位数越多，它能表达的颜色数目就越多，而它的深度就越深。

虽然像素深度或图像深度可以很深，但由于设备本身的限制，加上人眼自身分辨率的局限，一般情况下，一味追求特别深的像素深度没有意义。因为像素深度越深，数据量越大，所需要的传输带宽及存储空间就越大。相反，如果像素深度太浅，会影响图像的质量，图像看起来让人觉得很粗糙而不自然。

3. 数据压缩算法

数据能够进行压缩，是因为数据中存在或多或少的冗余信息，而对于视频和音频等多媒体信息，可以利用人类自身的感知冗余（失真）特点来实现更高的压缩比例。衡量压缩算法的三个主要性能指标为：压缩比，压缩质量（失真），压缩与解压缩的效率。

人类视觉系统并不是对任何图像的变化都很敏感，人眼对于图像的注意是非均匀的。事实上，人类视觉系统一般的分辨能力均为 64 灰度等级，这类冗余称为视觉冗余。例如，人的视觉对于边缘的急剧变化不敏感，且人眼对图像的亮度信息敏感、对颜色的分辨力弱等，因此视频编码算法需要充分利用人眼的“弱点”进行“欺骗性”设计。

根据解码后数据与原始数据是否完全一致，数据压缩方法划分为两类：①可逆编码(无失真编码，无损压缩)，如 Huffman 编码、算术编码、行程长度编码等；②不可逆编码(有失真编码，有损压缩)，如变换编码和预测编码。

数据压缩方法按原理可以做如下分类。

1) 信息熵编码(统计编码)

信息熵编码又称统计编码，它是根据信源符号出现概率的分布特性而进行的压缩编码，基本思想是在信源符号和码字之间建立明确的一一对应关系，以便在恢复时能准确地再现原信号，同时要使平均码长或码率尽量小。最常见的方法有 Huffman 编码、Shannon (香农)编码以及算术编码。

(1) Huffman 编码。

Huffman 编码属于信息熵编码的方法之一，其码长是变化的，对于出现频率高的信息，编码的长度较短；而对于出现频率低的信息，编码长度较长。这样，处理全部信息的总码长一定小于实际信息的符号长度。

(2) 算术编码。

算术编码把一个信源集合表示为实数轴上的 0～1 的一个区间，这个集合中的每个元素都要用来缩短这个区间。

信源集合的元素越多，所得到的区间就越小，当区间变小时，就需要更多的数位来表示这个区间，这就是区间作为代码的原理。算术编码首先假设一个信源的概率模型，然后用这些概率来缩小表示信源集的区间。

2) 行程编码

行程编码又称“运行长度编码”或“游程编码”，是一种统计编码，常用 RLE(Run-Length Encoding)表示。

该编码属于无损压缩编码。行程编码一般包含两项，第一项用一个符号串代替具有相同值的连续符号，第二项用来记录原始数据中有多少个这样的值。这样就使得编码长度少于自然编码的长度。

提示：在计算机制作图像过程中，常常具有许多颜色相同的图块，或者在一行上有许多连续的像素都具有相同的颜色值，这时就不需要存储每一个像素的颜色值，而仅存储一个像素的颜色值以及具有相同颜色的像素数目，或者存储一个像素的颜色值以及具有相同颜色值的行数，这种压缩编码即为行程编码，而具有相同颜色的连续的像素数目称为行程长度。

3) 预测编码

预测编码的原理是利用相邻样本的相关性来预测数据。预测编码可以用于空域(比如同一帧中相邻像素样本之间具有高度相关性)，也可以用于时域(比如相邻两帧图像的相同位置的像素样本之间具有高度相关性)。

这样，预测编码无须编码传输所有的采样值，而是编码传输采样值的预测值与其实际值之间的差值。预测编码分为线性预测及非线性预测，线性预测的典型代表是差分脉冲编码调制(DPCM)编码。

空间冗余是图像数据中经常存在的一种冗余,在同一幅图像中,规则物体和规则背景的表面物理特性具有相关性,这些相关性的光成像结构在数字化图像中就表现为数据冗余。时间冗余则是序列图像中所经常包含的冗余,序列图像中的两幅相邻的图像之间有较大的相关性,即反映为时间冗余。

预测编码可以获得比较高的编码质量,并且实现起来比较简单,因此被广泛地应用于图像压缩编码系统中。但是它的压缩比不高,而且精确的预测有赖于图像特性的大量的先验知识,一般不单独使用,而是与其他方法结合起来使用。例如,在 JPEG 中使用了预测编码技术对 DCT 直流系数进行编码。

4) 变换编码

预测编码方式消除相关性的能力有限,变换编码是一种更高效的方式。变换编码的思想是将原始数据从时间域或者空间域变换到另一个更适合于压缩的抽象域,通常为频域。即变换编码不是对空间区域的图像信号编码,而是将图像信号映射变换到另外一个正交矢量空间(变换域或频域),产生一系列变换系数,然后对这些系数进行编码处理。变换具有可逆性及可实现性,目前普遍采用的是基于块的离散余弦变换(DCT)。

5) 模型编码

模型编码是利用计算机视觉技术和图形学技术对图像信号进行分析和合成,通过对图像的分析和描述,将图像视为实际的三维空间场景的二维平面的投影,进而对图像结构和特征进行分析并提取出特征参数,然后用某种模型进行描述,最后通过对模型参数编码达到视频压缩的目的。在解码时,根据参数和模型的"先验"知识重建图像。由于是对特征参数进行编码,因此压缩比较高。模型编码目前主要集中应用于可视电话和会议电视系统中。因为此类应用传送的图像中主要感兴趣的内容是人的"头肩像",是一种基本固定的特定场景,可以预先建立人体头肩像的三维模型,从而进行模型编码。

6) 混合编码

用两种或两种以上的方法对图像进行编码称为混合编码。混合编码是近年来广泛采用的一种视频编码压缩方法,通常使用 DCT 等变换方式进行空间冗余度的压缩,用帧间预测或运动补偿预测进行时间冗余度的压缩,从而达到对运动图像的更高的压缩率。JPEG 和 MPEG 系列编码方式等都属于混合编码。

视频压缩过程中主要利用的冗余信息如表 1-2 所示。

表 1-2 视频压缩可利用的各种冗余信息

类　型	内　容	主要编码方法
空间冗余	同帧相邻像素间的相关性	变换编码、预测编码
时间冗余	邻帧像素时间上的相关性	帧间预测、移动补偿
图像构造冗余	图像本身的构造特征	轮廓编码、区域分割
知识冗余	收发两端对事物的共有认识	基于知识的编码
视觉冗余	人的视觉特性	非线性量化、位分配

4. 图像文件格式

图像文件格式是记录和存储影像信息的格式。对数字图像进行存储、处理、传播,必

须采用一定的图像格式,也就是把图像的像素按照一定的方式进行组织和存储,把图像数据存储成文件就得到图像文件。图像文件格式决定了应该在文件中存放何种类型的信息,文件如何与各种应用软件兼容,文件如何与其他文件交换数据。图像文件格式非常多,比较常用的有BMP格式、JPEG格式、GIF格式、TIFF格式、PSD格式、SWF格式、PNG格式、SVG格式等。

1) BMP格式

BMP是Bitmap(位图)的简写,它是Windows操作系统中的标准图像文件格式,能够被多种Windows应用程序所支持。这种格式的特点是包含的图像信息较丰富,几乎不进行压缩,但由此导致了它与生俱来的缺点——占用磁盘空间过大。所以,目前BMP在单机上比较流行。

2) JPEG格式

JPEG是常见的一种图像格式,它由联合照片专家组开发并命名为"ISO10918-1",JPEG仅仅是一种俗称而已。JPEG文件的扩展名为.jpg或.jpeg,其压缩技术十分先进,采用有损压缩方式去除冗余的图像和彩色数据,在获取极高的压缩率的同时能展现十分丰富生动的图像,也就是可以用最少的磁盘空间得到较好的图像质量。

同时,JPEG还是一种很灵活的格式,具有调节图像质量的功能,允许使用不同的压缩比例对文件进行压缩。JPEG的应用也非常广泛,特别是在网络和光盘读物上,都能找到它的影子。目前各类浏览器均支持JPEG这种图像格式,因为JPEG格式的文件尺寸较小,下载速度快,使得Web页有可能以较短的下载时间提供大量美观的图像,JPEG同时也就顺理成章地成为网络上最受欢迎的图像格式。

3) GIF格式

GIF(图形交换格式)最适合用于线条图(如最多含有256色)的剪贴画以及使用大块纯色的图片。GIF格式的特点是压缩比高,磁盘空间占用较少,所以这种图像格式迅速得到了广泛的应用。最初的GIF只是简单地用来存储单幅静止图像,后来随着技术发展,可以同时存储若干幅静止图像进而形成连续的动画,使之成为当时支持2D动画为数不多的格式之一。该格式使用无损压缩来减少图片的大小,当用户要保存图片为.gif时,可以自行决定是否保存透明区域或者转换为纯色。同时,通过多幅图片的转换,GIF格式还可以保存动画文件。但要注意的是,GIF最多只能支持256色。

此外,考虑到网络传输中的实际情况,GIF图像格式还增加了渐显方式,也就是说,在图像传输过程中,用户可以先看到图像的大致轮廓,然后随着传输过程的继续而逐步看清图像中的细节部分。目前,Internet上大量采用的彩色动画文件多为这种格式的文件。

4) TIFF格式

TIFF(Tag Image File Format)是Macintosh中广泛使用的图像格式,它由Aldus和微软联合开发,最初是出于跨平台存储扫描图像的需要而设计的。它的特点是图像格式复杂、存储信息多。正因为它存储的图像细微层次的信息非常多,图像的质量也得以提高,故而非常有利于原稿的复制。该格式有压缩和非压缩两种形式。TIFF格式结构较为复杂,兼容性较差,有时用户的软件可能不能正确识别TIFF文件。

5）PSD格式

PSD格式是著名的Adobe公司的图像处理软件Photoshop的专用格式。PSD其实是Photoshop进行平面设计的一张"草稿图"，它里面包含图层、通道、遮罩等多种设计的样稿，以便于下次打开文件时可以修改上一次的设计。在Photoshop所支持的各种图像格式中，PSD的存取速度比其他格式快很多，功能也很强大。PSD格式被Macintosh和Windows平台所支持，最大的图像像素是30 000×30 000，支持压缩，广泛应用于商业艺术作品。

6）SWF格式

利用Flash可以制作出一种后缀名为SWF(Shock Wave Format)的动画，这种格式的动画图像能够用比较小的体积来表现丰富的多媒体形式。在图像的传输方面，不必等到文件全部下载才能观看，而是可以边下载边观看，因此特别适合网络传输，特别是在传输速率不佳的情况下，也能取得较好的效果。事实也证明了这一点，SWF如今已被大量应用于Web网页进行多媒体演示与交互性设计。此外，SWF动画是基于矢量技术制作的，因此不管将画面放大多少倍，画面不会因此而有任何损失。综上，SWF格式作品以其高清晰度的画质和小巧的体积，受到了越来越多网页设计者的青睐，也逐渐成为网页动画和网页图片设计制作的主流，目前已成为网上动画的事实标准。

7）PNG格式

PNG(Portable Network Graphics)是一种新兴的网络图像格式，适合于任何类型，任何颜色深度的图片。也可以用PNG来保存带调色板的图片。PNG是目前保证最不失真的格式，它汲取了GIF和JPEG二者的优点，存储形式丰富，兼有GIF和JPEG的色彩模式；能把图像文件压缩到极限以利于网络传输，但又能保留所有与图像品质有关的信息；显示速度很快，只需下载1/64的图像信息就可以显示出低分辨率的预览图像；PNG同样支持透明图像的制作，透明图像在制作网页图像的时候很有用，可以把图像背景设为透明，用网页本身的颜色信息来代替设为透明的色彩，这样可让图像和网页背景很和谐地融合在一起。

PNG的缺点是不支持动画应用效果，Fireworks软件的默认格式就是PNG。现在，越来越多的软件开始支持这一格式，而且在网络上也越来越流行。

8）SVG格式

SVG(Scalable Vector Graphics)的意思是可缩放的矢量图形。用户可以直接用代码来描绘图像，可以用任何文字处理工具打开SVG图像，通过改变部分代码来使图像具有交互功能，并可以随时插入到HTML中通过浏览器来观看。它提供了目前网络流行格式GIF和JPEG无法具备的优势：可以任意放大图形显示，但绝不会以牺牲图像质量为代价；文字在SVG图像中保留可编辑和可搜寻的状态；通常SVG文件比JPEG和GIF格式的文件要小很多，因而下载也很快。

1.2.2 静态图像压缩技术

静态图像是指内容保持不变的图像，可能是不活动的场景图像或活动场景图像在某一瞬时的"冻结"图像。最常见的静态图像是我们身边的数码照相机拍摄的图片。静态图像编码是指对单幅图像的编码，最常见的编码方式是 JPEG 算法。

JPEG 是一个适用范围很广的静态图像压缩技术，既可用于灰度图像又可用于彩色图像。JPEG 算法与色彩空间无关，处理的彩色图像是单独的彩色分量图像，因此它可以压缩来自不同色彩空间的数据，如 RGB、YCbCr 和 CMYK。JPEG 专家组开发了两组基本的压缩算法，一种是采用以离散余弦变换(DCT)为基础的有损压缩算法，使用有损压缩算法时，在压缩比为 25：1 的情况下，压缩后还原得到的图像与原始图像相比较，区别不大，因此得到了广泛的应用；另一种是以预测技术为基础的无损压缩算法。

基于 DCT 的 JPEG 压缩编码主要过程如下。

(1) 正向离散余弦变换(FDCT)。

(2) 量化(Quantization)。

(3) Z 字形编码(Zigzag Scan)。

(4) 使用差分脉冲编码调制(DPCM)对直流系数(DC)进行编码。

(5) 使用行程长度编码(RLE)对交流系数(AC)进行编码。

(6) 使用熵编码(Entropy Coding)进行编码。

JPEG 压缩编码的流程如图 1-1 所示。

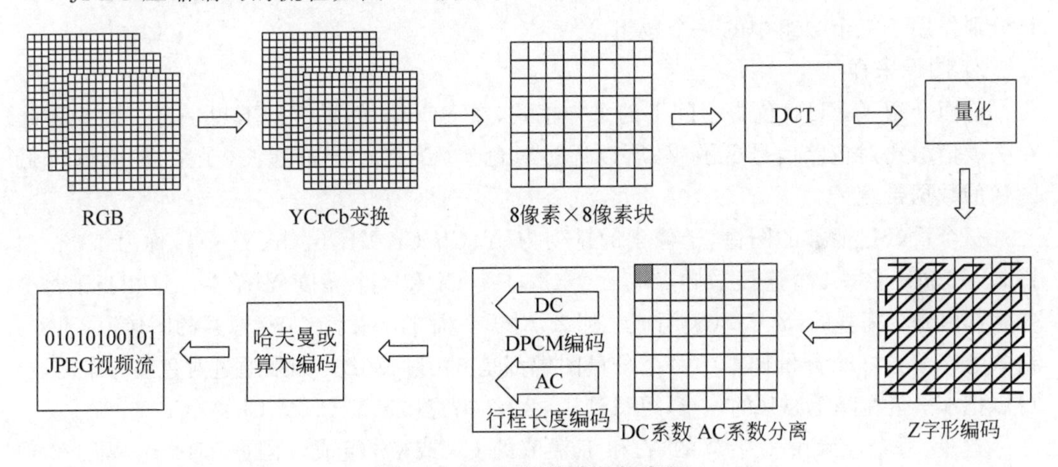

图 1-1　JPEG 压缩编码的流程

1. 色相变换过程

色相变换(色彩空间变换)的目的是因为人类眼睛对亮度的敏感度比对色度更高，因此在进行取样的过程中，会完全保留亮度信息，而色度数据则视取样方式而定。输入的未经压缩的图像可按照多种格式中的一种保存，较流行的是 24b 的 RGB 格式，即每个红、绿和蓝像素对应 8b。但是，考虑到对一幅给定的图像有 R、G 和 B 三个独立的子通道，通常在这三个子通道之间存在明显的视觉相关性。因此，为了获得更大压缩比，通常将 RGB 格式转换成亮度(Y)和色差(Cb、Cr)分量。

色相转换是一种无失真的转换过程。假如 JPEG 输入的影像为灰阶的(所谓灰阶就是 Y、Cb、Cr 中的 Y 分量，也就是亮度)，在这种情况下，JPEG 不做色相转换及取样过程，直接将灰阶影像(Y 分量)交给 DCT 及其后的步骤处理。实质上，对于彩色图像，JPEG 算法分别进行了三层(Y 分量及 Cb、Cr 分量)编码压缩，然后三层图像进行叠加，形成最后的编码输出图像，反之亦然。

2. 区块切割与采样

1）区块切割

JPEG算法是在8像素×8像素的数据块上的操作，块（8像素×8像素）是离散余弦变换操作的基本单位，高速信号处理器对这个尺寸的数据块有最高的处理性能。在每个图像缓冲区中，数据被从左到右、从上到下地划分成多个8像素×8像素的像素块。这些像素块不重叠，如果图像的行和列像素数不是8的整数倍，那么就要根据需要通过重复图像的最后一行或列来填充。

首先把一幅图像划分成一系列的图像块（像素块），每个图像块包含8像素×8像素。如果原始图像有640像素×480像素，则图片将包含80列60行的方块。如果图像只包含灰度，那么每个像素用一个8b的数字表示。因此可以把每个图像块表示成一个8行8列的二维数组，离散余弦变换将会作用在这个数组上。

如果图像是彩色的，那么每个像素可以用24b表示，相当于用三个8b的组合来表示（用RGB或YCrCb表示，在这里没有影响）。因此，可以用三个8行8列的二维数组表示这个8像素×8像素的方块。每一个数组表示其中一个8b组合的像素值，离散余弦变换将分别作用于三个数组中的每个数组。

2）图像采样

前面介绍了YUV色彩空间下的采样格式，在YCbCr色彩模型下也一样。因为人眼对亮度信号比对色差信号更敏感，所以通过对色差（Cb、Cr）分量滤波（子采样）能够降低图像的数据带宽。

一个没经过滤波的图像，子像素的排列为{Y、Cb、Cr、Y、Cb、Cr、Y、…}，称为4∶4∶4格式，因为对于每4个连续采样点取4个Cb，4个Cr和4个亮度Y样本。这相当于每个像素都由一个完整的{Y、Cb、Cr}组成。那么，对于一幅640像素×480像素的图像，4∶4∶4格式意味着这3个分量样本中每个分量图像都是640×480B。如果通过对色差分量滤波，可以把水平带宽降至原来的一半，可得到4∶2∶2格式{Cb、Y、Cr、Y、Cb、Y、Cr、Y、…}。

这里，每个像素由1字节的Y和1字节的Cb或Cr组成。因此，对于一幅640像素×480像素的图像，4∶2∶2格式意味着Y分量图像为640×480B，Cb和Cr分量图像每个都是320×480B。

为了进一步降低图像带宽，可以再在竖直方向对色差分量滤波，这就得到了4∶2∶0格式，那么这就意味着对于一幅640像素×480像素图像，其Y分量图像为640×480B；而对于Cb和Cr分量图像，每个都是320×240B。

不论选择何种格式，图像都会被单独存入Y、Cb和Cr缓冲区，因为JPEG算法是按照相同的方式在每个分量上单独地执行操作的过程。如果色差分量被滤波，那么就相当于在减小尺寸的图像上运行JPEG算法。如上例中，如果不对色差分量滤波，那么JPEG算法在640像素×480像素图像上执行，采用4∶2∶0滤波后，变成在320像素×240像素图像上执行算法。

3. 离散余弦变换

JPEG算法中的DCT变换利用这样一个事实，即人眼对低频分量的图像比对高频分量的图像更敏感。8像素×8像素DCT变换把空间域表示的图像变换成频率域表示的图像。虽然其他频率变换也会有效，但选择DCT变换的原因是其相关特性、图像独立性、压缩图像能量的有效性和正交性。

简单地说，是用一个8行8列的二维数组产生另一个同样包含8行8列二维数组的函数，相当于把一个数组通过一个变换，变成另一个数组。DCT变换过程如图1-2所示。

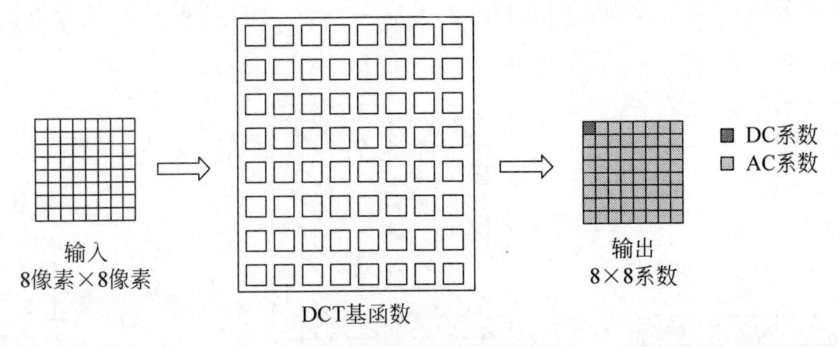

图1-2　DCT变换过程

例如，Peta公司的销售队伍越来越大，有五十多人，平时大家都忙忙碌碌，做报价、投标、开会、请客吃饭，但是，需要对员工进行绩效考核，考核的就是对公司利润的“贡献值”，简单地讲，就是销售人员给公司赚的钱数减掉花公司的钱，这样的目的就是了解到各个销售人员对公司利润的贡献到底都是多少，之后形成数据表格，以备将来奖励或裁员。公司可利用自己的方法完成对员工从“赚钱 & 花钱”到“贡献表”的转换，在视频编码过程中，则是利用DCT变换完成从“像素”到“系数”的转换过程。

4. 量化过程

为了达到压缩数据的目的，需要对DCT系数做量化。量化是对经过离散余弦变换后的频率系数进行量化，这是一个“多到一”映射的过程。量化的目的是减小非零系数的幅度以及增加零值系数的数目，在一定的主观保真的前提下，丢掉那些对视觉效果影响不大的信息。量化是图像质量下降的最主要原因。

量化是在8像素×8像素块上完成DCT变换之后进行的，非重要的分量一旦被去除，是无法恢复的，因此量化过程是不可逆的有损压缩过程。当量化表建立好之后量化过程就很简单了，简单地说就是选择“量化比例系数”，然后用DCT系数除以“比例系数”得到“量化后的DCT系数”，量化后的比例系数中数值较大的被映射到非零的整数，数值较小的被映射到零。

JPEG对于影响影像质量最大的低频值及DC系数使用最细腻的量化方法，处理后再还原的数值几乎没有失真，对于影响影像质量最小的高频系数，则使用最粗略的量化方式来量化，如此可得到较高的压缩率。

如果量化系数高，那么压缩比就大，质量不清晰；反之，量化系数低，那么就是相对较少地抛弃视频信息，压缩比就小。因此需要在一定的主观保真的前提下，丢掉那些对视觉效果影响不大的信息。

5. Z字形编码过程

量化后的二维系数要重新编排，并转换为一维系数，为了增加连续的零系数的个数，也就是“0”的游程长度，JPEG 编码中采用 Z 字形编码方法。

正如我们从 DCT 输出中看到的，随着水平方向和垂直方向频率值的增加，其量化系数变为零的机会越来越大。

为了利用这一特性，可以将这些二维系数按照从 DC 系数开始到最高阶空间频率系数的顺序重新编排为一维系数。通过使用 Z 字形编码方法实现这种编排，即在 8 像素×8 像素块中沿着空间频率增加的方向呈 Z 字形来回移动的过程。Z 字形编码的过程如图 1-3 所示。

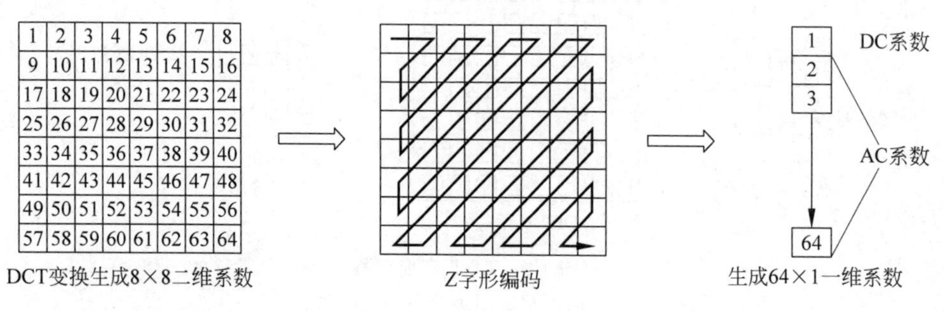

图 1-3 Z 字形编码过程

6. DC 系数及 AC 系数编码

1）DC 系数编码

DC 系数代表每个 8 像素×8 像素块的亮度。8×8 图像块经过 DCT 变换之后得到的 DC 系数具有两个特点：一个特点是系数的数值比较大，另一个特点是相邻 8×8 图像块的 DC 系数值变化不大。根据这两个特点，JPEG 算法使用了差分脉冲调制编码（DPCM）技术，对相邻图像块之间量化 DC 系数的差值进行编码。实际的图像通常在局部区域变化不大，通过使用差分预测技术（DPCM）对相邻图像块之间的 DC 系数的差值进行编码，降低图像中的空间冗余信息。

2）AC 系数编码

由于经过量化过程后有许多 AC 系数值变为零，对这些系数采用游程编码（RLE）方式进行压缩。游程编码的概念是根据一种简单的原理：在实际图像序列中，相同值的像素总数可以用单个字节表示，但是把相同的数值一遍又一遍地发送没有意义。例如，我们看到量化后的 DCT 输出数据块产生许多系数为零的字节，Z 字形编码有助于在每个序列末尾产生系数为零的数组。

行程编码是一个针对包含顺序排列的多次重复的数据的有效数据压缩方法。其原理就是把一系列的重复值用一个单值再加上一个计数值来取代，其中的行程长度就是连续且重复的单元数目，如果想得到原始数据，只需展开这个编码即可。

7. 熵编码

对上面得到的系数序列做进一步压缩，称作熵编码。在这一阶段，对量化后的 DCT 系数完成最终的无损压缩以提高总压缩比。熵编码是一种使用一系列位编码代表一组可能出现的符号的压缩技术。使用熵编码还可以对 DPCM 编码后的直流 DC 系数和 RLE 编码后的交流 AC 系数做进一步的压缩。JPEG 标准规定了两种熵编码算法：哈夫曼编码和自适应算术编码。哈夫曼编码是一种可变长度编码技术，它用于压缩具有已知概率分布的一连串符号。JPEG标准使用的另一种熵编码方法是算术编码。

8. JPEG数据流

JPEG编码的最后一个步骤是把各种标记代码和编码后的图像数据组成一帧一帧的数据，这样做的目的是为了便于传输、存储和解码器进行解码，这样组织的数据通常称为JPEG位数据流。JPEG位数据流的形成过程如图1-4所示。

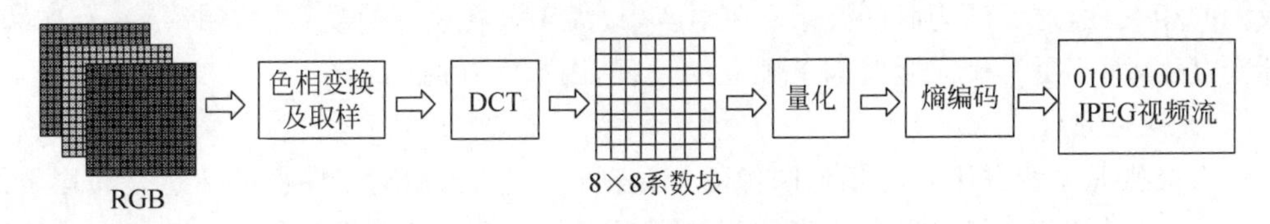

图1-4　JPEG编码过程

9. JPEG解压缩过程

JPEG解码过程的5个步骤如下。

(1) AC及DC值的还原(熵编码的解码)。

(2) 量化值的还原。

(3) 离散余弦反转换(IDTC)。

(4) 反取样。

(5) 色相反转换过程。

1.2.3　视频编码压缩

1. 视频压缩的必要性

前面介绍了静态图像压缩技术，而在视频监控系统应用中，图像是动态的视频序列，为实现动态视频的实时传输与存储，需要进行视频数据的编码压缩。这里再次强调一下视频编码压缩的必要性，以352像素×288像素的视频为例，单帧画面数据量大小如下。

如果采用4∶2∶0格式，352×288×12＝1 216 512＝1.2Mb

如果采用4∶4∶4格式，352×288×24＝2 433 024＝2.4Mb

对于实时25帧/秒的码流，采用4∶2∶0格式，码流可以达到30Mb/s(1.2Mb/s×25帧/秒)，这是目前的网络环境根本无法支撑的。而另外一方面，录像一个小时需要的存储空间为108Gb(30Mb/s×3600s)，是标准DVD-R存储容量的20倍。因此，视频压缩是必需的。所谓压缩就是采用特定的算法，将一种数据类型转换为另一种形态，使得转换后的数据量远小于转换前的数据量，并且可恢复(或部分恢复)。视频压缩就是采用某种压缩方法将原始图像数据流进行压缩，再对压缩后形成的数据流进行传输或存储。

2. 视频压缩的可行性

携带信息的信号可以被压缩，压缩成比原始信号所需要更少的比特数的格式或表达方式，对原始信号进行压缩的软件或硬件叫作编码器，而解压缩的设备或程序叫作解码器。视频压缩的主要方法是对时间域冗余和空间域冗余进行压缩。在时间域冗余中，主要体现在相邻视频帧之间的相关性，而空间域冗余主要体现在同一视频帧中相邻区域多像素之间的相关性。

1）空间冗余

这是图像数据中经常存在的一种冗余。在同一幅图像中，规则物体和规则背景的表面物理特性具有相关性，这些相关性的光成像结构在数字化图像中就表现为空间冗余。

2）时间冗余

这是序列图像和语音数据中经常包含的冗余，图像序列中的两幅相邻的图像之间有较大的相关性，这反映为时间冗余；在语言中，由于人在说话时发音的音频是一个连续的渐变过程，而不是一个完全时间上独立的过程，因而存在时间冗余。

3）视觉冗余

人类视觉系统并不是对任何图像的变化都很敏感，人眼对于图像的注意是非均匀的。事实上，人类视觉系统一般分辨率约为64灰度等级，而一般图像量化采用256灰度等级，这类冗余称为视觉冗余。

例如，人的视觉对于边缘的急剧变化不敏感，对颜色的分辨率弱，但是人眼对图像的亮度信息相对敏感。

3. 图像格式说明

1）图像通用格式CIF

为了使现行各种电视制式，即PAL、NTSC、SECAM制的图像，能比较容易地转换成电视电话的图像格式，既便于相互转换，又考虑到位率较低，可采用通用中间格式(Common Intermediate Format，CIF)。

CIF格式规定图像亮度分量Y的横向像素为352个，纵向像素为288个。图像色度分量Cr、Cb的纵横像素数为亮度分量的一半。为了使图像尺寸的纵横比为3∶4，与常规电视屏幕尺寸比例一致，所以像素的纵横比为：

$$像素纵横比=纵:横=3/288:4/352=11:12$$

可见像素的纵横比为11∶12，接近于方形。

2）CIF格式图像层次结构

通常，视频编码算法把输入的CIF和QCIF格式的视频分成一系列以“块”为基础的层次结构，分别为图像(Picture)、块组(GOB)、宏块(MB)和块(Block)四个层次。每个宏块由4个8×8的亮度块和两个8×8的色度块(Cr和Cb各一个)组成，一个块组由3×11个宏块组成，一个QCIF图像由3个GOB组成，一个CIF图像则包含12个GOB。

3）图像宏块与块说明

在视频编码过程中，为使算法处理单元高效处理，通常把每帧图像分成宏块和块，例如对于CIF图像，将每帧图像分成22×18个宏块(MB)，而每个宏块包含6个子块(Block)，其中包含4个8×8的亮度块及两个8×8的色度块(4∶2∶0取样)，或4个8×8的亮度块及4个8×8色度块(4∶2∶2取样)，或4个8×8的亮度块及8个8×8的色度块(4∶4∶4取样)。宏块是进行运动补偿(视频编码关键技术)的基本单位。“块”是进行DCT运算的基本单位，“宏块”在进行DCT运算之前要被分成若干个块。

4）电视制式介绍

PAL电视制式标准为每秒25帧，电视扫描线为625线，奇场在前，偶场在后，标准的

数字化 PAL 电视标准分辨率为 720×576,24b 的色彩位深,画面的宽高比为 4∶3。PAL 电视标准用于中国、欧洲等国家和地区。NTSC 电视制式标准为每秒 29.97 帧(简化为 30 帧),电视扫描线为 525 线,偶场在前,奇场在后,标准的数字化 NTSC 电视标准分辨率为 720×480,24b 的色彩位深,画面的宽高比为 4∶3。NTSC 电视标准用于美、日等国家和地区。

(1) CIF 分辨率。

如前所述,CIF 分辨率为 352×288,约 10 万像素格式图像。

(2) 2CIF 分辨率。

2CIF 格式的图像纵向也只有 288 线,但每行的水平像点数却翻了一倍,因此,图像大约为 20 万像素。虽然每一行的像点数增加了,但由于整个图像中每隔一行都被忽略,因此,仍然丢失了大量的重要信息。所以,我们看到的图像恰如其名,只是半帧或半图。2CIF 分辨率是 704 像素×240 像素(NTSC)或 704 像素×288 像素(PAL)。

(3) 4CIF 分辨率。

4CIF 格式的图像由两个时间上连续的隔行扫描半图像拼合而成,这种格式的实际像素达到 704×576≈40 万,但由于半帧是在不同瞬间形成的,所以行与行之间就会发生错位。这样会导致所谓的“梳状失真”,这是 4CIF 格式图像在实际应用中的一个缺陷。

(4) D1 与 4CIF 分辨率的区别。

D1 的分辨率为 720×480(NTSC),720×576(PAL);4CIF 的分辨率为 704×480(NTSC),704×576(PAL)。从分辨率数据来看两者相差不多,但是从技术原理角度,4CIF 的原型是由 CIF 发展而来的,通过后期处理得到。早期 DSP 运算能力不足以支持大分辨率画面的实时编码传输,因此将画面切割成 4 个 CIF 大小的画面分别处理,然后进行大画面的合成。而 D1 本身就是指大画面的单个画面,也可以进行分割,成为多个 CIF 画面。

(5) VGA 及 SIF 分辨率。

VGA 是 Video Graphics Array 的缩写,是 IBM 公司开发的计算机显示系统,分辨率定义为 640 像素×480 像素,此分辨率更适合网络摄像机,因为网络摄像机视频基本上都在计算机上进行显示。而 QVGA 也经常使用,QVGA 是 320 像素×240 像素,接近于 CIF 分辨率大小,QVGA 有时称为 SIF(Standard Interchange Format)。

4. 逐行扫描与隔行扫描

隔行扫描是把一幅图像分成两场来扫描,第一场称为奇数场,只扫描奇数行,而第二场只扫描偶数行,通过两场扫描完成一帧图像扫描的行数,这就是隔行扫描。例如,对于每帧图像为 625 行的隔行扫描,每帧图像分两场扫描,每场只扫描 312.5 行,每秒扫描 50 场,共 25 帧图像,即隔行扫描时帧频为 25Hz,场频为 50Hz。由于视觉暂留效应,人眼不会注意到两场只有一半的扫描行,而会视为完整的一帧。

隔行扫描的行扫描顿率为逐行扫描时的一半,因而电视信号的频谱及传送该信号的信道带宽也为逐行扫描的一半。这样采用了隔行扫描后,在图像质量下降不多的情况下,信道利用率提高了一倍。

由于信道带宽的减小,使系统及设备的复杂性与成本也相应降低。可见,隔行扫描的优势是在同样的带宽下可以传送的场数是逐行采样的两倍，例如，PAL 制式下视频流是 50 场/秒(25 帧/秒)，在该方式下，运动的图像要比 25 帧/秒的逐行采样模式自然许多。但是对于横向的快速运动或纹理，可能产生不好的视觉效果(木梳状失真)。隔行扫描的失真可以通过一些过滤器处理提升从而提高图像质量。

5. 帧率、码流与分辨率

帧率是每秒显示图像的数量，分辨率表示每幅图像的尺寸，即像素数量，码流是数据流量，而压缩是去掉图像的空间冗余和时间冗余。对于基本静态的场景，可以用很低的码流获得较好的图像质量，而对于剧烈运动的场景，可能用很高的码流也达不到好的图像质量。设置帧率是表示想要的视频实时性、连续性，设置分辨率是想要看的图像尺寸大小，而码流的设置取决于网络、存储及视频场景的具体情况。

1) 帧率概念

一帧就是一幅静止的画面，连续的帧序列就形成动画，如电视图像等。人们通常说的帧率，就是在 1s 时间里传输、显示的图片的帧数，也可以理解为图形处理器每秒内能够刷新几次，通常用 FPS(Frames Per Second)表示。每一帧是一幅静止的图像，快速连续地显示多帧便形成了运动的"假象"，高的帧率可以得到更流畅、更逼真的动画。每秒钟帧数越多，FPS 值越高，所显示的视频动作就会越流畅，码流需求就越大。

2) 码流概念

码流(Bit Rate)是指视频数据在单位时间内的数据流量大小，也叫码率，它是视频编码画面质量控制中最重要的部分。在同样分辨率及帧率下，视频数据的码流越大，压缩比就越小，画面质量也就越高。

3) 分辨率概念

分辨率是指图像的大小或尺寸。常见的分辨率有 4CIF(704×576)、CIF(352×288)、QCIF(176×144)、VGA(640×480)及百万像素(如 1920×1080)。在成像的两组数字中，前者为图片的长度，后者为图片的宽度，两者相乘得到图片的像素数，长宽比一般为 4∶3 格式，在高清视频监控中主要为 16∶9 格式。

6. 视频编码模型

视频编码器的作用是将原始图像编码压编成视频流，解码器的作用相反，将视频流还原成图像。通常，编码器采用某种模型来描述一个视频流，模型使得压缩的视频流尽可能占用较少的码流，却提供尽可能好的图像质量。

1) 时域模型

时域模型的作用是消除连续视频帧之间的时域冗余，在时域模型中，当前帧与参考帧间相减得到残差图像，预测帧越准确(运动估计做得好)，那么得到的残差图像的能量就越小。残差图像经过编码后传输到解码器，解码器通过重建帧与残差图像相加来恢复当前图像帧，并得到下帧图像的预测帧。

在 MPEG-4 及 H.264 中，预测帧一般采用当前帧之前或之后的一帧作为参考预测帧，利用运动补偿技术来降低预测帧与当前帧的差别。时域模型的输出是当前帧与预测帧相减得到的残差及运动模型参数(如运动矢量)。

2）空域模型

视频图像相邻样本点之间具有很强的相关性，图像空域模型的目的是消除图像或残差图像的空域相关性，将其转换成一种便于熵编码的格式。实际的空域模型分为三个部分：变换（消除数据相关性），量化（降低变换域数据精度）和重新排序（对数据重新编排，将重要的数据集中到一起）。空域模型的输入是残差图像（或完整图像），空域模型利用残差图像内部相邻像素的相似性，来消除空域的冗余。

在 MPEG-4 及 H.264 编码压缩方式中，编码器对残差图像进行频域变换（DCT）、量化，之后作为空域模型的输出。

3）熵编码器

熵编码器对空域模型（量化系数）及时域模型（运动矢量）的输出参数进行压缩，消除统计冗余，并输出最后的比特流供传输或存储之用。

7. 运动补偿技术

在帧间编码过程中，需要消除相邻帧之间的时域信息冗余，即仅传输相邻帧之间对应宏块的差值（残差），此差值不是前后两帧对应像素的直接相减差值，而是需要在前帧（参考帧）内，对应于后帧的宏块位置的附近区域内，搜索找到一个最匹配的宏块（最相似的宏块，甚至能找到完全相同的宏块），并得到宏块在水平及垂直方向上的位移（运动矢量），然后传送这两个宏块之间的差值（对于完全相同的宏块，差值接近于零）及运动矢量。将存储器中前一图像帧（$N-1$ 帧）的重建图像中相应的块按照编码器端求得的运动矢量进行相应的位移，得到第 N 帧图像的预测图像的过程就是运动补偿过程。

1）运动估计

运动估计（Motion Estimation，ME）就是搜索最佳匹配块的过程，或者说是寻找最优的运动向量的过程。

运动估计的基本思想是将图像序列的帧分成多个宏块，并认为宏块内所有像素的位移量都相同，然后对每个宏块在参考帧的某一给定搜索范围内根据一定的匹配准则找出与当前块最相似的块，即最佳匹配块，匹配块与当前块的相对位移即为运动矢量（Motion Vectors，MV）。在视频压缩的过程中，只需保存运动矢量和残差数据就可以完全恢复出当前的块。

2）运动补偿

利用运动估计算出的运动矢量，将参考帧图像中的宏块在水平及垂直方向进行相应的移动，即可生成被压缩图像的预测。运动补偿（Motion Compensation，MC）是通过先前的图像来预测、补偿当前的图像，它是减少视频序列时域冗余的有效方法。即运动补偿是一种描述相邻帧差别的方法，具体来说就是描述前帧图像的每个块怎样移动到当前帧中的某个位置去，这种方法经常被视频编解码器用来减少视频序列中的时域冗余信息。

3）运动补偿的实现

如上所述，运动补偿的基本原理就是当编码处理视频序列中的 N 帧的时候，利用运动补偿中的关键技术——运动估计技术（Motion Estimation，ME）得到第 N 帧图像的预测帧 N'，在实际传输时，不总是传输 N 帧本身（偶尔传输 N 帧本身作参考），而是传输 N 帧与 N' 的差值 ΔN。在运动估计十分有效的情况下，ΔN 的值会非常小（接近零甚至是零)，这样传输需要的码流也非常小，从而实现对信源中时域冗余信息的消除，这是运动补偿技术的根本所在。在运动补偿时，一般将图像分成多个矩形块，而后对各个图像块进行补偿。

1.2.4 主流视频编码技术

MPEG(Moving Picture Expert Group)是在1988年由国际标准化组织(International Organization for Standardization，ISO)和国际电工委员会(International Electrotechnical Commission，IEC)联合成立的专家组，开发电视图像数据和声音数据的编码、解码和它们的同步等标准。MPEG标准是一个面向运动图像压缩的标准系列，至此，已经开发和正在开发的标准如下。

(1) M-JPEG压缩；

(2) MPEG-1——数字电视标准，1992年正式发布；

(3) MPEG-2——数字电视标准，1994年成为国际标准草案；

(4) MPEG-4——多媒体应用标准，1999年发布。

视频图像编码压缩技术的评价准则有：码率，重建图像的质量，编码/解码延时，错误修复能力算法复杂程度。

1. M-JPEG编码压缩

M-JPEG编码压缩方式是一种基于静态图像压缩技术发展而来的动态图像压缩方式，可以对连续的视频流进行压缩产生一个图像序列。M-JPEG的特点是不考虑视频序列前后帧之间的相关性而仅考虑同一帧内视频图像的空间冗余性并进行压缩，因此M-JPEG编码方式实现起来比较简单，编码延时较小，画面可以任意剪接(画面之间没有关系)，可以灵活调整压缩帧率及分辨率；缺点是由于不考虑相邻帧图像之间的空域冗余性，因此压缩比不高。M-JPEG可以实现各种分辨率，如从QVGA、4CIF到百万像素的编码。

在M-JPEG编码压缩方式中，由于压缩每一幅图像而忽略了多幅图像序列之间的关联，因此发送的信息中有大量的冗余信息。如果每秒传输多帧视频，实质上除了第一幅图像，之后一遍又一遍地传输大量、重复的信息，这是一种巨大的资源浪费。在之后要介绍的视频编码方式——MPEG系列及H.264算法中，它们不发送重复的信息，编码器仅每隔一段时间发送一套完整的参照帧数据，其他时间仅发送图像的变化信息。

2. MPEG-1技术介绍

MPEG-1标准于1992年发布，主要应用于VCD、MP3等。使用MPEG-1压缩算法，可将一部120min长的电影压缩到1.2GB左右大小，因此，它被广泛地应用于VCD制作中，成为先进、合理、质量高、成本低的优秀标准。MPEG-1促进了大规模集成电路专用芯片的发展，为多媒体技术和相关产品的繁荣做出了贡献。MPEG-1采用了块方式的运动补偿、离散余弦变换(DCT)、量化等技术，并对1.2Mb/s传输速率进行了优化。MPEG-1随后被Video CD采用作为核心编码技术。MPEG-1的输出质量和传统录像机VCR的信号质量大致相当。

MPEG-1标准具有如下特征：第一个集成的视频/音频标准；第一个与视频格式无

关的编码标准(NTSC/PAL/SECAM);第一个由几乎所有相关视/音频企业联合制定的标准。

1) MPEG-1 的编码压缩技术

在空间方向上,图像压缩采用 JPEG 压缩算法去掉画面内部的冗余信息,即基于 DCT 的压缩技术,减少空间域冗余;在时间方向上,采用基于 16×16 子块的运动补偿技术,减少帧序列时间域的冗余。以上两种压缩方式可以保证图像质量降低很少而又能够获得较高的压缩比。

2) MPEG-1 的层次及语法结构

六层视频数据结构从上到下依次是:运动图像序列、图片组、图片、图片切片、宏块和块。其中,宏块是运动补偿的基本单元,块是 DCT 操作的基本单元。

3) MPEG 的图片组(GOP)

为了在高效编码压缩的情况下获得可随机存取的高压缩比、高质量图像,MPEC 定义了 I、P、B 三种帧类型,分别简称为帧内图(Intra Picture)、预测图(Predicted Picture)及双向图(Bidirectional Picture),即 I 帧、P 帧及 B 帧,用于表示 1/25s 时间间隔的帧序列画面。要满足随机存取的要求,仅利用 I 帧本身信息进行帧内编码就可以了;要满足高压缩比的要求,单靠 I 帧帧内编码还不够,还要加上由 P 帧和 B 帧参与的帧间编码以及块匹配运动补偿预测。这就要求帧内编码与帧间编码相平衡,最终得到高压缩比、高质量的视频。

(1) I 帧。

I 帧采用类似 JPEG 的编码方式实现,它不以任何其他帧作参考,仅进行帧内的空域冗余压缩。I 帧的编码过程简单——首先将图像进行色彩空间变换,从 RGB 到 YCrCb,然后进行区块切割,再对每个图块进行 DCT 离散余弦变换,DCT 变换后经过量化的直流分量系数用差分脉冲编码(DPCM)、交流分量系数先按照 ZigZag 的形状排序,然后用行程长度编码(RLE),最后用哈夫曼编码或者用算术编码。由于 I 帧图像是不参考其他图像帧而只利用本帧的信息进行编码(即无运动预测,采用自身相关性),因此数据量最大。由于图像序列间无相关性,因此可随机进入图像序列进行编码。

(2) P 帧。

P 帧是由一个过去的 I 帧或 P 帧采用运动补偿的帧间预测进行更有效编码的方法,P 帧使用两种类型的参数来表示:一种参数是当前要编码的图像宏块与参考图像的宏块之间的差值,即 SAD;另一种参数是宏块的移动矢量,即 MV。

P 帧的特点是其本身是前 I 帧或 P 帧的前向预测结果,也是产生下一个 P 帧的基准参考图像;具有较高编码效率;与 I 帧相比,可提供更大的压缩比;前一个 P 帧是下一个 P 帧补偿预测的基准,如果前者存在误码,则后者会将编码误差积累起来传播下去。

(3) B 帧。

B 帧可以提供最高的压缩比,它是既可以用过去的图像帧(I 帧或 P 帧),也可以用后来的图像帧(I 帧或 P 帧)进行运动补偿的双向预测编码方式。由于 B 帧可以参考下一帧的信息进行编码,从而减小 B 帧的大小,相对 P 帧更小。B 帧是同时以前面的 I 帧或 P 帧和后面的 P 帧或 I 帧为基准进行运动补偿预测所产生的图像,即双向预测编码。前面的

I 帧或 P 帧代表的是“过去信息”,后面的 P 帧或 I 帧代表的是“未来信息”,由于同时使用了“过去”和“未来”信息,故称双向预测帧。

(4) GOP 类型与尺寸

GOP 类型是指 GOP 中 I、B、P 帧的构成情况,如是否含有 B、P 帧及 B、P 帧的分布情况,如两个 I 帧之间有多少个 B、P 帧,I、P 帧之间多少个 B 帧等。而 GOP 尺寸又叫 GOP Size,即多少个帧之间会出现一个 I 帧。假如 GOP 结构为 IBBPBBPBBPBBPBBPBBI,那么可以看出 GOP 尺寸是 20(每 20 帧中出现一个 I 帧),而 GOP 的类型是 IBBPBBP 的结构。

4) 传输与解码显示顺序

由于视频编码过程中需要进行单向或双向参考预测,因此,图像的编码压缩、传输及显示顺序并非一致的。在编码完成后,图像不是以显示顺序传输,编码器需对上述图像重新排序,因为参照图像 I 帧或 P 帧必须先于 B 帧图像恢复之前恢复。也就是说,在任何 P 帧或 B 帧被解码之前必须有参考图像帧。

3. MPEG-2 技术简介

MPEG-2 是 MPEG 工作组于 1994 年发布的视频和音频压缩国际标准。MPEG-2 通常用来为广播信号提供视频和音频编码,包括卫星电视、有线电视等。MPEG-2 经过少量修改后,成为 DVD 产品的核心编码技术。MPEG-2 的系统描述部分(第 1 部分)定义了传输流,它是用来在非可靠介质上传输数位视频信号和音频信号的机制,主要用在广播电视领域。MPEG-2 的第 2 部分即视频部分与 MPEG-1 类似,但是它提供对隔行扫描视频模式的支持(隔行扫描广泛应用在广播电视领域)。MPEG-2 视频并没有对低码流(小于 1Mb/s)进行优化,在 3Mb/s 及以上码流情况下,MPEG-2 明显优于 MPEG-1。MPEG-2 向后兼容,也就是说,所有符合标准的 MPEG-2 解码器也能够正常播放 MPEG-1 视频流。

MPEG-2 支持逐行扫描和隔行扫描。在逐行扫描模式下,编码的基本单元是帧;在隔行扫描模式下,编码的基本单元可以是帧(Frame),也可以是场(Field)。编码过程是:输入图像首先被转换到 Y、Cb、Cr 颜色空间。其中,Y 是亮度分量,Cb 和 Cr 是两个色度分量。对于每个分量,首先采用块分割,然后形成宏块,每一个宏块再分割成 8×8 的小块。

对于 I 帧编码,整幅图像直接进入编码过程,对于 P 顿和 B 帧,首先需要做运动补偿。通常来说,由于相邻帧之间的相关性很强,各个宏块可以在前帧和后帧中对应的位置找到相似的匹配宏块,该偏移量作为运动向量被记录下来,运动估计重构的区域的残差 SAD 被送到编码器中编码。对于残差的每一个 8×8 小块,离散余弦变换把图像从空间域转换到频域,之后得到的变换系数被量化并重新组织排列顺序,从而增加长零的可能性,最后做游程编码(Run-length Code)及哈夫曼编码(Huffman Encoding)。

4. MPEG-4 技术介绍

MPEG-4 标准于 1998 年 11 月公布,它不仅是针对一定比特率下的视频、音频编码,而且更加注重多媒体系统的交互性和灵活性,目的是为视听数据的编码和交互播放开发算法和工具。它是一个数据速率很低的多媒体通信标准。

MPEG-4 算法的核心是“支持基于内容”的编码和解码功能,也就是对场景中使用分割算法抽取的单独的物理对象进行编码和解码。MPEG-4 标准规定了各种音频视频对象的编码,除了包括自然的音频视频对象,还包括图像、文字、2D 和 3D 图形以及合成语音等。MPEG-4 通过描述场景结构信息,即各种对象的空间位置和时间关系等,来建立一个多媒体场景,并将它与编码的对象一起传输。由于对各个对象进行独立的编码,从而可以达到很高的压缩率,同时也为在接收端根据需要对内容进行操作提供了可能,适应了多媒体应用中“人机交互”的需求。

MPEG-4 标准的视频编码分为合成视频编码和自然视频编码。

1) MPEG-4 视频编码技术

MPEG-4 标准采用的仍然是类似以前标准(H. 261/3 和 MPEG-1/2)的基本编码框架,即典型的三步:预测编码、变换量化和熵编码。新的压缩编码标准都是基于优化的思想进行设计的,将先前标准中的某些技术加以改进。例如,在原来的基础上挑出 1/4 和 1/8 像素精度的运动补偿技术,使得预测编码的性能大大提高。

MPEG-4 标准不仅给出了具体压缩算法,它是针对数字电视、交互式多媒体应用、视频监控等整合及压缩技术的需要而制定的。MPEG-4 将多种多媒体应用集成在一个完整的框架里,为不同的应用提供了相应的类别(Profile)和档次(Level)。

MPEG-4 标准中采用了“基于对象”的编码理念。传统的视频编码方法依照信源编码理论的框架,利用输入信号的随机特性达到视频数据压缩的目的,而并没有考虑信息获取者的主观特性以及事件本身的具体含义、重要性及后果等。

MPEG-4 标准中引用了视频对象的概念,打破了过去以“宏块”为单位编码的限制,其目的在于采用现代图像编码方法,利用人眼的视觉特性,抓住图像信息传输的本质,从轮廓、纹理的思路出发,支持基于视频内容的交互功能。以上这些改进都是根据人眼的一些自然特性提出来的。

2) VO 与 VOP 概念的引入

传统的视频编码方式是将整个视频信号作为一个内容整体来进行处理,其本身不可再分割,而这与人类对视觉信息的识别习惯是不同的。传统的编码方式(MPEG-1、MPEG-2)不能将一个视频信息完整地从视频信号中提取出来,比如将加有电视台台标和字幕的视频恢复成无台标、无字幕的视频。

解决此类问题的办法就是在编码时就将不同的视频信息载体,即视频对象(Video Objects,VO)区分对待,分别独立地进行编码与传输,将图像序列中的每帧看成是由不同的 VO 加上活动的背景所组成。VO 可以是人、车、动物、其他物类,也可以是计算机生成的图形。VO 具有音频属性,但音频的具体内容数据是独立于视频编码传输的。

VO 概念的引入,更加符合人眼对视觉信息的处理方式,提高了视频信号的交互性和灵活性,使得更广泛的视频应用和更多的内容交互功能成为可能。

视频对象平面(Video Object Plane,VOP)是视频对象在某一时刻的采样,VOP 是 MPEG-4 视频编码的核心概念。

VOP 的编码主要由两部分组成:一个是形状编码,另一个是纹理和运动信息编码。VOP 纹理编码和运动信息的预测、补偿在原理上同 MPEG-2 标准基本一致,而形状编码技术则是首次应用在视频编码领域。MPEG-4 是以 VOP 为单位进行编解码。

3）MPEG-4 编码过程

MPEG-4 编码的一个重要特点是“基于内容的编码”。所谓“基于内容”是指它在交互使用过程中可从图像中选择某一部分对象进行单独的编码和操作。例如，一幅图像含有若干个不同对象，位于各个不同位置，同时还有文字说明和背景等，MPEG-4 可按操作者的需要把各个对象或文字说明、背景等单独提取出来进行编码和操作，最后还可分别译码，重组成一幅新的图像，这种功能在交互业务中很重要。

MPEG-4 的编码流程的第一步是 VO 的形成，先要从原始视频流中分割出 VO，其次由编码控制机制为不同的 VO 以及各个 VO 的三类信息分配码率，之后各个 VO 分别独立编码，最后将各个 VO 的码流复合成一个位流。其中，在编码控制和复合阶段可以加入用户的交互控制或由智能化的算法进行控制。

目前的 MPEG-4 标准中包含基于网格模型的编码和 Sprite 技术。在进行图像分析后，先考察每个 VO 是否符合一个模型，典型的如人头肩像，如果是，就按模型编码；再考虑背景能否采用 Sprite 技术，如果可以，则将背景生成一幅大图，为每帧产生一个仿射变换和一个位置信息即可；最后才对其余的 VO 按上述流程编码。MPEG-4 的解码流程基本上为编码的反过程。

5. H.264 技术

1）H.264 编码压缩技术

H. 264 也是 MPEG-4 标准的第十部分，是由 ITU-T 视频编码专家组（VCEG）和 ISO/IEC 动态图像专家组（MPEG）联合组成的联合视频组（Joint Video Team，JVT）提出的高压缩率视频编码标准。与以前的标准一样，H.264 也是采用预测编码加变换编码的混合编码模式，它集中了以往各个编码标准的优点，并吸收了标准制定过程中积累的经验，获得了比以往其他编码方式好得多的压缩性能。H.264 标准最大的优势是具有很高的数据压缩比，在同等图像质量的前提条件下，H.264 编码的压缩比是 MPEG-4 的 1.5～2 倍。H.264 采用“网络友好”的结构和语法，有利于对误码和丢包的处理，以满足不同速率、不同解析度以及不同网络传输、存储场合的需求。

2）H.264 编码器架构

与其他的视频编码压缩标准类似，H.264 也是采用帧内与帧间预测的混合编码方式，主要的功能模块包括预测、变换、量化及熵编码，但是多了一个环内滤波功能，用来去掉“马赛克”效应，提高图像质量。

3）H.264 编码的关键特性

H.264 编码的关键特性如下。

(1) 网络适应性强。H.264 提供了网络抽取层（Network Abstraction Layer），使得 H.264 的文件能容易地在不同网络环境中传输（例如互联网、CDMA、GPRS、WCDMA、CDMA2000 等）。

(2) 容错能力强。H.264 提供了解决在不稳定网络环境下容易发生的丢包等错误的必要工具。

(3) 帧间编码及 SP 帧引入。H.264 充分利用相邻帧之间的时域冗余进行运动补偿，与先前其他编码压缩方式类似，支持 P 帧、B 帧，并引入新的 SP 帧，即流间传送帧，能在有类似内容但有不同码流的码流间进行快速切换，并支持快速播放及随机接入。

(4) 运动估计特点。H.264运动估计有多个特点，包括不同大小和形状的宏块分割、高精度的亚像素运动补偿、多帧预测等，以上特性可以保证利用更低的码流实现更好的图像质量。

(5) 去块滤波器。H.264定义了自适应去除块效应的滤波器，这可以处理预测环路中的水平和垂直块边缘，大大减少了“方块效应”。

(6) 整数变换。H.264使用了基于4像素×4像素块的类似于DCT的变换，但使用的是以加法和移位为基础的空间变换，具有减少运算量和复杂度、有利于向定点DSP移植的优点。

(7) 量化。H.264中可选32种不同的量化步长，步长以12.5%的复合率递进。

(8) 熵编码。视频编码处理的最后一步就是熵编码，在H.264中采用了两种不同的熵编码方法：通用可变长编码(UVLC)和基于文本的自适应二进制算术编码(CABAC)。

4) H.264在视频监控中的应用

H.264是目前最先进的视频编码技术，在同样的图像质量前提下，其码流不到MPEG-4的一半，可以大量节省存储空间及带宽占用，这一点对于有大量视频传输及存储需求的网络视频监控系统是至关重要的。

H.264的高效编码是以更加复杂的算法为代价的，H.264采用先进的帧间预测模式，包括复杂的运动估计、1/2和1/4像素预测；先进的帧内预测模式，包括多达13种帧内预测模式；H.264引进全新的环路滤波(In-loop Filtering)技术，对图像质量提高大有帮助。

在H.264中，应用上述新技术均需要大量的运算处理资源，对视频编解码处理平台(主要是CPU及多媒体芯片)也提出了更高的速度要求。

任何行业都需要标准，视频监控行业也一样。H.264算法是目前先进、主流、有前景的视频编码算法，但是未来需要各个视频监控厂家共同努力，克服目前没有标准、自成标准、多个标准的情况，做到标准编码、通用解码，这对于大型联网视频监控系统非常重要。

6. H.265技术

2010年1月，ITU-T和ISO下的动态图像专家组(MPEG)联合成立JCT-VC组织，着手统一制定下一代编码标准。2010年4月在德国德累斯顿召开了JCT-VT第一次会议，确定新一代视频编码标准名称为HEVC(High Efficiency Video Coding)、即H.265标准。新一代视频压缩标准的核心目标是在H.264/AVC High Profile的基础上，压缩效率提高一倍。即在保证相同视频质量的前提下，视频流的码率减少50%；在提高压缩效率的同时，允许编码端适当提高压缩算法的复杂度。

1) H.264的局限性

由于H.264/MPEG-4 AVC是在2003年发布的，随着网络技术和终端处理能力的不断提高，人们对于目前广泛使用的MPEG-2、MPEG-4、H.264等提出了新的要求，希望能够提供支持高清、3D、移动无线等特性，以满足家庭娱乐、安防监控、广播、流媒体、摄像等领域应用。

随着网络视频应用的快速发展，视频应用向以下几个方向发展的趋势愈加明显。

（1）高清晰度(Higher Definition)。视频格式向720P、1080P及更高像素全面升级。

（2）高帧率(Higher Frame Rate)。视频帧率从主流25/30帧/秒向更高发展。

（3）高压缩率(Higher Compression Rate)。带宽和存储空间限制导致压缩率要求更高。

H.264编码由于面临上述趋势而表现出如下的一些局限性。

（1）宏块个数的爆发式增长，会导致用于编码宏块的预测模式、运动矢量、参考帧索引和量化级等宏块级参数信息所占用的码字过多，用于编码残差部分的码字减少。

（2）由于分辨率的大大增加，单个宏块所表示的图像内容的信息大大减少，这将导致相邻的4×4或8×8块变换后的低频系数相似程度也大大提高，导致大量的冗余。

（3）由于分辨率的大大增加，表示同一个运动的运动矢量的幅值将大大增加，H.264中采用一个运动矢量预测值，对运动矢量差编码使用的是哥伦布指数编码，该编码方式的特点是数值越小使用的比特数越少。因此，随着运动矢量幅值的大幅增加，H.264中用来对运动矢量进行预测以及编码的方法导致压缩率将逐渐降低。

（4）H.264的一些关键算法(如采用CAVLC和CABAC两种基于上下文的熵编码方法、Deblock滤波等)都要求串行编码，并行度比较低。针对GPU/DSP/FPGA/ASIC等并行化程度非常高的CPU、H.264的串行化处理方式越来越成为制约运算性能的瓶颈。

2）H.265的技术亮点

作为新一代视频编码标准，HEVC(H.265)仍然属于“预测加变换”的混合编码框架。然而，相对于H.264，H.265在很多方面有了革命性的变化。

（1）灵活的编码结构。

在H.265中，将宏块的大小从H.264的16×16扩展到了64×64，以便于对高分辨率视频格式的压缩。同时，采用了更加灵活的编码结构来提高编码效率，包括编码单元(Coding Unit)、预测单元(Predict Unit)和变换单元(Transform Unit)。

（2）灵活的块结构——RQT。

RQT(Residual Quad-tree Transform)是一种自适应的变换技术，这种思想是对H.264/AVC中ABT(Adaptive Block-size Transform)技术的延伸和扩展。对于帧间编码来说，它允许变换块的大小根据运动补偿块的大小进行自适应的调整；对于帧内编码来说，它允许变换块的大小根据帧内预测残差的特性进行自适应的调整。

大块的变换相对于小块的变换，一方面能够提供更好的能量集中效果，并能在量化后保存更多的图像细节，但是另一方面在量化后却会带来更多的振铃效应。因此，应根据当前块信号的特性，自适应地选择变换块大小。

（3）采样点自适应偏移。

SAO(Sample Adaptive Offset)在编解码环路内，位于Deblock之后，通过对重建图像的分类，对每一类图像像素值加减一个偏移，达到减少失真的目的，从而提高压缩率、减少码流。采用SAO后，平均可以减少2%～6%的码流，而编码器和解码器的性能消耗仅增加了约2%。

（4）自适应环路滤波。

ALF(Adaptive Loop Filter)在编解码环路内，位于Deblock和SAO之后，用于恢复

重建图像以达到重建图像与原始图像之间的均方差(MSE)最小。ALF的系数是在帧级计算和传输的,可以整帧应用ALF,也可以对于基于块或基于量化树(Quadtree)的部分区域进行ALF,如果是基于部分区域的ALF,还必须传递指示区域信息的附加信息。

(5) 并行化设计。

当前芯片架构已经从单核性能逐渐往多核并行方向发展,因此为了适应并行化程度非常高的芯片实现,HEVC/H.265引入了很多并行运算的优化思路,克服了H.264的缺陷。

3) H.265和H.264关键点对比

与H.264 High Profile的编码性能相比,目前HEVC可以取得40%左右的压缩性能提升,而编码复杂度也增加了50%左右,不同测试场景的编码复杂度和性能提升程度有较大的差异,而降低编码复杂度仍然是HEVC发展过程中需要大力研究的一项重要议题。

4) 视频编码压缩的未来

显然,更好的编码压缩方式带来的好处是更好的压缩比、图像质量、更低的带宽消耗及存储空间。更好的压缩方式的代价是算法的复杂程度大增。算法越复杂,导致的直接需求是视频编码芯片、解码芯片及显示终端处理能力的更高要求。

H.265标准是在H.264标准的基础上发展起来的,结合H.264在视频应用领域的主流地位,可以预见H.265标准在未来有广大的发展前景。随着芯片处理能力越来越强,算法复杂性对应用的影响因素将会越来越小。

1.2.5 视频编解码技术应用

在网络视频监控系统中,视频编解码技术是前提,正是视频编解码技术的不断发展,促成网络视频监控技术逐步走向成熟应用。网络视频监控系统应用中,视频编码技术主要应用在编码器、DVR及IP摄像机上。视频编码可以基于硬件或软件,但其实质都是如本章介绍的各种视频编码算法的具体应用,而解码技术主要应用在硬件解码及PC客户端软件上,是视频编码过程的逆向过程。

视频编码技术是一门复杂的信息科学,在实现过程中,需要大量的复杂的算法、变换过程及参数配置,而视频编码技术在网络视频监控系统应用中,通常还需要考虑成本、效果、效率等多种因素,对编码实用性及适用性要求较高。

视频编码技术在网络视频监控应用中主要是一个成本平衡问题。我们采用视频编码技术的出发点是利用芯片及算法,对数据进行压缩,然后进行传输和存储,而后在需要的时候再进行解码显示。因此,在带宽成本和存储成本下降的同时是以视频编码芯片及算法成本的增加为代价的,或者可以说,目前是带宽成本及存储成本与芯片及算法成本相差悬殊,所以在极力进行算法的改进和芯片的升级。

第2章 视频监控技术概述

视频监控具有悠久的历史，广泛应用于安防领域，是协助公共安全部门打击犯罪、维持社会安定的重要手段。随着宽带的普及，计算机技术的发展，图像处理技术的提高，视频监控正在越来越广泛地渗透到教育、政府、娱乐、医疗、酒店、运动等其他各种领域。

2.1 视频监控系统的组成与功能

视频监控是安防领域的一个重要分支，和其他技术比起来，这个领域涉及的计算机技术更加多样，难度较大，可研究点较多。视频处理和视频分析技术属于计算机应用范畴，基于学术界不断研究提升，如今 AI 的兴起，对视频分析技术将是一次提升。

2.1.1 视频监控系统的组成和特点

1. 组成

视频监控系统一般由前端、传输、控制及显示记录四个主要部分组成，如图 2-1 所示。

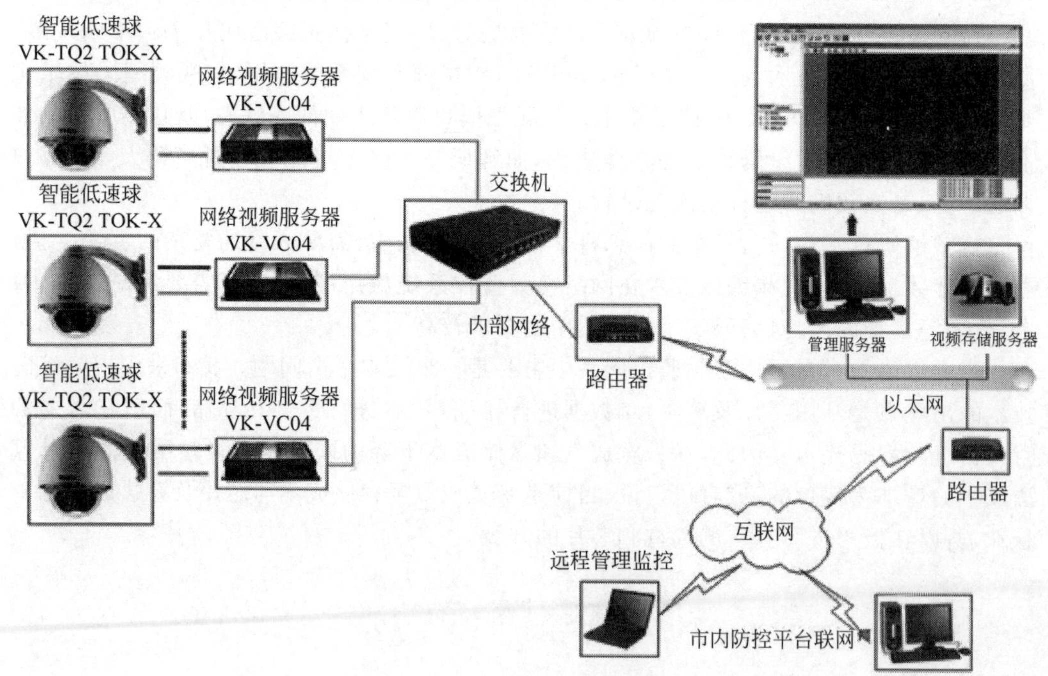

图 2-1 监控系统示意图

前端部分包括一台或多台摄像机以及与之配套的镜头、云台、防护罩、解码驱动器等。

传输部分包括电缆和/或光缆，以及可能的有线/无线信号调制解调设备等。

控制部分主要包括视频切换器、云台镜头控制器、操作键盘、控制通信接口、电源和与之配套的控制台、监视器柜等。

显示记录设备主要包括监视器、录像机、多画面分割器等。

根据系统各部分功能的不同，我们将整个视频监控系统划分为七层——表现层、控制层、处理层、传输层、执行层、支撑层、采集层。当然，由于设备集成化越来越高，对于部分系统而言，某些设备可能会同时以多个层的身份存在于系统中。

1）表现层

表现层是我们最直观感受到的，它展现了整个安防监控系统的品质。如监控电视墙、监视器、高音报警喇叭、报警自动驳接电话等都属于这一层。

2）控制层

控制层是整个安防监控系统的核心，它是系统科技水平的最明确体现。通常我们的控制方式有两种：模拟控制和数字控制。模拟控制是早期的控制方式，其控制台通常由控制器或者模拟控制矩阵构成，适用于小型局部安防监控系统，这种控制方式成本较低，故障率较小。但对于中大型安防监控系统而言，这种方式就显得操作复杂且无任何价格优势了，这时我们更为明智的选择应该是数字控制。数字控制是将工控计算机作为监控系统的控制核心，它将复杂的模拟控制操作变为简单的鼠标单击操作，将巨大的模拟控制器堆叠缩小为一个工控计算机，将复杂而数量庞大的控制电缆变为一根串行电话线。它将中远程监控变为事实，为Internet远程监控提供可能。但数字控制也不是十全十美，控制主机的价格十分昂贵、模块浪费的情况、系统可能出现全线崩溃的危机、控制较为滞后等问题仍然存在。

3）处理层

处理层或许应该称为音视频处理层，它将由传输层送过来的音视频信号加以分配、放大、分割等处理，有机地将表现层与控制层加以连接。音视频分配器、音视频放大器、视频分割器、音视频切换器等设备都属于这一层。

4）传输层

传输层相当于安防监控系统的血脉。在小型安防监控系统中，最常见的传输层设备是视频线、音频线；对于中远程监控系统而言，常使用的是射频线、微波；对于远程监控而言，通常使用Internet这一廉价载体。值得一提的是新出现的传输层介质——网线/光纤。大多数人在数字安防监控上存在一个误区，他们认为控制层使用的数字控制的安防监控系统就是数字安防监控系统了，其实不然。纯数字安防监控系统的传输介质一定是网线或光纤。信号从采集层出来时，就已经调制成数字信号了，数字信号在已趋成熟的网络上传输，理论上是无衰减的，这就保证了远程监控图像的无损失显示，这是模拟传输无法比拟的。当然，高性能的回报也需要高成本的投入，这是纯数字安防监控系统无法普及最重要的原因之一。

5）执行层

执行层是我们控制指令的命令对象，在某些时候，其和我们后面所说的支撑层、采集层不太好截然分开，我们认为受控对象即为执行层设备，例如，云台、镜头、解码器、球等。

6）支撑层

顾名思义，支撑层是用于后端设备的支撑，保护和支撑采集层、执行层设备。其包括支架、防护罩等辅助设备。

7）采集层

采集层是整个安防监控系统品质好坏的关键因素，也是系统成本开销最大的地方。其包括镜头、摄像机、报警传感器等。

2. 特点

1）数字化

视频监控系统的数字化是指系统中信息流（包括视频、音频、控制等）从模拟状态转为数字状态。这彻底打破了“经典闭路电视系统以摄像机成像技术为中心”的结构，促进了传输、存储、显示等各组成部分的发展，实现了监控范围扩大、存储时间延长、视频采集和显示清晰的应用效果。

2）网络化

视频监控系统的网络化是指系统中前端设备、传输设备、控制设备和显示设备等组成部分，都具有独立的网络 IP，通过信息流的数字化、编码压缩、开放式的协议，实现设备相互之间网络互联互通。视频监控的网络化打破了监控区域和设备扩展的地域界限和数量限制，降低了系统扩展的复杂度。

3）集成化

视频监控系统的集成化是指在网络化的基础上，通过标准化、模块化和系统化设计，将整个视频监控系统的网络系统硬件和软件资源共享。集成化使视频监控系统中的各个子系统间实现无缝连接，并在统一的操作平台上实现管理和控制，这就是系统集成的含义。集成化视频监控设备的配置具有通用性强、开放性好、系统组态灵活、控制功能完善、数据处理方便、人机界面友好以及系统安装、调试和维修简单化，系统安全，容错可靠等功能，可以通过实时任务调度算法，支持对多用户、多任务的快速调度响应。

4）智能化

视频监控系统的智能化是指采用包括智能化的前端设备（如具备人脸抓拍的摄像机）、智能化的视频信号处理设备（如具有视频浓缩、视频结构化等功能的设备）、智能化的视频监控管理系统（如集成人像识别、内容检索等功能的系统）等，在传统视频监控功能基础上具备更多辅助的、定制化功能的一种发展趋势。

2.1.2 视频监控系统的基本功能

1. 本地录像保存功能

保存一定时间段内的本地视频监控录像资料，并能方便地查询、取证，为事后调查提供依据。

2. 远程视频监控图像调取功能

监控人员可远程任意调取存储的监控图像，并可远程发出控制指令，进行录像资料的智能化检索、回放，调整摄像机镜头焦距，控制云台进行巡视或进行局部细节观察。

3. 权限管理功能

为保证上网人员的隐私和录像资料的安全，系统应具有操作权限管理功能，对系统登录、操作进行严格的权限控制，保证系统的安全性。

4. 服务器平台构架方便

在市、区（县）都可以方便地安装服务器软件，只需分配用户不同权限的登录账号，即可以查看所管辖区域的视频监控信息。

5. 和电子地图相结合

可以通过电子地图更加直观地查看摄像头所分布的地理位置，并且在电子地图上实时显示监控设备的运行状态，当用户需要查看某点位的监控信息时，在电子地图上双击该摄像头即可进入该监控界面。

6. 随时随地的监控录像功能

无论身在何处，任何密码授权的用户通过身边的计算机联网连接到监控网点，都可以看到任意监控网点的即时图像并根据需要录像，避免了地理位置间隔原因造成监督管理的不便。

7. 系统扩容功能

若需要添加新的监控网点，在服务器端添加相应监控设备信息即可。

8. 安全防护功能

利用图像掩码技术，防止非法篡改录像资料；只有授权用户才可以进行录像备份，有效防止恶意破坏；日志管理功能，保证了系统的安全使用；服务器端和客户端之间所传输的数据，全部经过加密。

2.2　视频监控系统的发展过程

视频监控系统发展了短短二十几年时间，从 19 世代 80 年代的模拟监控，到火热的数字监控，再到方兴未艾的网络视频监控，发生了翻天覆地的变化。在 IP 技术逐步统一全球的今天，我们有必要重新认识视频监控系统的发展历史。从技术角度出发，视频监控系统的发展划分为第一代模拟视频监控系统（CCTV），第二代基于“PC＋多媒体卡”的数字视频监控系统（DVR），第三代完全基于 IP 网络视频监控系统（IPVS）。

1. 第一代视频监控：传统模拟闭路视频监控系统（CCTV）

第一代视频监控依赖摄像机、电缆、录像机和监视器等专用设备。例如，摄像机通过专用同轴电缆输出视频信号。电缆连接到专用模拟视频设备，如视频画面分割器、矩阵、切换器、卡带式录像机（VCR）及视频监视器等。

模拟 CCTV 存在大量的局限性。

（1）有限的监控能力：只支持本地监控，受到模拟视频线缆传输长度和线缆放大器限制。

（2）有限的可扩展性：系统通常受到视频画面分割器、矩阵和切换器输入容量限制。

（3）录像负载重用户必须从录像机中取出或更换新录像带保存，且录像带易于丢失、被盗或无意中被擦除。

(4) 录像质量不高，录像质量随拷贝数量增加而降低。

2. 第二代视频监控："模拟-数字"监控系统(DVR)

"模拟-数字"监控系统是以数字硬盘录像机 DVR 为核心半模拟-半数字方案，从摄像机到 DVR 仍采用同轴电缆输出视频信号，通过 DVR 同时支持录像和回放，并可支持有限 IP 网络访问。由于 DVR 产品五花八门，没有标准，所以这一代系统是非标准封闭系统。

DVR 系统仍存在大量局限。

(1) 复杂布线"模拟-数字"方案仍需要在每个摄像机上安装单独的视频电缆，导致布线复杂。

(2) 有限的可扩展性：DVR 的典型限制是一次最多只能扩展 16 个摄像机。

(3) 有限的可管理性：需要外部服务器和管理软件来控制多个 DVR 或监控点。

(4) 有限远程监视/控制能力：不能从任意客户机访问任意摄像机，只能通过 DVR 间接访问摄像机。磁盘发生故障风险与 RAID 冗余相比，"模拟-数字"方案录像没有保护，易于丢失。

3. 第三代视频监控：全 IP 视频监控系统 IPVS

全 IP 视频监控系统与前面两种方案相比存在显著区别。该系统的优势是摄像机内置 Web 服务器，并直接提供以太网端口。这些摄像机生成 JPEG 或 MPEG4 数据文件，可供任何经授权客户机从网络中任何位置访问、监视、记录并打印，而不是生成连续模拟视频信号形式图像。全 IP 视频监控系统具有以下巨大优势。

(1) 简便性：所有摄像机都通过经济高效的有线或者无线以太网简单连接到网络，使用户能够利用现有局域网基础设施。用户可使用 5 类网络电缆或无线网络方式传输摄像机输出图像以及水平、垂直、变倍(PTZ)控制命令(甚至可以直接通过以太网提供)。

(2) 强大的中心控制：一台工业标准服务器和一套控制管理应用软件就可以运行整个监控系统。

(3) 易于升级与全面可扩展性：轻松添加更多摄像机。中心服务器将来能够方便升级到更快速的处理器、更大容量的磁盘驱动器以及更大的带宽等。

(4) 全面远程监视：任何经授权的客户机都可直接访问任意摄像机，也可以通过中央服务器访问监视图像。

(5) 坚固冗余存储器：可同时利用 SCSI、RAID 以及磁带备份存储技术永久保护监视图像不受硬盘驱动器故障影响。

2.3 视频监控的发展方向

伴随着 IP 技术和数字技术的成熟，基于网络的视频监控系统在数字化、网络化、智能化和集成化方面飞速发展。整个安防监控系统已经快速进入了网络监控的时代。近年来，国内视频监控市场每年都在以超过 20% 的速度增长，而网络视频监控更是以其强大的技术优势展现出蓬勃的生命力。随着"平安城市"等大型联网监控项目的出现，众多企业纷纷加入到网络视频监控这块生机勃勃的市场。视频监控点和行业需求的剧增使得用户逐步认识到视频监控平台在整个联网监控中的核心地位,而平台软件的优劣也足以影响整个监控系统的表现。

1. 开放性

监控系统遵循开放性原则,系统提供符合国际标准的软件、硬件、通信、网络、操作系统和数据库管理系统等诸方面的接口与工具,使系统具备良好的灵活性、兼容性、扩展性和可移植性。整个网络是一个开放系统,能兼容多家监控厂家的产品,并能支持二次开发。

2. 智能化

智能化技术包括数字音频智能分析技术和数字视频智能分析技术。数字音频智能分析技术包括对环境中的声音特征和声强变化进行检测并分析,根据环境声音的特点,判断出是否有设定声音类型异常现象的发生,识别人声、玻璃破碎、刹车、金属撞击等特征。数字视频智能分析技术包括以下几个方面:运动目标的检测和跟踪,运动目标的分类,运动目标的识别,运动目标分布密度的统计;到具体应用层面可实现人脸检测和跟踪、人脸识别,烟雾检测、火焰检测,车牌识别、车体速度检测等。

智能化发展将针对各个行业形成不同应用类型的产品,未来应用市场十分广阔。智能化产品具有明显的行业应用特征,面对不同行业开发适用的定制化产品是各厂商的关键任务。目前的智能技术水平尚不能实现完全自动化,只能为安防工作人员提供辅助性帮助,提高处理效率。智能化技术发展尚存在着巨大发展空间,特别是在降低误报率、提高探测准确性和提高复杂环境适应性等方面。

3. 高清化

摄像头高清化是实现摄像头网络化和智能化的重要前提:从标清到高清的跨越,实现了视频监控从“看得见”到“看得清”的转变。高清摄像头不仅让人类看得更清楚,也能让机器“看”得更清楚,从而让机器更容易从中“读懂”画面的内容,更准确地提取人们关注的有效信息。此前阻碍摄像头向超高清发展的一个很重要的原因是带宽和存储的成本,提升编码效率是实现视频高清化的技术基础。

为了提升监控图像质量,视频监控系统正从标清向高清转化,传统模拟摄像机在提高清晰度方面存在先天技术瓶颈,数字高清摄像机及配套的高清硬盘录像机成为系统提升的关键突破口。

目前存在两种主流的数字高清技术方案:基于IP的网络摄像机方案和基于HD-SDI的高清数字摄像机方案。IP方案具有传输距离不受限制、应用环境适应性强、成本低的特点,更易在网络基础好的环境普及;HD-SDI方案提供无压缩、无延迟的图像传输,与传统监控系统更易兼容,适用于要求图像质量高、实时性强的传统高端市场和专业监控市场,HD-SDI提供的无损图像,更利于智能视频分析。两种方案各有特点,互为补充,预计将会长期并存。因HD-SDI技术出现时间较短,应用IP方案的厂商相对较多。

第3章 视频监控系统前端摄像机

监控摄像机是安全防范系统中的重要组成部分，主要实现视频采集功能，往往不具备存储功能。监控摄像机是一种半导体成像器件，它的像素和分辨率比电脑的视频头要高，比专业的数码相机低。监控摄像机从外形上主要区分为枪式、半球、高速球形；从传输信号上主要分为模拟监控摄像机和IP网络监控摄像机；从图像传感器上主要分为CCD摄像机和CMOS摄像机。

3.1 镜　　头

镜头分为小镜头和CS镜头（大镜头）。小镜头一般用于小半球和小的摄像机。镜头通光量又分为F1.2、F1.4和百万高清镜头。好的镜头，白天的效果会更真实，晚上的效果更清晰。

3.1.1 镜头的分类

1. 相机镜头

镜头又可依焦距、光圈和镜头伸缩调整等方式分类。

(1) 镜头依据焦距分类，有固定焦距式、伸缩式、自动光圈或手动光圈等类型。

(2) 镜头依据焦距数字大小分类，有标准镜头、广角镜头、望远镜头等类型。

(3) 镜头依据光圈分类，有固定光圈式、手动光圈式、自动光圈式等类型。

(4) 镜头依据镜头伸缩调整方式分类，有电动伸缩镜头、手动伸缩镜头等类型。

2. 影视镜头

镜头是影视创作的基本单位，一个完整的影视作品是由一个一个的镜头组成的，离开独立的镜头，也就没有了影视作品。通过多个镜头的组合与设计的表现，才能完成整个影视作品的制作，所以说镜头的应用技巧也直接影响影视作品的最终效果。

镜头的一般表现手法有：推镜头、移镜头、跟镜头、摇镜头、旋转镜头、拉镜头、甩镜头、晃镜头等。

3.1.2 镜头的术语及技术指标

1. 镜头专业术语

Aberration像差：光学系统中对成像造成不良影响的因素。任何光学系统的设计都致力于用不同的方法纠正各种像差，如球差与色差，渐晕，慧差和畸变。

AGC自动增益控制：这是一种内置的功能，用来自动调节增益水平。

ALC自动光线补偿：一种自动光圈设定，使明亮的主体不至于影响整体的曝光。向peak(弱化)方向调节，会使感光度提高；设定成average(平均)时感光度降低。average为一般的出厂设定。

Angle of View视角：摄影镜头拍摄的视场对角线角度。通常广角镜头具有较大的视角，而长焦镜头的视角则较窄。

Aperture光圈：原意指镜头的开度。一般指控制镜头开度的装置，以控制通过镜头的通光量。光圈的大小可以是固定的或可变的。光圈的大小也决定着景深，使用较小的光圈(如$f/11$、$f/16$)往往具有较大的景深。

Aspect Ratio画幅比：指拍摄画面的纵横比，一般的135相机拍摄的画面是24mm×36mm，其画幅比为2∶3。

Aspherical非球面镜片：一种含有非球面表面的光学元件。目前有多种制造非球面镜片的方法。

Back Focus后焦距：镜头后端表面至成像焦点的距离。

镜筒：安装镜片及其他部件的通行结构。

Anti-reflective：意为宽频率抗反射。

Depth of Field景深：对焦主体前后的那段清晰区域。

Field of View视野：通过镜头拍摄到的最大区域。

Fixed Focal定焦：该镜头只具有单一的焦距。

Flange Back定位截距：镜头安装平面至焦平面的距离。

Focal Length：镜头焦距。

Minimum Object Distance：最近对焦距离。

Vignetting渐晕：画面四角的黑角现象。

Wide Angle Lens：广角镜头。

Zoom Lens：变焦镜头。

Zoom Ratio：变焦倍率。

2. 镜头的参数指标

光学镜头一般称为摄像镜头或摄影镜头，简称镜头，其功能就是光学成像。在机器视觉系统中，镜头的主要作用是将成像目标聚焦在图像传感器的光敏面上。镜头的质量直接影响到机器视觉系统的整体性能；合理选择并安装光学镜头，是机器视觉系统设计的重要环节。

1) 镜头的相关参数

(1) 焦距。

焦距是光学镜头的重要参数，通常用f表示。焦距的大小决定视场角的大小，焦距数值小，视场角大，所观察的范围也大，但距离远的物体分辨得不是很清楚；焦距数值大，视场角小，观察范围小，只要焦距选择合适，即便距离很远的物体也可以看得清清楚楚。由于焦距和视场角是一一对应的，一个确定的焦距就意味着一个确定的视场角，所以在选择镜头焦距时，应该充分考虑是观测细节重要，还是有一个大的观测范围重要，如果要看细节，就选择长焦距镜头；如果看近距离大场面，就选择小焦距的广角镜头。

(2) 光阑系数。

光阑系数即光通量，用 F 表示，以镜头焦距 f 和通光孔径 D 的比值来衡量。每个镜头上都标有最大 F 值，例如，6mm/F1.4 代表最大孔径为 4.29mm。光通量与 F 值的平方成反比关系，F 值越小，光通量越大。镜头上光圈指数序列的标值为 1.4，2，2.8，4，5.6，8，11，16，22 等，其规律是前一个标值的曝光量正好是后一个标值对应曝光量的 2 倍。也就是说镜头的通光孔径分别是 1/1.4，1/2，1/2.8，1/4，1/5.6，1/8，1/11，1/16，1/22，前一数值是后一数值的$\sqrt{2}$倍，因此光圈指数越小，则通光孔径越大，成像靶面上的照度也就越大。

(3) 景深。

摄影时向某景物调焦，在该景物的前后形成一个清晰区，这个清晰区称为全景深，简称景深。决定景深的三个基本因素如下。

① 光圈：光圈大小与景深成反比，光圈越大，景深越小。

② 焦距：焦距长短与景深成反比，焦距越大，景深越小。

③ 物距：物距大小与景深成正比，物距越大，景深越大。

(4) 光谱特性。

光学镜头的光谱特性主要指光学镜头对各波段光线的透过率特性。在部分机器视觉应用系统中，要求图像的颜色应与成像目标的颜色具有较高的一致性。因此希望各波段透过光学镜头时，除在总强度上有一定损失外，其光谱组成并不发生改变。

影响光学镜头光谱特性的主要因素为：膜层的干涉特性和玻璃材料的吸收特性。在机器视觉系统中，为了充分利用镜头的分辨率，镜头的光谱特性应与使用条件相匹配，即要求镜头最高分辨率的光线应与照明波长、CCD 器件接收波长相匹配，并使光学镜头对该波长的光线透过率尽可能地提高。

(5) 镜头的分辨率。

描述镜头成像质量的内在指标是镜头的光学传递函数与畸变，但对用户而言，需要了解的仅仅是镜头的空间分辨率，以每毫米能够分辨的黑白条纹数为计量单位，计算公式为：镜头分辨率 $N=180$/画幅格式的高度。由于摄像头 CCD 靶面大小已经标准化，如 1/2 英寸摄像头，其靶面为宽 6.4mm×高 4.8mm，1/3 英寸摄像机为宽 4.8mm×高 3.6mm，因此对于 1/2 英寸格式的 CCD 靶面，镜头的最低分辨率应为 38 对线/毫米，对于 1/3 英寸格式摄像头，镜头的分辨率应大于 50 对线。摄像头的靶面越小，对镜头的分辨率越高。

(6) 光圈或通光量。

镜头的通光量以镜头的焦距和通光孔径的比值来衡量，以 F 为标记，每个镜头上均标有其最大的 F 值。通光量与 F 值的平方成反比关系，F 值越小，则光圈越大。所以应根据被监控部分的光线变化程度来选择用手动光圈还是用自动光圈镜头。

(7) 镜头接口。

镜头和摄像头之间的接口有许多不同的类型，工业摄像头常用的接口包括 C 接口、CS 接口、F 接口、V 接口、T2 接口、莱卡接口、M42 接口、M50 接口等。接口类型的不同和镜头性能及质量并无直接关系，只是接口方式的不同，一般也可以找到各种常用接口之间的转换接口。

以镜头安装分类，所有的摄像头均是螺纹接口，CCD 摄像头的镜头安装有两种工业标准，分别是 C-mount 和 CS-mount。两者都有一个 1 英寸长的螺纹，但两者的不同在于镜头安装到摄像头后，镜头到传感器之间的距离。

CS-mount：图像传感器到镜头之间的距离应为 12.5mm。

C-mount：图像传感器到镜头之间的距离应为 17.5mm。

一个 5mm 的垫圈(C/CS 连接环)可用于将 C-mount 镜头转换为 CS-mount 镜头。

2) 镜头各参数间的相互影响关系

(1) 焦距大小的影响情况。

焦距越小，景深越大；

焦距越小，畸变越大；

焦距越小，渐晕现象越严重，使像差边缘的照度降低。

(2) 光圈大小的影响情况。

光圈越大，图像亮度越高；

光圈越大，景深越小；

光圈越大，分辨率越高。

(3) 像场中央与边缘。

一般像场中心较边缘分辨率高；

一般像场中心较边缘光场照度高。

(4) 光波长度的影响。

在相同的摄像头及镜头参数条件下，照明光源的光波波长越短，得到的图像的分辨率越高。所以在需要精密尺寸及位置测量的视觉系统中，应尽量采用短波长的单色光作为照明光源，对提高系统精度有很大的作用。

3.1.3　镜头的选择原则

1. 硬性指标

1) 镜头焦距

方案设计人员在考虑镜头指标时需要根据监控目标的位置、距离、CCD 规格，以及监控目标在监视器上的图像效果等综合地进行考虑，以选择最合适的焦距的镜头。例如，生产线监控，一般需要监控比较近的物体，而且对清晰度要求较高，这种情况下，定焦镜头的效果一般要比变焦的好，所以通常会选择短焦距定焦镜头，如 2.8mm、4mm、6mm、8mm 等。又如监控室内目标时，选择的焦距不会太大，一般会选择短焦距的手动变焦镜头，如 3.0～8.2mm、2.7～12.5mm 等。道路监控中，多车道监控要用焦距短一些的，如 6～15mm；十字路口的红绿灯车牌监控要用相应长一些的焦距，如 6～60mm；城市治安监控一般就要用到焦距更长一些的电动变焦镜头，如 6～60mm、8～80mm、7.5～120mm 等；高速公路、铁路、河道、环境检测、森林防火、机场、边海防等，一般要用到大变倍长焦距的电动变焦镜头，如 10～220mm、13～280mm、10～330mm、15～500mm 及 10～

1100mm 等。

2）视场角范围

视场角范围计算是有公式的，知道镜头的焦距、CCD尺寸，视场角就可以推算出来。镜头有这样的规律：焦距越大，监控得越远，视场角就越小；焦距越小，监控距离就近，视场角就大，焦距和视场角是反比关系。例如，在一些有手动变焦镜头需求的项目中，视场角范围是最先需要考虑的，所以一般会根据视场角范围来确定所选焦距范围。电动变焦镜头因为是可以根据现场环境随时用键盘控制变焦、聚焦的，所以视场角范围不太需要考虑。但是当电动变焦镜头的起始焦距过大（比如起始焦距超过20mm）时，是无法实现大范围监控的。

3）镜头的光圈

镜头的通光量以镜头的焦距和通光孔径的比值来衡量（$F=f/D$），以 F 标记。每个镜头上均标有其最大 F 值，F 值越小，则光圈越大。对于恒定光照条件的环境，可以选用固定光圈的镜头，这种一般为实验室环境；对于光照度变化不明显的环境，常会选用手动光圈镜头，即将光圈调到一个比较理想的数值后固定下来就可以了；如果照度变化较大，需24h的全天候室外监控，应选用自动光圈镜头。

自动光圈镜头分为两类：一类称为视频驱动型，镜头本身包含放大器电路，采用将摄像头传来的视频幅度信号转换成对光圈马达的控制；另一类称为直流驱动型，利用摄像头上的直流电压直接控制光圈。这种镜头只包含电流计式光圈马达，要求摄像头内有放大器电路。对于各类自动光圈镜头，通常还有两个可调整旋钮，一是ALC调节（测光调节），有以峰值测光和根据目标发光条件平均测光两种选择，一般取平均测光挡。另一个是Level调节，可使输出图像变得明亮或者暗淡。但需要注意的是，如果光照度一直是不均匀的，比如监控目标与背景光反差较大时，采用自动光圈镜头，光圈的电机可能会一直处于随时动作的状态，监控的效果并不理想，在这种情况下，一般需要镜头配合摄像机的背光补偿功能来实现，采用宽动态的摄像机也会有比较不错的效果。

镜头的光圈开到最大的时候，它的解像力一般是最高的。至于原因可以用一个比喻来说明：假设镜头有10 000个小洞来透光，光源为A，成像为B，在最大光圈情况下，A透过10 000个洞形成的B是由10 000个像组成的；在小光圈下，镜头中只有100个小洞是开放的，所以B只由100个像组成；在中等光圈下，这个值大概是2000，所以这个时候解像力就远高于小光圈。但是为什么我们不一直用大光圈从而获得最佳的解像力呢？这就牵涉到镜头的另外一个指标——景深。当镜头对物体对焦时，在物体（聚焦点）前后若干距离内的物体，也会有比较清晰的影像，景深即是这段前后比较清晰的距离范围。镜头的光圈和景深的大小成反比，大光圈的时候，几乎没有景深可言，得到的监控图像的背景将一片模糊。所以镜头的光圈并非越大越好，还要看监控的环境。

4）镜头的成像圆尺寸

在监控项目中，与枪型摄像机匹配的镜头的成像圆口径一般为1/3英寸或1/2英寸。镜头的成像圆不应小于摄像机的CCD尺寸，否则将出现黑角。相同焦距不同口径的镜头匹配同样尺寸的摄像机时，监控到的物体的距离及得到的视场角是有差异的。如在1/2英寸CCD的摄像机中，标准镜头焦距大概为12mm时，有30°的视场角；而在1/3英寸

CCD的摄像机中，标准镜头焦距在8mm左右即可拥有30°的视场角。

最后，还需要考虑镜头的接口类型，镜头接口与摄像机接口要一致。现在摄像机和镜头通常都是CS型接口，CS型摄像机可以和CS型、C型镜头配接，但和C型镜头配接时，必须在镜头和摄像机之间加转接环，否则可能碰坏CCD成像面的保护玻璃，造成CCD摄像机的损坏。C型摄像机不能和CS型镜头配接。

2. 可选性指标

镜头可选性指标，有AS非球面镜头、红外感应（IR）镜头、SD超低色散镜头、百万像素高清镜头、电动变焦AF自动聚焦镜头等。下面逐一进行论述。

1）AS非球面镜片

AS非球面技术大家都不陌生。该球面镜片为非球面镜片，从而对镜片边缘部最容易出现的球面像差进行纠正。体现在监控图像上，即改善广角时画面周边的成像质量；而且由于一片非球面可以抵得上数片球面镜片的作用，镜片数目的减少，也会减少色差，增加图像的对比度；并且镜头的长度将会有所减小，容易做出长度更短的镜头，但为了尽可能增大光亮度指标，镜头的口径一般不会变小，反而越大越好；此外，镜片数目减少，光通过镜头时的损耗会小很多，也容易做出更大光通量的镜头，如$F0.98$。

2）IR日夜转换

IR日夜型镜头采用添加特殊元素的玻璃材料，提高了红外光波段的折射和聚焦率，使其更接近可见光的折射率水平，所以红外IR镜头可以做到白天和夜晚的共焦面，使监控画面全天候清晰。

3）SD超低色散镜片

SD超低色散镜片，由于玻璃中采用了特殊的材料，分为FK01和FK02两个等级，具有高折射低色散的特性，主要是针对可见光部分的光线，能使彩色图像鲜艳锐利。

4）百万像素高清镜头

百万像素本来是描述感光元件的像素数目的，现在被镜头厂商引申出来加以利用了。

镜头本身没有像素概念，但镜头的解像力有好有差。有的镜头厂家用单位距离内表现的黑白线对数来表现镜头的解像力，以区分普通镜头和百万像素镜头，也不失为一种表现手法。解像力就是一个镜头对于细节捕捉解析度高低的评估，解像力高的镜头，对于线条点块记录较为细腻，对于色彩的微小变化也能忠实反映。

但这个特点却与锐度不是一回事，锐度一般指的是图形边缘的清晰程度，而解像力更多指的是层次。上文提过，同焦距条件下的定焦镜头成像一般要比变焦镜头好，好在哪里呢？定焦镜头解像力高，原因何在？就是因为镜头设计简单，用的镜片数量少，从而可以提高图像的对比度，减少色差等。应用AS非球面镜片、SD超低色散镜片同样可以提高镜头解像力。

目前市场上出现的手动变焦百万像素镜头价格要比普通镜头高出数倍，加上网络摄像机中CMOS本身的一些缺陷，数据流的增大导致传输带宽不够，以及存储上的问题，目前还没有办法大规模普及百万像素。但百万像素系统在外界条件允许的情况下，得到的图像质量确实比模拟的图像质量高出很多，视频截取放大后仍然清晰的监控图像在协助公安部门侦破犯罪案件方面有着很大的潜力。

5）电动镜头AF自动聚焦技术

AF自动对焦镜头，通过镜头内置的微处理器，对摄像机给出的复合视频信号取样、对比，给出图像明暗度的转换电压，驱动聚焦电机扫描，扫描过程中的最高电压即聚焦点的目标。经过1～3s的搜索响应时间，即可实现清晰聚焦。自动聚焦镜头为目前比较尖端的应用，匹配模拟摄像机及带有模拟和网络两种输出信号的百万像素网络摄像机都可以实现。对同时需要操控云台转向及变焦、聚焦的普通监控来说，自动聚焦镜头只需转动云台方向即可实现清晰监控，监控远处目标也只需拉大变焦按键即可实现，免去了烦琐的监控过程，真正实现了随心监控。

6）镜头穿尘透雾功能

穿尘透雾是安防行业近期比较流行的一种监控需求。可见光在通过空气中的烟尘或雾气时，会被阻挡反射而无法通过，所以只能接收可见光的人眼是看不到烟尘雾气后面的物体的。而近红外光线由于波长较长，可以绕过烟尘和雾气并穿透过去，并且摄像机的感光元件可以感应到这部分近红外光，所以就可以利用这部分光线来实现穿尘透雾的监控。

3.2 图像传感器

图像传感器是利用光电器件的光电转换功能。将感光面上的光像转换为与光像成相应比例关系的电信号。与光敏二极管、光敏三极管等“点”光源的光敏元件相比，图像传感器是将其受光面上的光像分成许多小单元，将其转换成可用的电信号的一种功能器件。图像传感器分为光导摄像管和固态图像传感器。与光导摄像管相比，固态图像传感器具有体积小、重量轻、集成度高、分辨率高、功耗低、寿命长、价格低等特点，因此在各个行业得到了广泛应用。

3.2.1 CCD图像传感器

图3-1 CCD传感器

电荷耦合器件图像传感器（Charge Coupled Device，CCD），如图3-1所示，它使用一种高感光度的半导体材料制成，能把光线转变成电荷，通过模数转换器芯片转换成数字信号，数字信号经过压缩以后由相机内部的闪速存储器或内置硬盘卡保存，因而可以轻而易举地把数据传输给计算机，并借助于计算机的处理手段，根据需要和想象来修改图像。

1. 原理

CCD传感器是一种新型光电转换器件，它能存储由光产生的信号电荷。当对它施加特定时序的脉冲时，其存储的信号电荷便可在CCD内做定向传输而实现自扫描。它主要由光敏单元、输入结构和输出结构等组成，具有光电转换、信息存储和延时等功能，而且集成度高、功耗小，已经在摄像、信号处理和存储3大领域中得到广泛的应用，尤其是在图像传感器应用方面取得了令人瞩目的发展。CCD有面阵和线阵之分，面阵是把CCD像素排成一个平面的器件；而线阵是把CCD像素排成一条直线的器件。由于在军事领域主要用的是面阵CCD,因此这里主要介绍面阵CCD。

2. 种类

1）面阵CCD

面阵CCD的结构一般有3种。第一种是全帧转移型CCD,它由上、下两部分组成,上半部分是集中了像素的光敏区域,下半部分是被遮光的存储区域和水平移位寄存器的存储区域。其优点是结构较简单并容易增加像素数,缺点是CCD尺寸较大,易产生垂直拖影。第二种是行间转移型CCD,它是目前CCD的主流产品,像素群和垂直寄存器在同一平面上,其特点是在一个单片上,价格低,并容易获得良好的摄影特性。第三种是帧行间转移型CCD,它是第一种和第二种的复合型,结构复杂,但能大幅度减少垂直拖影并容易实现可变速电子快门。

2）线阵CCD

线阵CCD用一排像素扫描图片,做三次曝光——分别对应于红、绿、蓝三色滤镜,正如其名称所表示的,线性传感器是捕捉一维图像。线阵初期应用于广告界拍摄静态图像,在处理高分辨率的图像时,受限于非移动的连续光照的物体。

3）三线传感器CCD

在三线传感器CCD中,三排并行的像素分别覆盖RGB滤镜,当捕捉彩色图片时,完整的彩色图片由多排像素组合而成。三线CCD传感器多用于高端数码相机,以产生高的分辨率和光谱色阶。

4）交织传输CCD

交织传输CCD利用单独的阵列摄取图像和电量转换,允许在拍摄下一图像时再读取当前图像。交织传输CCD通常用于低端数码相机、摄像机和拍摄动画的广播拍摄机。

5）全幅面CCD

全幅面CCD具有更多电量处理能力,更好的动态范围,低噪声和高传输光学分辨率,允许即时拍摄全彩图片。全幅面CCD由并行浮点寄存器、串行浮点寄存器和信号输出放大器组成。全幅面CCD曝光是由机械快门或闸门控制去保存图像,并行寄存器用于测光和读取测光值,图像投到作投影幕的并行阵列上。此元件接收图像信息并把它分成离散的由数目决定量化的元素。这些信息流就会由并行寄存器流向串行寄存器。此过程反复执行,直到所有的信息传输完毕。最后,系统进行精确的图像重组。

3. 结构

CCD是由许多个光敏像元按一定规律排列组成的。每个像元就是一个MOS电容器(大多为光敏二极管),它是在P型Si衬底表面上用氧化的办法生成一层厚度为100～150nm的SiO_2,再在SiO_2表面蒸镀一金属层(多晶硅),在衬底和金属电极间加上一个偏置电压,就构成一个MOS电容器。当有一束光线投射到MOS电容器上时,光子穿过透明电极及氧化层,进入P型Si衬底,衬底中处于价带的电子将吸收光子的能量而跃入导带。光子进入衬底时产生的电子跃迁形成电子-空穴对,电子-空穴对在外加电场的作用下,分别向电极的两端移动,这就是信号电荷。这些信号电荷储存在由电极形成的“势阱”中。

MOS电容器的电荷储存容量可由下式求得:

$$Q_S = C_i \times V_G \times A$$

式中：Q_S 是电荷储存量；C_i 是单位面积氧化层的电容；V_G 是外加偏置电压；A 是MOS电容栅的面积。

由此可见，光敏元面积越大，其光电灵敏度越高。一个3相驱动工作的CCD中电荷转移的过程如下，具体见图3-2。

(1) 初始状态；

(2) 电荷由①电极向②电极转移；

(3) 电荷在①、②电极下均匀分布；

(4) 电荷继续由①电极向②电极转移；

(5) 电荷完全转移到②电极；

(6) 3相交叠脉冲。

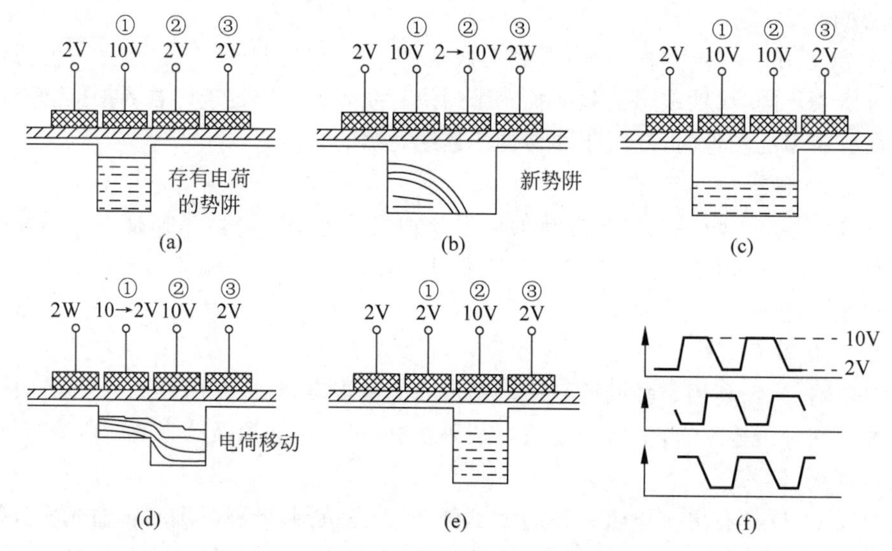

图3-2 三相CCD中电荷的转移过程

假设电荷最初存储在电极①(加有10V电压)下面的势阱中，加在CCD所有电极上的电压，通常都要保持在高于某一临界值电压 V_{th}，V_{th} 称为CCD阈值电压，设 $V_{th}=2V$。所以每个电极下面都有一定深度的势阱。显然，电极①下面的势阱最深，如果逐渐将电极②的电压由2V增加到10V，这时，①、②两个电极下面的势阱具有同样的深度，并合并在一起，原先存储在电极①下面的电荷就要在两个电极下面均匀分布，图3-2(b)和图3-2(c)所示，然后再逐渐将电极下面的电压降到2V，使其势阱深度降低，图3-2(d)和图3-2(e)所示，这时电荷全部转移到电极②下面的势阱中，此过程就是电荷从电极①到电极②的转移过程。如果电极有许多个，可将其电极按照1、4、7、…，2、5、8、…和3、6、9、…的顺序分别连在一起，加上一定时序的驱动脉冲，即可完成电荷从左向右转移的过程。用3相时钟驱动的CCD称为3相CCD。

4. 特性

1) 调制传递函数MTF特性

固态图像传感器是由像素矩阵与相应转移部分组成的。固态的像素尽管已经做得很小，并且其间隔也很微小，但是，这仍然是识别微小图像或再现图像细微部分的主要障碍。

2）输出饱和特性

当饱和曝光量以上的强光像照射到图像传感器上时，传感器的输出电压将出现饱和，这种现象称为输出饱和特性。产生输出饱和现象的根本原因是光敏二极管或MOS电容器仅能产生与积蓄一定极限的光生信号电荷所致。

3）暗输出特性

暗输出又称无照输出，指无光像信号照射时，传感器仍有微小输出的特性，输出来源于暗（无照）电流。

4）灵敏度

单位辐射照度产生的输出光电流表示固态图像传感器的灵敏度，它主要与固态图像传感器的像元大小有关。

5）弥散

饱和曝光量以上的过亮光像会在像素内产生与积蓄起过饱和信号电荷，这时，过饱和电荷便会从一个像素的势阱经过衬底扩散到相邻像素的势阱。这样，再生图像上不应该呈现某种亮度的地方反而呈现出亮度，这种情况称为弥散现象。

6）残像

对某像素扫描并读出其信号电荷之后，下一次扫描后读出信号仍受上次遗留信号电荷影响的现象叫作残像。

7）等效噪声曝光量

产生与暗输出（电压）等值的曝光量称为传感器的等效噪声曝光量。

3.2.2　CMOS图像传感器

CMOS（Complementary Metal-Oxide-Semiconductor，互补金属氧化物半导体）图像传感器是一种典型的固体成像传感器，与CCD有着共同的历史渊源。CMOS图像传感器通常由像敏单元阵列、行驱动器、列驱动器、时序控制逻辑、A/D转换器、数据总线输出接口、控制接口等几部分组成，这几部分通常被集成在同一块硅片上。其工作过程一般可分为复位、光电转换、积分、读出几部分。

在CMOS图像传感器芯片上还可以集成其他数字信号处理电路，如A/D转换器、自动曝光量控制、非均匀补偿、白平衡处理、黑电平控制、伽马校正等，为了进行快速计算甚至可以将具有可编程功能的DSP器件与CMOS器件集成在一起，从而组成单片数字相机及图像处理系统。

1963年，Morrison发表了可计算传感器，这是一种可以利用光导效应测定光斑位置的结构，成为CMOS图像传感器发展的开端。1995年，低噪声的CMOS有源像素传感器单片数字相机获得成功。

CMOS图像传感器具有以下优点。

（1）随机窗口读取能力。随机窗口读取操作是CMOS图像传感器在功能上优于CCD的一个方面，也称为感兴趣区域选取。此外，CMOS图像传感器的高集成特性使其很容易实现同时开多个跟踪窗口的功能。

(2) 抗辐射能力。总的来说,CMOS 图像传感器潜在的抗辐射性能相对于 CCD 性能有重要增强。

(3) 系统复杂程度和可靠性。采用 CMOS 图像传感器可以大大地简化系统硬件结构。

(4) 非破坏性数据读出方式。

(5) 优化的曝光控制。值得注意的是,由于在像元结构中集成了多个功能晶体管,CMOS 图像传感器也存在若干缺点,主要是噪声和填充率两个指标。鉴于 CMOS 图像传感器相对优越的性能,使得 CMOS 图像传感器在各个领域得到了广泛的应用。

1. 基本原理

1) CMOS 图像传感器基本工作原理

首先,外界光照射像素阵列,发生光电效应,在像素单元内产生相应的电荷。行选择逻辑单元根据需要,选择相应的行像素单元。行像素单元内的图像信号通过各自所在列的信号总线传输到对应的模拟信号处理单元以及 A/D 转换器,转换成数字图像信号输出。其中的行选择逻辑单元可以对像素阵列逐行扫描,也可隔行扫描。行选择逻辑单元与列选择逻辑单元配合使用可以实现图像的窗口提取功能。模拟信号处理单元的主要功能是对信号进行放大处理,并且提高信噪比。另外,为了获得质量合格的实用摄像头,芯片中必须包含各种控制电路,如曝光时间控制、自动增益控制等。为了使芯片中各部分电路按规定的节拍动作,必须使用多个时序控制信号。为了便于摄像头的应用,还要求该芯片能输出一些时序信号,如同步信号、行起始信号、场起始信号等。

2) 像素阵列工作原理

图像传感器一个直观的性能指标就是对图像复现的能力,而像素阵列就是直接关系到这一指标的关键的功能模块。按照像素阵列单元结构的不同,可以将像素单元分为无源像素单元(Passive Pixel Schematic,PPS)、有源像素单元(Active Pixel Schematic,APS)和对数式像素单元。有源像素单元 APS 又可分为光敏二极管型 APS 和光栅型 APS。

以上各种像素阵列单元各有特点,但是它们有着基本相同的工作原理。以下先介绍它们基本的工作原理,再介绍各种像素单元的特点。图 3-3 是单个像素的示意图。

(1) 首先进入"复位状态",此时打开门管 M。电容被充电至 V,二极管处于反向状态。

(2) 然后进入"取样状态"。这时关闭门管 M,在光照下二极管产生光电流,使电容上存储的电荷放电,经过一个固定时间间隔后,电容 C 上存留的电荷量就与光照成正比例,这时就将一幅图像摄入到了敏感元件阵列之中。

(3) 最后进入"读出状态"。这时再打开门管 M,逐个读取各像素中电容 C 上存储的电荷电压。

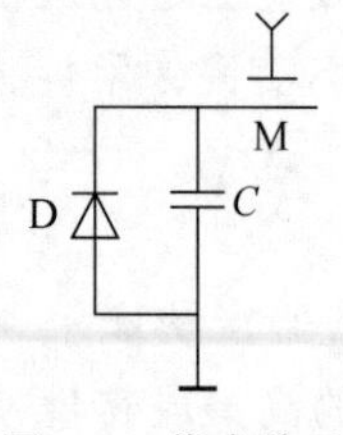

图 3-3 像素单元

无源像素单元 PPS 出现得最早,自出现以来结构没有多大变化。无源像素单元 PPS 结构简单,像素填充率高,量子效率比较高,但它有两个显著的缺点:①它的读出噪声比较大,其典型值为 20 个电子,而商业用的 CCD 级技术芯片其读出噪声典型值为 20 个电子;②随着像素个数的增加,读出速率加快,于是读出噪声变大。

光敏二极管型APS量子效率比较高，由于采用了新的消噪技术，输出图形信号质量比以前提高许多，读出噪声一般为75～100个电子，此种结构的CCD适合于中低档的应用场合。

在光栅型APS结构中，固定图形噪声得到了抑制。其读出噪声为10～20个电子。但它的工艺比较复杂，严格来说并不能算作完全的CMOS工艺。由于多晶硅覆盖层的引入，使其量子效率比较低，尤其对蓝光更是如此。就目前看来，其整体性能优势并不十分突出。

2. 影响性能因素

1）噪声

噪声是影响CMOS传感器性能的首要问题。这种噪声包括固定图形噪声（Fixed Pattern Noise，FPN）、暗电流噪声、热噪声等。固定图形噪声产生的原因是一束同样的光照射到两个不同的像素上产生的输出信号不完全相同。对付固定图形噪声可以应用双采样或相关双采样技术。具体地说有点儿像在设计模拟放大器时引入差分对来抑制共模噪声。双采样是先读出光照产生的电荷积分信号，暂存，然后对像素单元进行复位，再读取此像素单元的输出信号，两者相减得出图像信号。两种采样均能有效抑制固定图形噪声。另外，相关双采样需要临时存储单元，随着像素的增加，存储单元也要增加。

2）暗电流

物理器件不可能是理想的，如同亚阈值效应一样，由于杂质、受热等其他原因的影响，即使没有光照射到像素，像素单元也会产生电荷，这些电荷产生了暗电流。暗电流与光照产生的电荷很难进行区分。暗电流在像素阵列各处也不完全相同，它会导致固定图形噪声。对于含有积分功能的像素单元来说，暗电流所造成的固定图形噪声与积分时间成正比。暗电流的产生也是一个随机过程，它是散弹噪声的一个来源。因此，热噪声元件所产生的暗电流大小等于像素单元中的暗电流电子数的平方根。当长时间的积分单元被采用时，这种类型的噪声就变成了影响图像信号质量的主要因素，对于昏暗物体，长时间的积分是必要的，并且像素单元电容容量是有限的，于是暗电流电子的积累限制了积分的最长时间。

为减少暗电流对图像信号的影响，首先可以采取降温手段。但是，仅对芯片降温是远远不够的，由暗电流产生的固定图形噪声不能完全通过双采样克服。有效的方法是从已获得的图像信号中减去参考暗电流信号。

3）像素的饱和与溢出模糊

类似于放大器，由于线性区的范围有限而存在一个输入上限，对于CMOS图像传感芯片来说，它也有一个输入的上限。输入光信号若超过此上限，像素单元将饱和而不能进行光电转换。对于含有积分功能的像素单元来说，此上限由光电子积分单元的容量大小决定；对于不含积分功能的像素单元，该上限由流过光电二极管或三极管的最大电流决定。在输入光信号饱和时，溢出模糊就发生了。溢出模糊是由于像素单元的光电子饱和进而流出到邻近的像素单元上。溢出模糊反映到图像上就是一片特别亮的区域。这有些类似于照片上的曝光过度。溢出模糊可通过在像素单元内加入自动泄放管来克服，泄放管可以有效地将过剩电荷排出。但是，这只是限制了溢出，却不能使像素真实还原出图像。

3. CMOS 图像传感器件的应用

1）数码相机

人们使用胶卷照相机已经上百年了，20 世纪 80 年代以来，人们利用高新技术，发展了不用胶卷的 CCD 数码相机，使传统的胶卷照相机产生了根本的变化。电可写可控的廉价 Flash ROM 的出现，以及低功耗、低价位的 CMOS 摄像头的问世，为数码相机打开了新的局面。数码相机功能框图如图 3-4 所示。

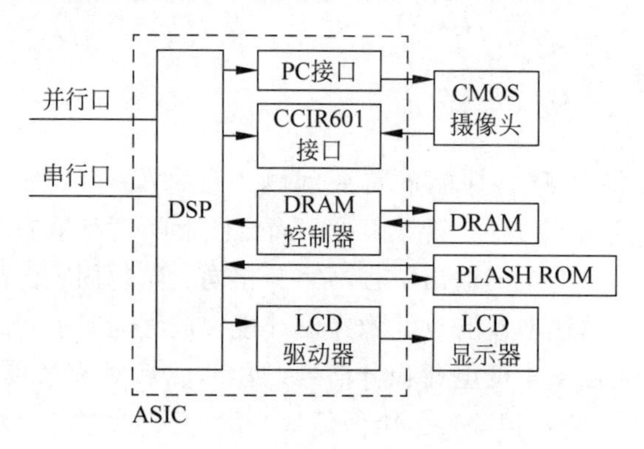

图 3-4 数码相机功能框图

从图 3-4 中可以看出，数码相机的内部装置已经和传统照相机完全不同了，彩色 CMOS 摄像头在电子快门的控制下，摄取一幅照片存于 DRAM 中，然后再转至 Flash ROM 中存放起来。根据 Flash ROM 的容量和图像数据的压缩水平，可以决定能存照片的张数。如果将 ROM 换成 PCMCIA 卡，就可以通过换卡，扩大数码相机的容量，这就像更换胶卷一样，将数码相机的数字图像信息转存至 PC 的硬盘中存储，这就大大方便了照片的存储、检索、处理、编辑和传送。

2）CMOS 数字摄像机

美国 Omni Vison 公司推出的由 OV7610 型 CMOS 彩色数字图像芯片和 OV511 型高级摄像机以及 USB 接口芯片所组成的 USB 摄像机，其分辨率高达 640×480，适用于通过通用串行总线传输的视频系统。OV511 型高级摄像机的推出，使得 PC 能以更加实时的方法获取大量视频信息，其压缩芯片的压缩比可以达到 7∶1，从而保证了图像传感器到 PC 的快速图像传输。对于 CIF 图像格式，OV511 型可支持高达 30 帧/秒的传输速率，减少了低带宽应用中通常会出现的图像跳动现象。OV511 型作为高性能的 USB 接口的控制器，具有足够的灵活性，适合包括视频会议、视频电子邮件、计算机多媒体和保安监控等场合应用。

3）其他领域应用

CMOS 图像传感器是一种多功能传感器，由于它兼具 CCD 图像传感器的性能，因此可进入 CCD 的应用领域，但它又有自己独特的优点，所以开拓了许多新的应用领域。除了上述介绍的主要应用之外，CMOS 图像传感器还可应用于数字静态摄像机和医用小型摄像机等。例如，心脏外科医生可以在患者胸部安装一个小“硅眼”，以便在手术后监视手术效果，CCD 就很难实现这种应用。

4）应用于X光机市场

在牙科用X光机市场上，用于从口腔内侧给1～2颗牙拍摄X光片的小型CMOS传感器在欧洲已达到实用水平，在美国也在推广。而在从口腔外侧拍摄全景X光片的X光机领域，今后仍将以CCD传感器为主。

3.2.3 图像传感器技术指标

图像传感器的主要技术指标有像素、帧率、靶面尺寸、感光度、信噪比和电子快门。

1. 像素

图像传感器上有许多感光单元，它们可以将光线转换成电荷，从而形成对应于景物的电子图像。而在传感器中，每一个感光单元都对应着一个像素。所以，像素越多，代表着它能够感测到更多的物体细节，从而图像就越清晰。

2. 帧率

帧率代表单位时间所记录或者播放的图片的数量，连续播放一系列图片就会产生动画效果。根据人类的视觉系统，当图片的播放速度大于15幅/秒的时候，人眼就基本看不出来图片的跳跃了；在达到24～30幅/秒时就已经基本觉察不到闪烁现象了。每秒的帧数或者说帧率表示图像传感器在处理场时每秒钟能够更新的次数。高的帧率可以得到更流畅、更逼真的视觉体验。

3. 靶面尺寸

靶面尺寸也就是图像传感器感光部分的大小，一般用英寸来表示。和电视机一样，通常这个数据指的是这个图像传感器的对角线长度，如常见的有1/3英寸。靶面越大，意味着通光量越好，而靶面越小，则比较容易获得更大的景深。比如1/2英寸可以有比较大的通光量，而1/4英寸可以比较容易获得较大的景深。

4. 感光度

感光度代表通过CCD或CMOS以及相关的电子线路感应入射光线的强弱。感光度越高，感光面对光的敏感度就越强，快门速度就越高，这在拍摄运动车辆、夜间监控的时候显得尤其重要。

5. 信噪比

信噪比指的是信号电压对于噪声电压的比值，单位为dB。一般摄像机给出的信噪比值均是AGC关闭时的值，因为当AGC接通时，会对小信号进行提升，使得噪声电平也相应提高。信噪比的典型值为45～55dB，若为50dB，则图像有少量噪声，但图像质量良好；若为60dB，则图像质量优良，不出现噪声，信噪比越大，说明对噪声的控制越好。

6. 电子快门

电子快门是对比照相机的机械快门功能提出的一个术语，用来控制图像传感器的感光时间。由于图像传感器的感光值就是信号电荷的积累，感光越长，信号电荷积累时间也越长，输出信号电流的幅值也越大。电子快门越快，感光度越低，因此适合在强光下拍摄。

3.3 摄像机

随着科技的发展与人们安全意识的提高，监控摄像机逐渐走进人们的视野，成为人们生活中不可缺少的一部分，只要有需要安全的地方就少不了监控摄像头的身影。监控摄像头这种半导体成像器件具有灵敏度高、抗强光、畸变小、体积小、寿命长、抗震动等优点，它的出现极大地保护了人们的隐私。

3.3.1 摄像机的分类

1. 按照使用用途分类

1）广播级机型

这类机型主要应用于广播电视领域，图像质量高，性能全面，但价格较高，体积也比较大，它们的清晰度最高，信噪比最大，图像质量最好。当然几十万元的价格也不是一般人能接受得了的。例如，松下的 DVCPRO 50M 以上的机型等。

2）专业级机型

这类机型一般应用在广播电视以外的专业电视领域，如电化教育等，图像质量低于广播用摄像机，不过近几年一些高档专业摄像机在性能指标等很多方面已超过旧型号的广播级摄像机，价格一般在数万元至十几万元。

相对于消费级机型来说，专业 DV 不仅外形更酷，而且在配置上要高出不少，比如采用了有较好品质表现的镜头、CCD 的尺寸比较大等，在成像质量和适应环境上也更为突出。对于追求影像质量的人来说，影像质量提高带来的惊喜，完全不是能用金钱来衡量的。代表机型有索尼公司的 DVCAM 系列机型。

3）消费级机型

这类机型主要是适合家庭使用的摄像机，应用在图像质量要求不高的非业务场合，比如家庭娱乐等。这类摄像机体积小，重量轻，便于携带，操作简单，价格便宜。在要求不高的场合可以用来制作个人家庭的 VCD、DVD，价格一般在数千元至万元。

如果再把家用数码摄像机细分的话，大致可以分为以下几种：入门 DV、中端消费级 DV 和高端准专业 DV 产品。

2. 按照存储介质分类

1）磁带式

指以 Mini DV 为记录介质的数码摄像机，它最早在 1994 年由十多个厂家联合开发而成。通过 1/4 英寸的金属蒸镀带来高质量的数字视频信号。

2）光盘式

指的是 DVD 数码摄像机，存储介质是采用 DVD-R、DVR＋R 或是 DVD-RW、DVD＋RW 来存储动态视频图像，操作简单，携带方便，拍摄中不用担心重叠拍摄，更不用浪费时间去倒带或回放，尤其是可直接通过 DVD 播放器即刻播放，省去了后期编辑的麻烦。

DVD 介质是目前所有的数码摄像机中安全性、稳定性最高的，既不像磁带 DV 那样容易损耗，也不像硬盘式 DV 那样对防震有非常苛刻的要求。其不足之处是 DVD 光盘的价格与磁带 DV 相比略微偏高了一点儿，而且可刻录的时间相对短了一些。

3）硬盘式

指的是采用硬盘作为存储介质的数码摄像机，2005 年由 JVC 率先推出，用微硬盘作存储介质。

硬盘摄像机具备很多好处，大容量硬盘摄像机能够确保长时间拍摄，使外出旅行拍摄不会有任何后顾之忧。回到家中向计算机传输拍摄素材，也不再需要 MiniDV 磁带摄像机时代那样烦琐、专业的视频采集设备，仅需应用USB连线与计算机连接，就可轻松完成素材导出，让普通家庭用户可轻松体验拍摄、编辑视频影片的乐趣。

微硬盘体积和CF卡一样，和DVD光盘相比体积更小，使用时间上也是众多存储介质中最可观的。但是由于硬盘式DV产生的时间并不长，还多多少少存在诸多不足，如防震性能差等。随着硬盘式DV价格的进一步下降，未来需求人群必然会增加。

4）存储卡式

指的是采用存储卡作为存储介质的数码摄像机，例如风靡一时的“X易拍”产品，作为过渡性简易产品，如今市场上已不多见。

3. 按照传感器类型和数目分类

1）传感器类型

按照传感器类型划分为以下两类。

CCD：电荷耦合器件图像传感器，使用一种高感光度的半导体材料制成，能把光线转变成电荷，通过模数转换器芯片转换成数字信号。

CMOS：互补性氧化金属半导体，和CCD一样，同为在数码摄像机中可记录光线变化的半导体。

在相同分辨率下，CMOS价格比CCD便宜，但是CMOS器件产生的图像质量相比CCD来说要低一些。到目前为止，市面上绝大多数的消费级别以及高端数码相机都使用CCD作为感应器；CMOS感应器则作为低端产品应用于一些摄像头上，不过一些高端的产品也采用了特制的CMOS作为光感器，例如索尼的数款高端CMOS机型。

2）传感器数量

图像感光器数量即数码摄像机感光器件CCD或CMOS的数量，多数的数码摄像机采用单个CCD作为其感光器件，而一些中高端的数码摄像机则是用3CCD作为其感光器件。

单CCD是指摄像机里只有一片CCD并用其进行亮度信号以及彩色信号的光电转换。由于只有一片CCD同时完成亮度信号和色度信号的转换，因此拍摄出来的图像在彩色还原上达不到很高的要求。

3CCD顾名思义就是一台摄像机使用了3片CCD。光线如果通过一种特殊的棱镜后，会被分为红、绿、蓝三种颜色，而这三种颜色就是电视使用的三基色，通过三基色就可以产生包括亮度信号在内的所有电视信号。如果分别用一片CCD接受每一种颜色并转换为电信号，然后经过电路处理后产生图像信号，这样就构成了一个3CCD系统，几乎可以原封不动地显示影像的原色，不会因经过摄像机演绎而出现色彩误差的情况。

3.3.2　摄像机的基本参数

(1) CCD尺寸，即摄像机靶面，原多为1/2英寸，现在1/3英寸的已普及化，1/4英寸和1/5英寸也已商品化。

(2) CCD像素，是CCD的主要性能指标，它决定了显示图像的清晰程度，分辨率越高，图像细节的表现越好。CCD由面阵感光元素组成，每一个元素称为像素，像素越多，图像越清晰。现在市场上大多以25万和38万像素为划界。38万像素以上者为高清晰度摄像机。

(3) 水平分辨率，彩色摄像机的典型分辨率为320～500电视线，主要有330线、380线、

420线、460线、500线等不同档次。常用黑白摄像机的分辨率一般为380～600，分辨率是用电视线来表示的。彩色摄像头的分辨率为330～500线。分辨率与CCD和镜头有关，还与摄像头电路通道的频带宽度直接相关。通常规律是1MHz的频带宽度相当于清晰度为80线。频带越宽，图像越清晰，线数值相对越大。一般的监视场合中，用400线左右的黑白摄像机就可以满足要求；而对于医疗、图像处理等特殊场合，用600线的摄像机能得到更清晰的图像。

(4) 最小照度，也称为成像灵敏度，是CCD对环境光线的敏感程度，或者说是CCD正常成像(输出正常图像信号)时所需要的最暗光线的数值。照度的单位是勒克斯(lx)，数值越小，表示需要的光线越少，摄像头也越灵敏。月光级和星光级等高增感度摄像机可工作在很暗条件下，2～3lx属于一般照度，现在也有低于1lx的普通摄像机问世。黑白摄像机的灵敏度是0.02～0.5lx，彩色摄像机多在1lx以上。0.1lx的摄像机用于普通的监视场合，在夜间使用或环境光线较弱时，推荐使用0.02lx的摄像机。与近红外灯配合使用时，也必须使用低照度的摄像机。另外，摄像机的灵敏度还与镜头有关，0.97lx/F0.75相当于2.5lx/F1.2，也相当于3.4lx/F1。照度又称灵敏度，在摄像机的技术指标中往往还提供最低照度的数据。在选择时，这个数据更为直观，所以具有一定的价值。最低照度与灵敏度有密切的关系，同时也与信噪比有关。

(5) 电子快门。电子快门的时间为1/50～1/100 000s，摄像机的电子快门一般设置为自动电子快门方式，可根据环境的亮暗自动调节快门时间得到清晰的图像。有些摄像机允许用户自行手动调节快门时间，以适应某些特殊应用场合。

(6) 外同步与外触发。外同步是指不同的视频设备之间用同一同步信号来保证视频信号的同步，它可保证不同的设备输出的视频信号具有相同的帧、行的起止时间。为了实现外同步，需要给摄像机输入一个复合同步信号(C-sync)或复合视频信号。外同步并不能保证用户从指定时刻得到完整的连续的一帧图像，要实现这种功能，必须使用一些特殊的具有外触发功能的摄像机。

(7) 光谱响应特性。CCD器件由硅材料制成，对近红外比较敏感，光谱响应可延伸至1.0μm左右。其响应峰值为绿光(550nm)，分布曲线如图3-5所示。夜间隐蔽监视时可以用近红外灯照明，人眼看不清环境情况下在监视器上却可以清晰成像。由于CCD传感器表面有一层吸收紫外的透明电极，所以CCD对紫外不敏感。彩色摄像机的成像单元上有红、绿、蓝三色滤光条，所以彩色摄像机对红外、紫外均不敏感。

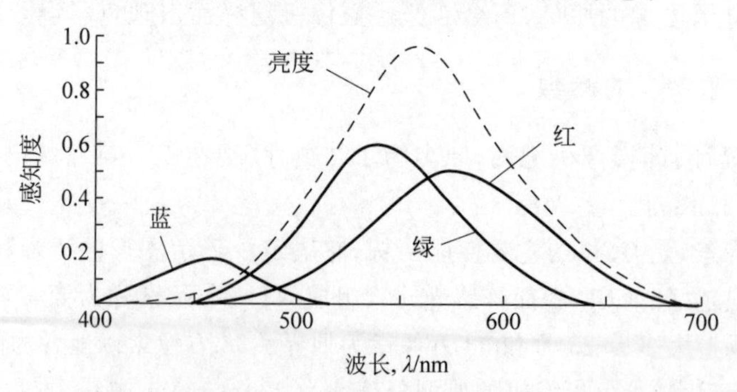

图3-5 光谱响应特征曲线

(8) 扫描制式,有 PAL 制和 NTSC 制之分。

(9) 摄像机电源,交流有 220V、110V、24V,直流有 12V 或 9V。

(10) 信噪比,表示在图像信号中包含噪声成分的指标,是指摄像机的图像信号与它的噪声信号之比。信噪比用分贝(dB)表示,信噪比越高越好,在显示的图像中,表现为不规则的闪烁细点。噪声颗粒越小越好,典型值为 46dB,若为 50dB,则图像有少量噪声,但图像质量良好。若为 60dB,则图像质量优良,不出现噪声。达到 65dB 时,用肉眼观察已经不会感觉到噪声颗粒存在的影响了。摄像机的噪声与增益的选择有关。一般摄像机的增益选择开关应该设置在 0dB 的位置进行观察或测量。在增益提升位置,则噪声自然增大。反过来,为了明显地看出噪声的效果,可以在增益提升的状态下进行观察。在同样的状态下,对不同的摄像机进行对照比较,以判别优劣。噪声还和轮廓校正有关,轮廓校正在增强图像细节轮廓的同时,使得噪声的轮廓也增强了。噪声的颗粒增大,在进行噪声测试时,通常应该关掉轮廓校正开关。

(11) 视频输出,多为 $1V_{p\text{-}p}$、75Ω,均采用 BNC 接头。

(12) 镜头安装方式,有 C 和 CS 方式,二者间不同之处在于感光距离不同。

(13) 逆光补偿。在某些应用场合,视场中可能包含一个很亮的背景区域,如逆光环境下的门、窗等。而被观察的主体则处于亮场包围之中,画面一片昏暗,无层次。此时,逆光补偿自动进行调整,将画面中过亮场景降低亮度,并同时提升暗的场景,整个视场的可视性可得到改善。

(14) 电源同步锁定(L、L)是一种利用交流电源来锁定摄像机场同步脉冲的同步方式。当有交流电源造成的网波干扰时,可以通过此参数调整。

(15) 自动增益控制(AGC),是指通过检测视频信号平均电平,使放大电路的增益根据电平信号的强度变化自动调节的控制方法。具有 AGC 功能的摄像机,在低照度时自动增加摄像机的灵敏度,从而提高图像信号的强度来获得清晰的图像。

(16) 自动电子快门,当摄像机工作在一个很宽的动态光线范围时,如果没有自动光圈,可采用自动电子快门挡,以固定光圈或手动光圈来实现,此时,快门速度从 1/60s(NTSC)、1/50s(PAL)、1/10 000s 范围连续可调。从而可不管进来光线的强度变化而保持视频输出不变,提供正确的曝光。

(17) 自动白平衡,其用途是使摄像机图像能精确地复制景物颜色。一般处理方式是取画面的 2/3 的颜色进行平衡运算,求出基准值,近似白色,来平衡整个画面。

(18) 轮廓校正。所谓轮廓校正,是指增强图像中的细节,使图像显得更清晰,更加透明。但是轮廓校正也只能达到适当的程度,如果轮廓校正量太大,则图像将显得生硬。此外,轮廓校正的结果将使得人物的脸部斑痕变得更加突出。因此,新型的数字摄像机设置了在肤色区域减少轮廓校正的功能,这是智能型的轮廓校正区域。这样,在改善图像整体轮廓的同时,也保持了人物脸部比较光滑。但是具有轮廓校正功能的摄像机在电视监控领域很少使用,一般只出现在广播电视领域。

3.3.3 网络摄像机

网络摄像机是一种结合传统摄像机与网络技术所产生的新一代摄像机,它可以将影像通过网络传至地球另一端，且远端的浏览者不需用任何专业软件，只要有标准的网络浏览器（如 Microsoft IE 或 Netscape）即可监视其影像。网络摄像机一般由镜头、图像、声音传感器、A/D 转换器、图像、声音、控制器网络服务器、外部报警、控制接口等部分组成。

网络摄像机又叫 IP Camera（简称 IPC），由网络编码模块和模拟摄像机组合而成。网络编码模块将模拟摄像机采集到的模拟视频信号编码压缩成数字信号，从而可以直接接入网络交换及路由设备。网络摄像机内置一个嵌入式芯片，采用嵌入式实时操作系统。

网络摄像机是传统摄像机与网络视频技术相结合的新一代产品。摄像机传送来的视频信号经数字化后由高效压缩芯片压缩，通过网络总线传送到 Web 服务器。网络上用户可以直接用浏览器观看 Web 服务器上的摄像机图像，授权用户还可以控制摄像机云台镜头的动作或对系统配置进行操作。网络摄像机能更简单地实现监控，特别是远程监控，更简单的施工和维护，更好地支持音频，更好地支持报警联动，具有更灵活的录像存储，更丰富的产品选择，更高清的视频效果和更完美的监控管理。另外，IPC 支持 WiFi 无线接入、3G 接入、POE 供电（网络供电）和光纤接入。

IP 网络摄像机是基于网络传输的数字化设备，网络摄像机除了具有普通复合视频信号输出接口 BNC 外，还有网络输出接口，可直接将摄像机接入本地局域网。

3.3.4 智能摄像机

智能摄像机是把光学图像信号转变为电信号记录下来的设备，通过摄像器件把光能转变为电能，得到视频信号，通过预放电路进行放大，经过各种电路进行处理和调整，得到标准信号送到录像机等记录媒介上记录下来。

智能摄像机具有高像素、低照度、宽动态等功能，图 3-6 所示为低照度情况下智能摄像机与普通摄像机拍摄效果对比。

(a) 智能摄像机拍摄

(b) 普通摄像机拍摄

图 3-6 低照度情况下智能摄像机与普通摄像机拍摄效果对比

1. 高像素

像素是用来计算数码影像的一种单位，如同摄像机的相片一样，数码影像也具有连续性的浓淡阶调，若把影像放大数倍，会发现这些连续色调其实是由许多色彩相近的小方点所组成，这些小方点就是构成影像的最小单位像素。一幅图像中像素的多少，以及每个像素所能包含的信息多少共同决定了这个图像的清晰度和色彩还原度。因此像素值越高，则单个像素所需要显示的内容就越少，图像也越容易接近真实图像。

2. 低照度

照度也称灵敏度，是CCD对环境光线的敏感程度，或者说是CCD正常成像时所需要的最暗光线。照度的单位是勒克斯(lx)，数值越小，表示需要的光线越少，摄像头也越灵敏。

3. 宽动态

宽动态技术能使摄像机在暗处获得明亮图像的同时使明亮处不受色饱和度的影响。在宽动态技术的支持下，摄像机可在任何地方获取此应用。它能将在高光照处使用高速快门曝光和在低光处使用低速快门曝光生成的图像结合从而生成合成图像，所以能获得暗处细节，而图像的明亮处又不过于饱和。

4. 3D-DNR(数字降噪)

3D数字降噪系统摄像机采用专用DSP强大的处理能力，通过检测和分析帧存储器图像信息进行有效处理，极大地消除了信号中的干扰噪声波，从而有效地提高了画面的清晰度。

第4章 视频监控系统前端配套器件

视频监控系统前端摄像机配套器件有防护罩与支架、云台、终端解码器、防雷器、电源和监听器等。

4.1 摄像机的防护罩与支架

防护罩用于保护摄像机和镜头工作的可靠性，延长其使用寿命。除此之外，防护罩还可以尽量防止对摄像机和镜头造成人为破坏。与云台设备相似，防护罩一般分为一般防护罩和特种防护罩。

摄像机支架一般均为小型支架，有注塑型及金属型两类，可直接固定摄像机，也可通过防护罩固定摄像机，所有的摄像机支架都具有万向调节功能，通过对支架的调整，即可将摄像机的镜头准确地对向被摄现场。

4.1.1 一般防护罩

一般防护罩主要分为室内和室外两种。

室内防护罩结构简单，可防灰并且有一定的安全防护作用，具有美观轻便等特点，其主要功能是防盗、防破坏等，如图4-1所示。

室外防护罩一般为全天候防护罩，具有降温、加温、防雨、防雪等功能，即无论刮风、下雨、下雪、高温、低温等恶劣情况，都能使安装在防护罩内的摄像机正常工作。同时，为了在雨雪天气仍然能够使摄像机正常摄取图像，一般在全天候防护罩的玻璃窗前安装有可控制的雨刷，如图4-2所示。

图4-1 室内防护罩

图4-2 室外防护罩

4.1.2 特种防护罩

由于摄像机可以根据需要安装在各种场合，如有时必须安装在监狱等高度敌对的环境内,有的要防物体和火药弹的冲击,有的防护罩可以耐高温、灰尘、风沙、液体,为了避免摄像机遭到破坏,应当使用高度安全的特种防护罩。

1. 防暴型防护罩

防暴型防护罩又称高度安全防护罩。因为它可以最大限度地防止人为破坏,所以最适于安装在监狱囚室或拘留室内。这种防护罩的特点是具有很强的抗冲击与防拆卸功能。它没有暴露在外面的硬件部分,其机壳以大号机械锁封闭,而且在机壳锁好之前,钥匙也无法正常取下。防暴型防护罩机壳可以耐受铁锤、石块或某些枪弹的撞击。

2. 高压防护罩

高压防护罩通过在机壳内填充加压惰性气体,可以安装在有害气体中使用,并且要达到国家防火协会第946号指标中的要求。这种防护罩要求完全密闭,保持15psi(1psi=6895Pa)的正压差,并且还要求能够耐受爆炸环境。

3. 耐高温防护罩

耐高温防护罩,采用双层不锈钢和铸铝端盖制成,圆筒形双层结构,适用于各种CCD枪机及一体化摄像机,一般采用风冷或水冷等方式控制温度。摄像机固定于内部安装底板上,所有连线都位于后部的盖板,冷却水、压缩空气通过夹层达到高温防护的目的,前端端盖有压强空气形成环形风帘起到降温防尘的作用,具有较好的抗腐蚀能力,能在高温、多尘、腐蚀性气体较多的环境中使用。

4. 特级水下防爆防护罩

特级水下防爆炸摄像机防护罩,采用特殊密封结构,可长期在水下0~80m工作,不变形、无渗漏,以保证摄像机、镜头的正常工作。其结构为薄壁圆筒形,面端为斜口,不必另加遮阳罩。视窗玻璃为钢化玻璃,用螺纹压环压紧在圆筒内壁上的弹圈上,再用专用密封胶密封。后盖通过螺纹旋紧到圆筒后部,也用专用密封胶密封。电缆引入装置采用气密典型结构,以专用密封胶密封。圆筒与支座之间采用不锈钢扎带扎紧。内部抽屉板可以从后面拉出,以方便安装调试。

4.1.3 支架

"支架"一词是从英文Scaffold翻译过来的,也译为"脚手架",本来是建筑行业的一个术语,具体指建筑楼房时搭起的暂时性支持,这种支持会随着楼房的建成而被撤掉。但如今支架的应用极其广泛,工作生活中随处可见,如照相机的三脚架、医学领域用到的心脏支架等。

如果摄像机只是固定监控某个位置不需要转动,那么只用摄像机支架就可以满足要求了。普通摄像机支架安装简单,价格低廉,而且种类繁多。普通支架有短的、长的、直的、弯的,根据不同的要求可选择不同的型号。室外支架主要考虑负载能力是否合乎要求,再有就是安装位置,因为不同场合的很多室外摄像机安装位置特殊,有的安装在电线杆上,有的立于塔吊上,有的安装在铁架上等。

由于种种原因,现有的支架可能难以满足要求,需要另外加工或改进。

4.2 云　　台

云台是安装、固定摄像机的支撑设备。但是要注意这里所说的云台区别于照相器材中的云台，照相器材的云台一般来说只是一个三脚架，只能通过手来调节方位；而监控系统所说的云台是通过控制系统在远程可以控制其转动以及移动的方向的。

1. 云台的类型

(1) 按使用环境云台分为室内型和室外型，主要区别是室外型密封性能好，防水、防尘，负载大。同时，室外环境的冷热变化大，易遭到雨水或潮湿的侵蚀，因此室外云台一般都设计成密封防雨型。另外，室外云台还具有高转矩和扼流保护电路以防止云台冻结时强行启动而烧毁电机。在低温的恶劣条件下还可以在云台内部加装温控型加热器。

(2) 按安装方式云台分为侧装和吊装，就是把云台安装在天花板上还是安装在墙壁上。

(3) 按外形云台分为普通型和球型。球型云台是把云台安置在一个半球形或球形防护罩中，除了防止灰尘干扰图像外，还隐蔽、美观、快速。

(4) 按照运动功能云台分为水平云台和全方位(全向)云台。

(5) 按照工作电压云台分为交流定速云台和直流高变速云台。

(6) 按照承载重量云台分为轻载云台、中载云台和重载云台。

(7) 按照负载安装方式云台分为顶装云台和侧装云台。

(8) 根据使用环境云台分为通用型和特殊型。通用型是指使用在无可燃、无腐蚀性气体或粉尘的大气环境中，又可分为室内型和室外型。最典型的特殊型应用是防爆云台。

2. 云台的重要指标

在挑选云台时要考虑性能、安装环境、安装方式、工作电压、负载大小，也要考虑性能价格比和外形是否美观等因素，以下列举几个比较重要的指标。

1) 转动速度

云台的转动速度是衡量云台档次高低的重要指标。云台的水平和垂直方向是由两个不同的电机驱动的，因此云台的转动速度也分为水平转速和垂直转速。由于载重的原因，垂直电机在启动和运行保持时的扭矩大于水平方向的扭矩，再加上实际监控时对水平转速的要求要高于垂直转速，因此一般来说云台的垂直转速要低于水平转速。

交流云台使用的是交流电机，转动速度固定，一般情况下，水平转动速度为4°/s～6°/s，垂直转动速度为3°/s～6°/s。有的厂家也生产交流型高速云台，可以达到水平15°/s，垂直9°/s，但同一系列云台的高速型载重量会相应降低。

直流型云台大都用直流步进电机，具有转速高、可变速的优点，十分适合需要快速捕捉目标的场合。其水平最高转速可达40°/s～50°/s，垂直可达10°/s～24°/s。另外，直流型云台都具有变速功能，所提供的电压是直流0～36V的变化电压。变速的效果由控制系统和解码器的性能决定，以使云台电机根据输入的电压大小做相应速度的转动。常见的变速控制方式有两种，一种是全变速控制，就是通过检测操作员对键盘操纵杆控制的位移量决定对云台的输入电压，全变速控制是在云台变速范围内实现平缓的变速过渡。另外一种是分档递进式控制，就是在云台变速范围内设置若干挡，各挡对应不同的电压（转动速度），操作前必须先选择所需转动的速度挡，再对云台进行各方向的转动操作。

2）转动角度

云台的转动角度尤其是垂直转动角度与负载（防护罩/摄像机/镜头总成）安装方式有很大关系。云台的水平转动角度一般都能达到355°，因为限位栓会占用一定的角度，但会出现少许的监控死角。当前的云台都改进了限位装置使其可以达到360°甚至365°（有5°的覆盖角度），以消除监控死角。用户使用时可以根据现场的实际情况进行限位设置。例如，安装在墙壁上的壁装式，即使云台具有360°的转动角度，实际上只需要监视云台正面的180°，即使转动到后面方向的180°也只能看到安装面（墙壁），没有实际监控意义。因此壁装式只需要监视水平180°的范围，角装式只需监视270°的范围。这样可避免云台过多地转动到无须监控的位置，也提高了云台的使用效率。

顶装式云台的垂直转动角度一般为＋30°～－90°，侧装的垂直转动角度可以达到±180°，不过正常使用时垂直转动角度为＋20°～－90°即可。

3）载重量

云台的最大负载是指垂直方向承受的最大负载能力。摄像机的重心（包括防护罩）到云台工作面距离为50mm，该重心必须通过云台回转中心，并且与云台工作面垂直，这个中心即为云台的最大负载点，云台的承载能力是以此点作为设计计算的基准。如果负载位置安装不当，重心偏离回转中心，增大了负载力矩，实际的载重量将小于最大负载量的设计值。因此云台垂直转动角度越大，重心偏离也越大，相应的承载重量就越小。

云台的载重量是选用云台的关键，如果云台载重量小于实际负载的重量，不仅会使操作功能下降，而且云台的电机、齿轮也会因长时间超负荷而损坏。云台的实际载重量可从3kg到50kg不等，同一系列的云台产品，侧装时的承载能力要大于顶装，高速型的承载能力要小于普通型。

4）环境指标

对于室内使用的云台一般要求不高，云台的使用环境的各项指标主要针对室外使用的云台，其中包括使用环境温度限制、湿度限制、防尘防水的IP防护等级。一般室外环境使用的云台温度范围为－20～＋60℃，如果使用在更低温度的环境下，可以在云台内部加装温控型加热器使温度下限达－40℃或更低。湿度指标一般为95％不凝结。防尘防水的IP等级应达到IP66以上。IP防护等级的高低反映了设备的密封程度，主要指防尘和液体的侵入，它是一种国际标准，符合1997年的BS5490标准和1976年的IECS529标准。IP后的第一位数值表示抗固体的密封保护程度，第二位表示抗液体保护程度，第三位表示抗机械冲击碰撞。另外，在实际使用中应根据环境选择使用相适合的材料和防护层，如铁质外壳不适合使用在潮湿和具有腐蚀性的环境中。

5）可靠性

云台的可靠性一般以平均故障（间隔）时间（MTBF）、平均修理时间（MTTR）、平均无故障时间（MTTF）及微动开关的极限次数等指标衡量。

4.2.1 水平云台

水平云台的动作是由其驱动电路接收控制信号，给驱动电动机的两个绕组分别独立供电和轮流转换供电。所以，水平云台与其控制器的接口一般有4个接线端子，分别为公共端、自动扫描控制端、左旋转控制端和右旋转控制端。

水平云台的运行状态有两种：手动控制状态和自动扫描状态。当水平云台工作在手动控制状态时，云台在旋转过程中定位卡销触及行程开关时，就会通过云台内部的继电器切断电动机电压而停止旋转；当水平云台工作在自动扫描状态时，云台在旋转过程中定位卡销触及行程开关时，就会通过云台内部的继电器接通反向电压使电动机回转，沿着与刚才相反的方向扫描。

云台的扫描及自动回扫是由一个双稳态继电器来控制的。双稳态是指继电器具有自锁功能：通电一次自锁吸合并一直保持这种状态，再通电一次则继电器触点释放。目前双稳态继电器有两种类型：采用机械方式自锁或利用剩磁自锁。两种类型均用脉冲方式驱动。吸合与释放脉冲宽度为20～30ms。吸合自锁后，几年都不会改变状态，且耐冲击性能好。

在云台接线端子旁边一般都有一个BNC插座，另外，在云台台面上还伸出一段螺旋状视频软线并配有BNC插头，且这一对BNC插头插座是连通的。它实际上是一段视频延伸线，其作用是避免视频电缆长期随云台一起转动，造成接触不良。当视频电缆留的过短时，可能会因电缆绷紧造成云台不能继续转动；而留的过长时，还可能会因电缆松弛而发生缠绕。

4.2.2 全方位云台

既能左右旋转又能上下旋转的云台叫作全方位云台。

一般来说，全方位云台的水平旋转角度为0°～350°，垂直旋转角度为+90°。恒速云台的水平旋转速度一般为3°/s～10°/s，垂直速度为4°/s左右。变速云台的水平旋转速度一般为0°/s～32°/s，垂直旋转速度为0°/s～16°/s左右。在一些高速摄像系统中，云台的水平旋转速度高达480°/s，垂直旋转速度为120°/s。

全方位云台内部有两个电机，分别负责云台的上下和左右各方向的转动。其工作电压的不同也决定了该云台的整体工作电压，一般有交流24V、交流220V及直流12V。当接到上、下动作电压时，垂直电机转动，经减速箱带动垂直传动轮盘转动；当接到左、右动作电压时，水平电机转动并经减速箱带动云台底部的水平齿轮盘转动。

需要说明的是，云台都有水平、垂直的限位栓，云台分别由两个微动开关实现限位功能。当转动角度达到预先设定的限位栓时，微动开关动作切断电源，云台停止转动。限位装置可以位于云台外部，调整过程简单；也可以位于云台内部，通过外设的调整机构进行调整，调整过程相对复杂。但外置限位装置的云台密封性不如内置限位装置的云台。

4.2.3 球形云台

随着电视监控行业的迅速发展，其技术也有了许多突飞猛进的改进。近年来发展起来的球形云台摄像机（简称球机）就是其突出代表之一。球机以其外形美观、隐蔽、个性化、安装方便等特点正在逐步取代传统云台防护罩，但针对球机自身的特点，球机的主要发展趋势有如下几方面。

(1) 外形：球机外观与安装现场环境的和谐、美观。

(2) 小型化：适应目前摄像机、镜头小型化及一体化趋势，球机也向小型化发展。

(3) 隐蔽性：从根本上解决隐蔽与透光率低的矛盾，保证清晰的成像效果。

(4) 智能化：实现更加智能化、人性化的控制是球机发展的主要趋势。

总之，目前球机的发展正处在取代传统云台防护罩的时候，而部分条件下也正处在被高速预置球机取代的地位，但无论如何，普通球机仍以其价格低、适用性强（无须通信协议等）、安装调试方便被大多数用户所青睐。

4.2.4 特殊云台

云台的应用范围很广，各种特殊行业也对云台产品有一定的需求，由于使用环境特殊，因此需要云台产品具有满足现场环境的特殊防护性能，常见的有水下型、高温型、低温型、防腐型和防爆型。

特殊云台对使用的材料、防护等级、防护方式等都有严格的要求，并必须遵守相应的行业特殊标准，其中以防爆型云台最为突出。如图4-3所示，石油、化工、煤炭和国防等许多工业部门，在生产、加工、运输和储存的各个过程中，经常可能泄漏或溢散出各种各样的易燃易爆气体、液体和各种粉尘及纤维，这类物质与空气混合后，可能成为具有爆炸危险的混合物，当混合物的浓度达到爆炸浓度范围时，一旦出现火源即会引起爆炸和发生火灾等严重事故。

图4-3 防爆云台设备示意图

凡是用于煤矿井下的防爆设备为Ⅰ类设备，其他用于工厂的防爆设备为Ⅱ类设备。在Ⅱ类设备中，按适用于爆炸性气体混合物最大实验安全间隙或最小点燃电流比分为A、B、C三级。$T_1 \sim T_6$为设备允许表面最高温度，T_1为450℃，T_2为300℃，T_3为200℃，T_4为135℃，T_5为100℃，T_6为85℃。

Ⅰ类设备的表面可能堆积粉尘时，允许最高表面温度为150℃；Ⅱ类设备允许的最高表面温度分别为T_4——135℃，T_5——100℃，T_6——85℃。

对于电压不超过1.2V，电流不超过0.1A，且能量不超过20μJ或功率不超过25mW的电气设备，在经过防爆检验部门认可后，可直接使用于工厂爆炸性气体环境中和煤矿井下。

防爆设备的应用原理一般有间隙型、防止接触型、采用安全措施型及其他防爆原理如利用爆炸的滞后特性支撑超前断电等。其中适用于电视系统的有间隙防爆原理和采用安全措施防爆原理。

1. 间隙防爆原理

电火花及电弧可以引燃爆炸性混合物。由德国建立起来的间隙隔爆结构，是防止电弧等引燃周围爆炸性混合物较可靠的方法。它具有一个足够牢固的外壳，能经受内部爆炸气体混合物产生的最大爆炸压力，确保不变形或损坏，并具有一定结构间隙以使喷射出来的燃烧生成物通过一定的法兰长度冷却到低于外部爆炸性混合物的自燃温度。结构间隙可以是由平面结合面或圆筒结合面组成，还可以是由曲路、螺纹或屏障式等结构组成。除此之外，如微孔、网罩、叠片、充砂等结构也属于这种原理的防爆形式。

2. 采用安全措施的防爆原理

在设备上采用一系列的安全措施使其在最大限度内不致产生火花、电弧或危险温度，或采用有效的保护元件使其产生的火花、电弧或温度不能引燃爆炸性混合物，以达到防爆目的。防爆增安型、本质安全型等电气设备都是采用这一原理制造的。

3. 防爆设备材料

对于隔爆型防爆设备外壳应能承受1.5倍内部实际最大爆炸压力，但不得小于3.5×10^5Pa。用于Ⅰ类采掘工作面的设备，外壳须采用钢板或铸钢制成；Ⅰ类非采掘工作面的设备，其外壳可用牌号不低于HT25-47灰铸铁制成；Ⅰ类携带式设备和Ⅱ类设备，外壳可用抗拉强度不低于117.6N/mm^2(12kg/mm^2)、含镁量不大于0.5%(重量比)的轻合金制成。

本质型设备的外壳材质可用含镁量不大于0.5%(重量比)的轻合金或表面电阻不大于$1\times10^9\Omega$的塑料制成。

4.3 终端解码器

解码器是一个重要的前端控制设备，在主机的控制下，可使前端设备产生相应的动作。解码器在国外称为接收器/驱动器(Receiver/Driver)或遥控设备(Telemetry)，是为带有云台、变焦镜头等可控设备提供驱动电源并与控制设备如矩阵进行通信的前端设备。通常，解码器可以控制云台的上、下、左、右旋转，变焦镜头的变焦、聚焦、光圈以及防护罩雨刷器、摄像机电源、灯光等设备，还可以提供若干个辅助功能开关，以满足不同用户的实际需要。高档次的解码器还带有预置位和巡游功能。

4.3.1 终端解码器的工作原理

云台和变焦镜头是电视摄像监控系统中常用的设备，与摄像机配合使用，可以扩大摄像机的监视范围、监视视野和清晰度。常用的电动云台通常可做上、下、左、右4个方向的运动，其控制电压通常为交流24V和220V，也有直流12V控制的电机。变焦镜头通常有光圈、聚焦、变倍3个电机，控制电压一般为直流6～9V。对于安装在室外的摄像机，还需加装室外防护罩，增加风扇、雨刮、加热功能。

但是当监控中心用DVR或键盘控制云台转动的时候，发出指令的都是数字信号，也就是协议。不同厂家的云台和控制设备的协议都是不同的。为了让云台读懂控制端发出的数字信号，中间必须要用终端解码器来中转。

由于摄像机一般远离控制室，如用多芯电缆直接传送这十几个控制电压，既浪费线材，又有许多能量损耗在传输电缆上。目前广泛采用计算机进行控制命令的串行传输，只需一根2芯控制电缆，但必须在摄像机附近配置一个终端解码器，将计算机的控制命令进行解码，并转换为相应的控制电压。

1. 终端解码器硬件控制电路

终端解码器电路以单片机为核心，包括电平转换、单片机处理器、光电隔离、镜头驱动电路、云台驱动电路、防护罩控制电路、电源控制电路、云台位置控制电路、自动复位电路等，如图4-4所示。

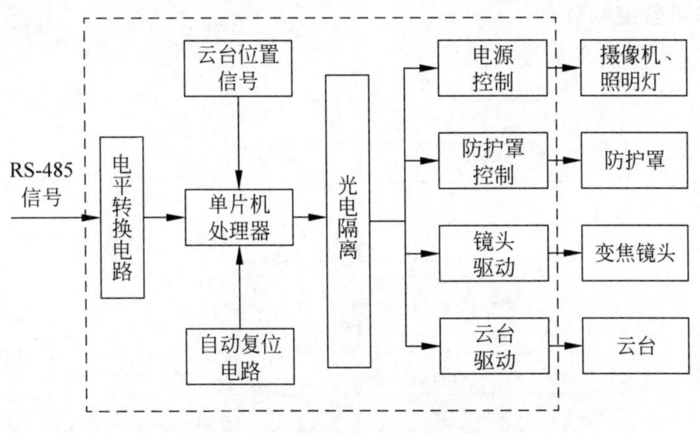

图4-4　解码器电路方框图

远距离传送的控制信号一般均采用RS-485电平，因此，必须把RS-485电平转换成TTL电平。单片机对控制信号解码后，其输出信号端口到驱动电路之间要加光电隔离器件，以防止驱动电路中的继电器、可控硅等器件对单片机产生干扰。在防护罩控制电路和电源控制电路中，主要是根据输出电流的大小，选用不同功率的继电器来控制防护罩、摄像机电源和照明电源等。

单片机处理电路一般采用有串行口输入的单片机(如AT89C51)，配合一个地址拨码开关，由单片机内部的控制软件对控制信号接收、校验、确认后，将控制命令解码，由I/O口发出相应的控制命令。由于驱动电路中有继电器、可控硅等器件，闭合、断开时容易对单片机产生干扰，同时解码器附近的大型设备的启动、关断也易引起对微机的干扰，容易引起程序进入死循环，不能回到正常工作状态。为了防止软件死机，需要增加自动复位电路。单片机处理电路方框图如图4-5所示。

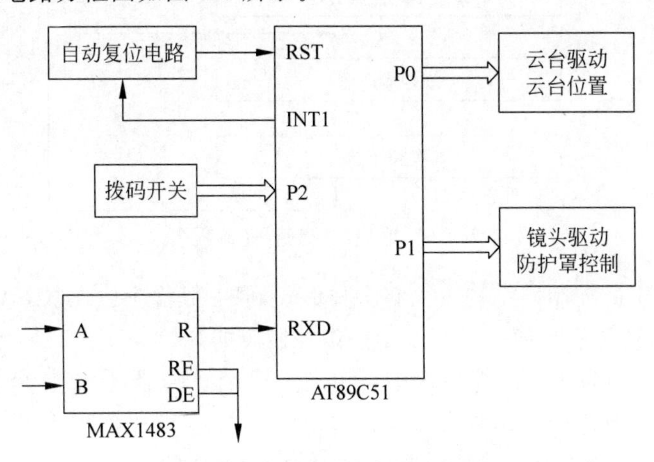

图4-5　单片机处理电路方框图

单片机输出的控制信号是TTL电平(晶体管-晶体管逻辑电平),为驱动变焦镜头的电机,需要加驱动电路。镜头驱动电路常用的有继电器驱动、运放和晶体管放大驱动等。云台电机大多采用交流电机,所以其驱动电路除继电器驱动外,目前一般采用双向可控硅驱动电路。双向可控硅的耐压值一般应该取为被控制电压的3～4倍。

2. 终端解码器控制软件

单片机控制程序流程如图4-6所示。

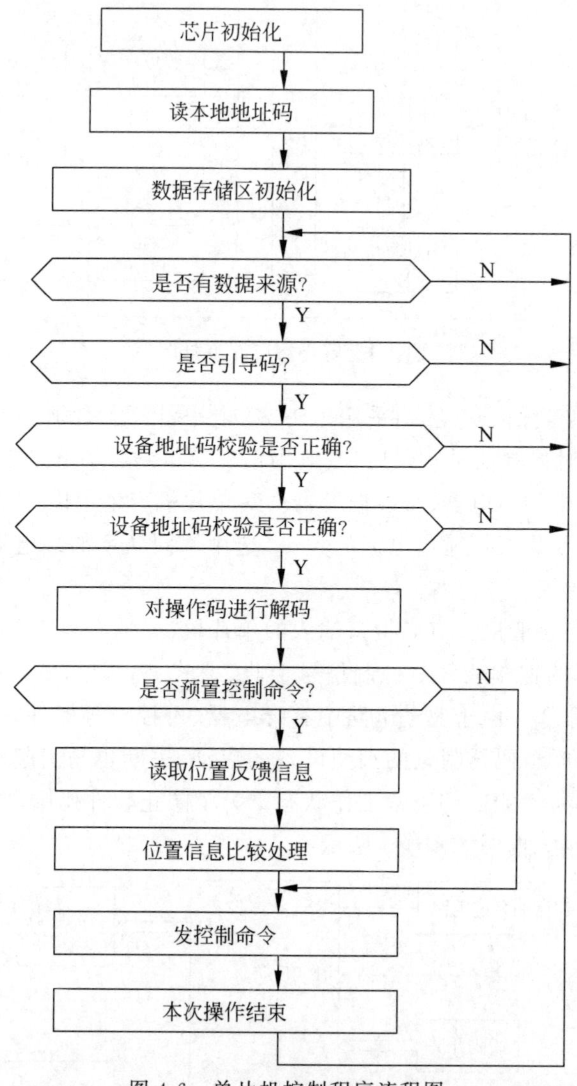

图4-6 单片机控制程序流程图

由计算机发出的控制码结构可以有多种形式,但一般均应包含以下几个部分。

(1) 起始码,或称引导码。用于表示一串控制码的开始。

(2) 地址码。因为一个监控系统中可以包含多个解码器,所以每个解码器都有一个地址码。由计算机发出的控制码中必须包含地址码,以便解码器校验,只有接收地址码与本地地址码相符时，解码器才执行后面的操作命令。

(3) 操作码。由解码器解码后，控制镜头或云台进行相应的操作。

(4) 校验码。为了防止传输和接收过程中发生误码，必须设置一个校验码。当解码器发现校验出错后，即不执行相应的操作。

4.3.2 解码器的抗干扰与自动复位

1. 解码器的抗干扰

由于终端解码器中有继电器、晶闸管等开关器件，其闭合、断开时，容易对接收解码器的微机部分产生干扰；此外，终端接收解码器附近大型设备的启动和关断，也容易引起对微机的干扰。这种干扰的结果，虽然没有损坏终端解码器的硬件，但可使程序执行出错，且进入死循环，不经复位，就回不到正常状态，而产生所谓的“软件故障”。为了防止这种干扰，常常采取下列预防措施。

(1) 交流电源滤波；

(2) 直流电源去耦滤波；

(3) 单片微机及其附加电路的电源线和地线直接接到电源滤波电容，不要和继电器驱动电路的电源线和地线交叠；

(4) 继电器线包上接反向偏置二极管防止继电器线包的反电动势，继电器触点两端接电容器，防止继电器触点接通和断开时产生电弧放电影响微机工作。这里要注意电容器耐压值要大于触点断开时两点电压值的数倍。

值得注意的是，无论采取上述何种抗干扰措施，只能减少软件故障产生的次数，但要完全消除软件故障是不可能的。

2. 自动复位

由于终端解码器在微型摄像机附近，离控制器很远，而无法进行按钮复位。若采用关断接收解码器总电源的方法既不易奏效，又给使用者带来不便，因此必须设置自动复位。这种自动复位，通常有硬件自动复位和软件故障诊断自动复位两种。

1) 硬件自动复位

有硬件定时自动复位和利用串行控制信号产生复位信号两种方法。前者是利用定时器每隔一固定时间对CPU复位一次。显然，这种方法比较简单，但其缺点是复位可能会发生在接收串行信号的过程中，从而使得该次接收失败。后者是利用串行控制信号来产生复位信号，但要求两次串行控制信号之间要有一定的时间间隔。

2) 软件故障诊断自动复位

当终端解码器CPU还有检测、计算等多种任务时，上述利用串行控制信号产生复位脉冲的方法，会使检测、计算出错，因此需要采用软件故障诊断复位，即要求在程序的各个可能的支路，都安排一条能使某输出口某一位输出一个正(或负)脉冲指令。在程序正常执行时，每隔一定的时间总会执行这一条指令，使该位不断输出正脉冲。当程序执行进入异常状态时，该位没有正脉冲输出，超过一定时间，辨别电路就会输出一复位信号使CPU复位，从而使程序执行又恢复正常。

4.3.3 解码器的实用电路与实际连接

解码器电路主要包括地址拨码开关、协议拨码开关、波特率拨码开关、RS-485 通信接口、交流电源输入、云台控制输出、镜头控制输出等，如图 4-7 所示。

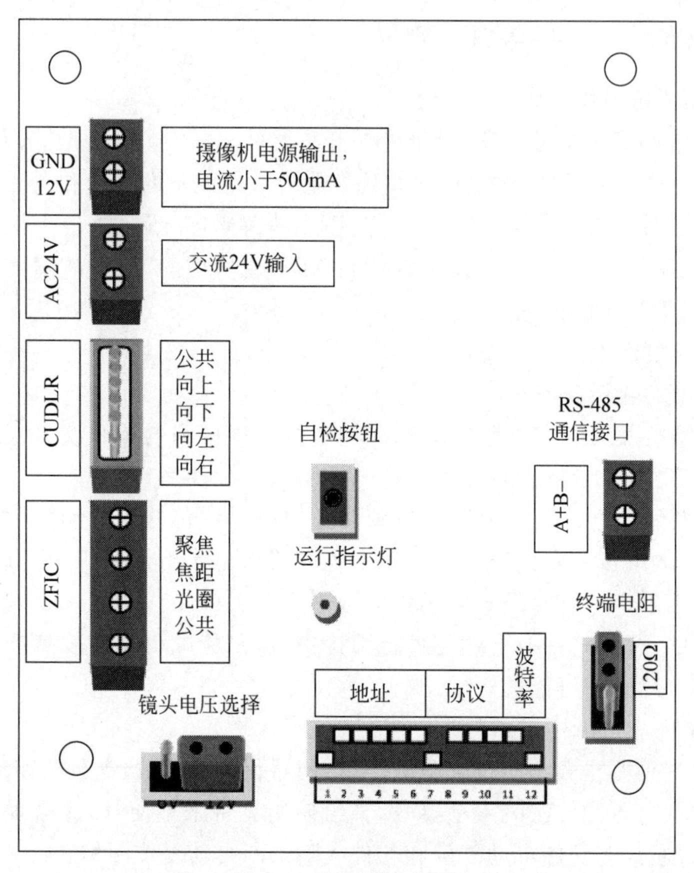

图 4-7 解码器结构图

在云台等设备与解码器进行实际连接时，需要对照解码器的接线图，仔细准确地把镜头、云台等设备所有电缆一一对准，接入解码器的接线端子，两者的接口必须完全对应连接。注意：线头应根据接线端子的尺寸做到芯线与接线柱接触良好、牢固，芯线不外露，并且做好在安装前先把以上设备检测后再实际安装。下面以某经济型解码器为例，说明解码器如何与设备进行连接操作，如图 4-8 所示为解码器与其他设备的连接示意图。

第一步，将变倍镜头或一体机、云台的电缆接入解码器，具体位置如图 4-9 所示。

第二步，根据镜头或摄像机、云台的要求，从解码器的电源输出端接出摄像机电源并调整云台的电源，并根据主机的设定或压缩卡的设定，调整好地址码和波特率。接入 220V 电源线。最后接出 RS-485 控制线，正负极必须完全对应，如图 4-10 所示。

第三步，将 RS-485 控制器的连接线接入主机的 COM1 或 COM2 口，调整主机的相

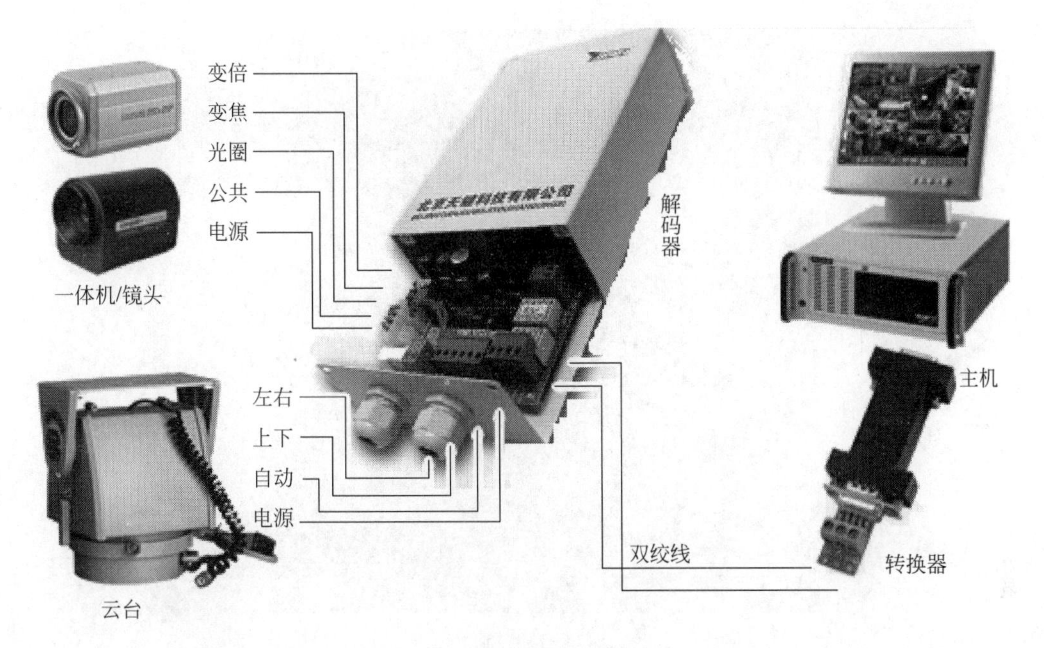

图 4-8 解码器的实际连接

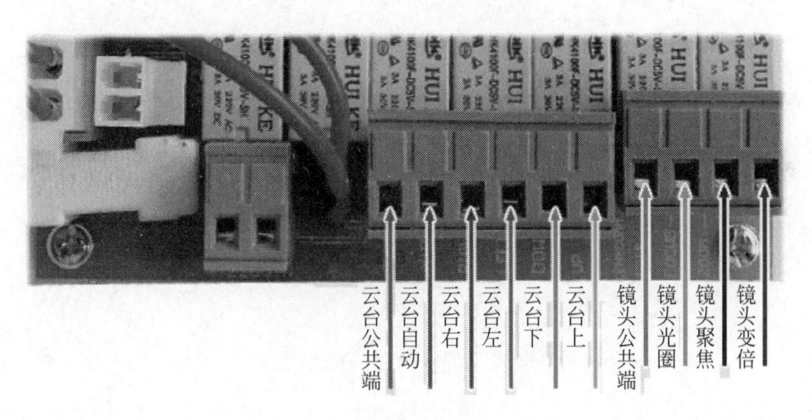

图 4-9 云台和镜头接入说明

关参数，全部安装完毕后，再次检查接线端口和电源、电压，确认无误后，给解码器加电测试。

第四步，打开解码器控制软件，选择摄像机的控制端口，选择和设置与解码器匹配的协议等。

在实际使用中需要注意的是，解码器采用 RS-485 通信方式，采用 2 芯屏蔽双绞线，连接电缆的最远距离应不超过 1200m。当解码器与设备之间的通信距离超过 1200m 或线路干扰过大时，需要在线路中间位置接一个 RS-485 中继器，可采用链式（如图 4-11 所示）和星式连接（如图 4-12 所示），RS+（A）、RS－（B）为信号端，接主机 RS-485 的 A 和 B，不可接反。

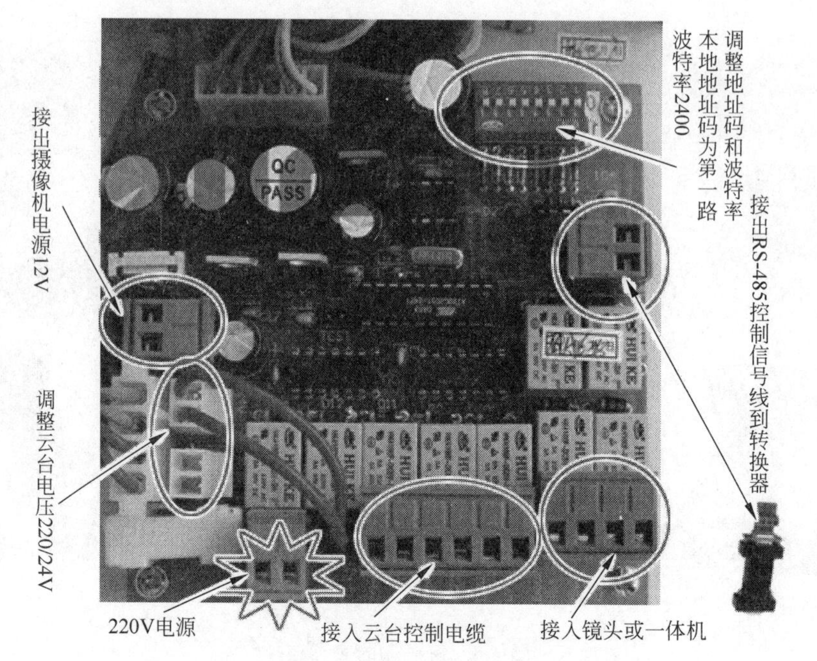

图 4-10 电源、控制转换器接入说明和地址码、波特率设置示意图

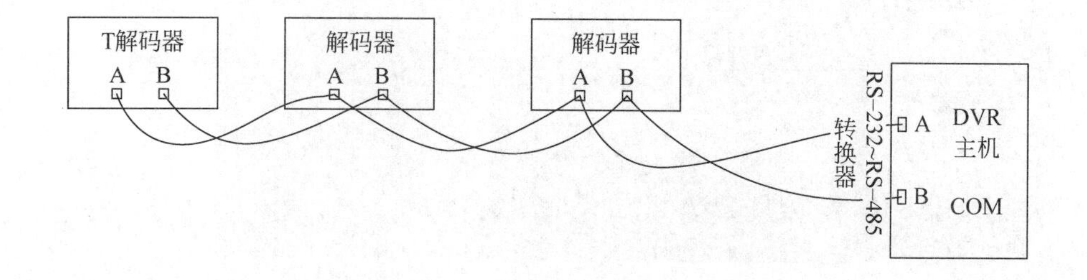

图 4-11 解码器的链式连接

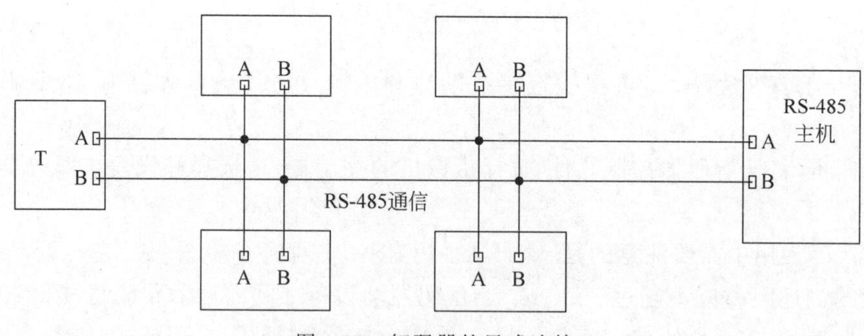

图 4-12 解码器的星式连接

4.3.4　解码器的协议和波特率等的选择设置

1. 解码器控制协议

解码器主要有如下通信协议：PELCO-D、PELCO-P、AD/AB、YAAN。解码器的协议选择，通过拨码开关位置来实现。

假设解码器协议选择采用2位拨码开关，每一位开关对应两个值，分别为ON=1，OFF=0，那么可以选择4种协议，即00时为PELCO-D协议，01时为PELCO-P协议，10时为AD/AB协议，11时为YAAN。以此类推，根据生产厂商不同，其设置会有所不同。

2. 波特率设置

以8位地址开关为例，开关的1～2位为波特率设置，如表4-1所示。

表4-1　8位地址开关的波特率设置

序号	波特率	拨码开关设置	备　注
0	1200/19 200	ON OFF　1　2	根据协议不同，自动识别这两种波特率
1	2400	ON OFF　1　2	
2	4800	ON OFF　1　2	
3	9600	ON OFF　1　2	

注意：如果波特率设置不正确，在控制解码器时，解码器会产生通信复位。

3. 地址设置

同样以8位地址开关为例，开关的3～8位为地址码设置，如表4-2所示。

表4-2　地址码设置

地址计算	32x	16x	8x	4x	2x	1x
地址码	开关第3位	开关第4位	开关第5位	开关第6位	开关第7位	开关第8位
0	0	0	0	0	0	0
1	0	0	0	0	0	1
2	0	0	0	0	1	0
3	0	0	0	0	1	1
4	0	0	0	1	0	0
5	0	0	0	1	0	1
6	0	0	0	1	1	0

续表

地址计算	32x	16x	8x	4x	2x	1x
地址码	开关第3位	开关第4位	开关第5位	开关第6位	开关第7位	开关第8位
7	0	0	0	1	1	1
8	0	0	1	0	0	0
9	0	0	1	0	0	1
10	0	0	1	0	1	0
11	0	0	1	0	1	1
12	0	0	1	1	0	0
13	0	0	1	1	0	1
14	0	0	1	1	1	0
15	0	0	1	1	1	1
16	0	1	0	0	0	0
17	0	1	0	0	0	1
18	0	1	0	0	1	0
⋮	⋮	⋮	⋮	⋮	⋮	⋮
63	1	1	1	1	1	1

(1) 地址码设置：8位拨码开关的3～8位，ON=1，OFF=0。

(2) 超过64个解码器地址码时，须注明。

(3) 拨码开关拨到“ON”的位置时表示“1”，拨到“OFF”位置时表示“0”。例如，解码器地址设为43号，即32+8+2+1=43，即拨码开关的第3、5、7、8位拨到ON。

(4) 地址编码是以二进制方式编码的。

(5) 有的控制主机的初始地址是从0开始，有的是从1开始的。

4.4 视频监控系统的防雷

视频防雷器专用于摄像头、视频切换器和分割器等监控器材的防感应雷击保护。低的钳位电压，快速响应特性，对各种类型过电压脉冲有良好的抑制作用，保障户内户外敏感设备的全天候正常工作。

4.4.1 雷电过电压的基本特性及防雷技术措施

雷电过电压是指由于雷云放电而产生的过电压。雷电过电压与气象条件有关，由于过电压是电力系统外部原因造成的，因此又称之为大气过电压或外部过电压。雷电过电压的持续时间约为几十微秒，具有脉冲的特性，故常称为雷电冲击波。其特点是：幅值大、频率高。

1. 雷电过电压分类

雷电过电压又分为直击雷过电压、感应雷过电压、侵入雷过电压。

(1) 直击雷过电压。当雷电直接击中电气设备、线路或建筑物时，强大的雷电流通过其流入大地，在被击物上产生较高的电位降，称为直击雷过电压。

（2）感应雷过电压。①静电感应。当线路或设备附近发生雷云放电时，虽然雷电流没有直接击中线路或设备，但在导线上会感应出大量的和雷云极性相反的束缚电荷，当雷云对大地上其他目标放电后，雷云中所带电荷迅速消失，导线上的感应电荷就会失去雷云电荷的束缚而成为自由电荷，并以光速向导线两端急速涌去，从而出现过电压，称为静电感应过电压。②电磁感应。由于雷电流有极大的峰值和陡度，在它周围有强大的变化电磁场，处在此电磁场中的导体会感应出极大的电动势，使有间隙的导体之间放电，产生火花，引起火灾。

（3）侵入雷过电压。由于线路、金属管道等遭受直接雷击或感应雷电波，沿线路、金属管道等侵入变配电所或建筑物而造成的过电压。

2. 防雷的基本措施

1）避雷针和避雷线

当雷云的先导向下发展，高出地面的避雷针（线）顶端形成局部电场强度集中的空间，以至有可能影响下行先导的发展方向时，使其仅对避雷针（线）放电，从而使得避雷针（线）附近的物体免遭雷击。

为了使雷电流顺利地泄入大地，故要求避雷针（线）应有良好的接地装置，被保护设备全面位于避雷针（线）的保护范围内。但为了防止与被保护物之间的间隙击穿（也称为反击），它们之间应保持一定的距离。

2）避雷器

当雷电入侵波或操作波超过某一电压值后，避雷器将优先于与其并联的被保护电力设备放电，从而限制了过电压，使与其并联的电力设备得到保护。

避雷器的技术要求如下。

（1）过电压作用时，避雷器先于被保护电力设备放电，当然这要由两者的全伏秒特性的配合来保证；

（2）避雷器应具有一定的熄弧能力，以便可靠地切断在第一次过零时的工频续流。

避雷器的种类有保护间隙、管式避雷器、阀式避雷器（包括金属氧化物避雷器）等。

4.4.2　抗雷电过电压的基本元器件

虽然有不少专家学者在努力研究有效防止直击雷的方法，但直到今天还是无法阻止雷击的发生。实际上，现在公认的防直击雷的方法仍然是两百多年前富兰克林先生发明的避雷针。

1. 接闪器

避雷针及其变形产品避雷线、避雷带、避雷网等统称为接闪器。历史上对接闪器防雷原理的认识产生过误解。当时认为，避雷针防雷是因为其尖端放电综合了雷云电荷从而避免了雷击发生，所以当时要求避雷针顶部一定要是尖端，以加强放电能力。后来的研究表明，一定高度的金属导体会使大气电场畸变，这样雷云就容易向该导体放电，并且能量越大的雷就越易被金属导体吸引。因此接闪器能够防雷是因为将雷电引向自身而防止了被保护物被雷电击中。现在认为任何良好接地的导体都可能成为有效的接闪器，而与它的形状没有什么关系。

为了降低建筑被雷击的概率，宜优先采用避雷网作为建筑物的接闪器，如果屋面有天线等通信设施可在局部加装避雷针保护，这样接闪器的高度不会太高，不会增大建筑的雷击概率。避雷网的网格尺寸应不大于 10m×10m，避雷针应与避雷网可靠连接。

2. 引下线

引下线的作用是将接闪器接闪的雷电流安全地导引入地。引下线不得少于两根，并应沿建筑物四周对称均匀地布置；引下线的间距不大于 18m；引下线接长必须采用焊接；引下线应与各层均压环焊接；引下线采用 10mm 的圆钢或相同面积的扁钢。对于框架结构的建筑物，引下线应利用建筑物内的钢筋作为防雷引下线。

采用多根引下线不但提高了防雷装置的可靠性，更重要的是多根引下线的分流作用可大大降低每根引下线的沿线压降，减少侧击的危险。其目的是为了让雷电流均匀入地，便于地网散流，以均衡地电位。同时，均匀对称布置可使引下线泻流时产生的强电磁场在引下线所包围的电信建筑物内相互抵消，减小雷击感应的危险。

3. 接地体

接地体是指埋在土壤中起散流作用的导体，接地体应采用：钢管直径大于 50mm，壁厚大于 3.5mm；角钢不小于 50mm×50mm×5mm；扁钢不小于 40mm×4mm。

应将多根接地体连接成地网，地网的布置应优先采用环型地网，引下线应连接在环型地网的四周，这样有利于雷电流的散流和内部电位的均衡。垂直接地体一般长为 1.5～2.5m，埋深 0.8m，地极间隔 5m，水平接地体应埋深 1m，其向建筑物外引出的长度一般不大于 50m。框架结构的建筑应采用建筑物基础钢筋作为接地体。

4.4.3 均压、接地、屏蔽、隔离等综合防护

1. 均压

为了减少二次系统由一次设备带来的感应耦合，二次电缆应尽可能离开高压电缆和暂态强电流的入地点，并尽可能减少平行长度。高压电缆和避雷针往往是强烈的干扰源，因此，增加二次电缆与其距离，是减少电磁耦合的有效措施。电流互感器回路的 A、B、C 相线和中性线应在同一电缆内，尽可能在小范围内达到电磁感应平衡；电流和电压互感器的二次交流回路电缆，从高压设备引出至二次设备安装处时，应尽量靠近接地体，减少进入这些回路的高频瞬变漏磁通。变电站接地铜带必须铺设成环状，并用两根以上的引下线与地网连接，以加速电流均匀扩散，减少可能出现的感应过电压。

2. 接地

防雷接地是受到雷电袭击(直击、感应或线路引入)时，为防止造成损害的接地系统。常有信号(弱电)防雷接地和电源(强电)防雷接地之分，区分的原因不仅仅是因为要求接地电阻不同，而且在工程实践中信号防雷接地往往和电源防雷接地分开建设。

防雷接地作为防雷措施的一部分，其作用是把雷电流引入大地。建筑物和电气设备的防雷主要是用避雷器(包括避雷针、避雷带、避雷网和消雷装置等)的一端与被保护设备相接，另一端连接地装置，当发生直击雷时，避雷器将雷电引向自身，雷电流经过其引下线和接地装置进入大地。此外，由于雷电引起静电感应副效应，为了防止造成间接损害，如房屋起火或触电等，通常也要将建筑物内的金属设备、金属管道和钢筋

结构等接地；雷电波会沿着低压架空线、电视天线侵入房屋，引起屋内电工设备的绝缘击穿，从而造成火灾或人身触电伤亡事故，所以还要将线路上和进屋前的绝缘瓷瓶铁脚接地。

3. 屏蔽

屏蔽的目的是为了保证控制设备稳定可靠地工作，防止寄生电容耦合干扰，保护设备及人身的安全，解决环境电磁干扰及静电危害。各种功能的接地既相互联系，又相互排斥，瞬时干扰及接触部分产生电磁波会给信号线带来辐射噪声，引起误码和存储器信息丢失，所以要注意信号电路、电源电路、高电平电路、低电平电路的接地应各自隔离或屏蔽。

控制室应尽量利用建筑物钢筋结构与地网连接，形成一个法拉第笼；控制电缆和信号线应采用屏蔽电缆，屏蔽层两端要接地；对于既有铠装又有屏蔽层的电缆，在室内应将铠装带与屏蔽层同时接地，而在另一端只将屏蔽层接地；电缆进入控制室内前水平埋地10m以上，埋地深度应大于0.6m；非屏蔽电缆应套金属管并水平埋地10m以上，铁管两端也应接地屏蔽；架空音频电缆的牵引钢丝两端应进行接地，以最大限度地减少引入高电压的可能性。

4. 隔离

保护与自动化系统、自动化与通信等接口环节都必须有防护措施，抑制传输过程中产生的各种干扰，才能使系统稳定可靠运行。电源部分可以是逆变电源或直流电源；对于数字输入信号，大部分都采用光电隔离器，也有一些使用脉冲变压器和运算放大器隔离；对于数字输出信号也是主要采用光电隔离器。对于模拟量输入信号，可采用安装音频隔离变压器、光隔离器等进行隔离。对于计算机网络接口，可以采用专用的网络防雷器，距离较远或不同室之间通信应尽可能采用光纤进行传输。

4.4.4　视频监控设备的防雷措施与实际安装

1. 接地汇集线的布置

接地汇集线（汇流排）应布置在靠近避雷器的地方，以使避雷器的接地连接线最短，各楼层的分汇集线应直接与楼底的总汇集线相连，这样能保证实现单点接地方式，当楼层高于30m时，高于30m部分的分汇集线应与建筑物均压环相连，以防止侧击。

2. 等电位连接

各种系统的防雷要求种类很多，但其防雷思想是一致的，就是努力实现等电位。绝对的等电位只是一个理想，实际中只能尽量逼近，目前是综合采用分流、屏蔽、钳位、接地等方法来近似实现等电位，如图4-13所示。

3. 电源避雷器的选择和应用原则

（1）考虑到电源负荷电流容量较大，为了安全起见及使用和维护方便，数据通信电源系统的多级防雷，原则上均选用并联型电源避雷器。

（2）电源避雷器的保护模式有共模和差模两种方式。共模保护指相线-地线（L-PE）、零线-地线（N-PE）间的保护；差模保护指相线-零线（L-N）、相线-相线（L-L）间的保护。对于低压侧第二、三、四级保护，除选择共模的保护方式外，还应尽量选择包括差模在内的

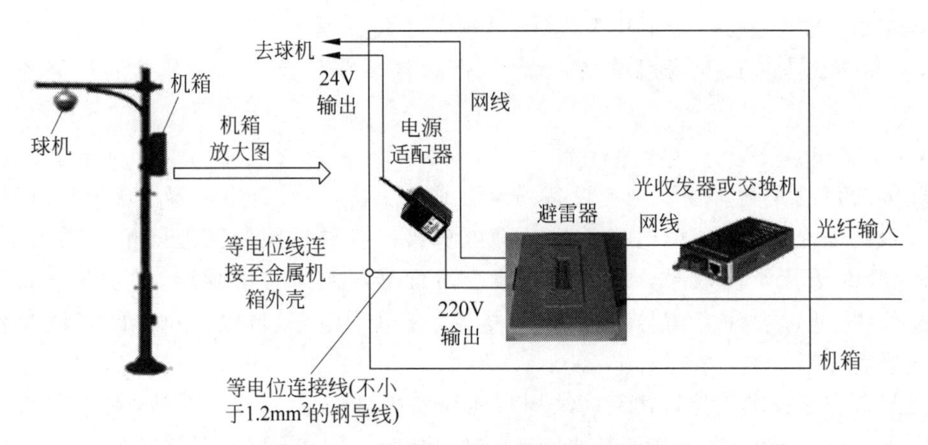

图 4-13 前端设备等电位连接示意图

保护。

(3) 残压特性是电源避雷器的最重要特性,残压越低,保护效果就越好。但考虑到我国电网电压普遍不稳定、波动范围大的实际情况,在尽量选择残压较低的电源避雷器的同时,还必须考虑避雷器有足够高的最大连续工作电压。如果最大连续工作电压偏低,则易造成避雷器自毁。

(4) 电源系统低压侧有一、二、三级不同的保护级别,应根据保护级别的不同,选择合适标称放电电流(额定通流容量)和电压保护水平的电源避雷器,并保证避雷器有足够的耐雷电冲击能力。原则上,每一级的交流电源之间连接导线超过 25m 以上,都应做该级相应的保护。

(5) 电源低压侧保护用的电源避雷器,应该选择有失效警告指示并能提供遥测端口功能的电源避雷器,以方便监控、管理和日后维护。

(6) 电源避雷器必须具有阻燃功能,在失效或自毁时不能起火。

(7) 电源避雷器必须具有失效分离装置,在失效时,能自动与电源系统断开,而不影响通信电源系统的正常供电。

(8) 电源避雷器的连接端子,必须至少能适应 $25mm^2$ 的导线连接。安装避雷器时的引线应采用截面积不小于 $25mm^2$ 的多股铜导线,建议使用 $25mm^2$ 的多股铜导线,并尽可能短(引线长度不宜超过 1.0m)。当引线长度超过 1.0m 时,应加大引线的截面积;引线应紧凑并排或绑扎布放。

(9) 电源避雷器的接地:接地线应使用不小于 $25\sim35mm^2$ 的多股铜导线,并尽可能就近与交流保护地汇流排,或总汇流排、接地网直接可靠连接。

(10) 另外,根据 GB 50057—1994 关于雷击概率计算中环境参数的选择,根据 YD/T 5098—2001 条文说明中 2.0.4 款 10/350 和 8/20μs 波能量换算的公式:

$$Q(10/350\mu s) \approx 20Q(8/20\mu s)$$

由于 10/350μs 模拟雷电电流冲击波的能量远大于 8/20μs 模拟雷电电流冲击波的能量,因此一般需要使用电压开关型 SPD(如放电间隙、放电管)才能承受 10/350μs 模拟雷电电流冲击波,而由 MOV 和 SAD 组成的 SPD 一般所承受的标称放电电流是 8/20μs 模拟雷电电流冲击波。

4. 电源避雷器的安装要求

在安装电源避雷器时，要求避雷器的接地端与接地网之间的连接距离尽可能越近越好。如果避雷器接地线拉得过长，将导致避雷器上的限制电压(被保护线与地之间的残压)过高，可能使避雷器难于起到应有的保护作用。

因此，避雷器的正确安装以及接地系统的良好与否，将直接关系到避雷器防雷的效果和质量。避雷器安装的基本要求如下。

(1) 电源避雷器的连接引线，必须足够粗，并尽可能短；

(2) 引线应采用截面积不小于 $25mm^2$ 的多股铜导线；

(3) 如果引线长度超过 1.0m，应加大引线的截面积；

(4) 引线应紧凑并排或绑扎布放；

(5) 电源避雷器的接地线应为不小于 $25\sim35mm^2$ 的多股铜导线，并尽可能就近可靠入地。

4.5 前端其他配套设备

前端其他配套设备常见的有摄像机常规电源、POE供电设备、监听器等。

4.5.1 摄像机电源

作为一种用电器，监控摄像机需要电源才能正常工作，而且由于监控摄像头需要 24h 持续工作，因此目前不可能使用电池作为电源。

1. 摄像机电源的特点

除了提供持续稳定的电能以外，摄像机电源还需具有以下特点。

(1) 减少电压衰减。当摄像机的安装位置和摄像机电源相差较远时，直流电源电压线损到终端摄像机时往往降低，导致摄像机不能正常工作。交流摄像机电源就不存在这个问题。因此在选择摄像机电源的时候一定要选择适合摄像机的摄像机电源，如果选择跟摄像机不配套的摄像机电源会对摄像机造成很大的损坏。

(2) 干扰波纹的抑制。电网波动、质量较差的摄像机电源很容易引起视频干扰，而摄像机电源应采用隔离式设计，切断前端干扰，确保稳定的电压输入给摄像机供电。而且有多种保护功能，像输出短路、过电流等可充分保护摄像机主板。

(3) 提供稳定输入电压。现在很多的红外灯设计是基于稳定的输入电源情况下的，摄像机电源就可以实现。

2. 摄像机电源的种类

结合以上特点，目前常见的摄像机电源从输入类型上可分为以下两种。

(1) 直流稳压电源：直流稳压电源按习惯可分为变压器型线性稳压电源和开关型线性稳压电源两大类型。

① 变压器型线性稳压电源。它有一个共同的特点就是功率器件调整管工作在线性区，靠调整管之间的电压降来稳压输出。由于调整管静态损耗大，需要安装一个很大的散

热器给它散热。而且由于变压器工作在工频(50Hz)上,所以重量较大。该类电源的优点是稳定性高,纹波极小,易做成多路,输出连续可调的成品;缺点是体积大,较笨重,效率相对较低。这类稳定电源又有很多种,按输出性质可分为稳压电源和稳流电源及集稳压、稳流于一身的稳压稳流(双稳)电源。这种电源是目前摄像机比较常用的电源类型,主要包括12V和24V,通常枪机采用12V,球机采用24V,一些家用的网络摄像机供电只有5V。

② 开关型稳压电源:有一类与线性稳压电源不同的稳压电源就是开关型稳压电源,它的电路形式主要有单端反激式,单端正激式、半桥式、推挽式和全桥式。它和变压器线性电源的根本区别在于它的开关管(在开关电源中,一般把调整管叫作开关管)是工作在开、关两种状态下的:开——电阻很小,关——电阻很大;工作在开关状态下的调整管显然不是线性状态,开关电源因此而得名,比如普通台式计算机电源就是开关电源。开关型稳压电源的优势是:功耗小,效率高;体积小,重量轻;输出电压可调范围宽、一只开关管可方便地获得多组电压等级不同的电源;开关稳压电源的缺点是存在较为严重的开关干扰,这些干扰如果不采取一定的措施进行抑制、消除和屏蔽,就会严重地影响整机的正常工作。此外由于开关稳压电源振荡器没有工频变压器的隔离,这些干扰就会串入工频电网,使附近的其他电子仪器、设备受到严重的干扰。

(2) 交流电源:一般指大小和方向随时间做周期性变化的电压或电流,我国交流电供电的标准规定为220V 50Hz,日本等国家为110V 60Hz,电源用的插头和插座也有所不同,交流电随时间变化的形式可以是多种多样的。不同变化形式的交流电其应用范围和产生的效果也是不同的,以正弦波交流电应用最广泛。目前摄像机种类中,球机往往采用24V交流电源或24V直流电源,极少部分摄像机直接使用220V交流电源。

3. 摄像机电源的供电方式

为了在视频监控系统中提供高效稳定的视频监控效果,结合实际的应用需求和环境条件,一般采用集中供电或点对点供电的方式。在有些复杂环境下,也会出现集中和点对点相结合的供电方式。

(1) 集中电源供电:集中供电方式是指在监控室或某个中间点采用一个统一电源向前端负载供电的方式,如图4-14所示。

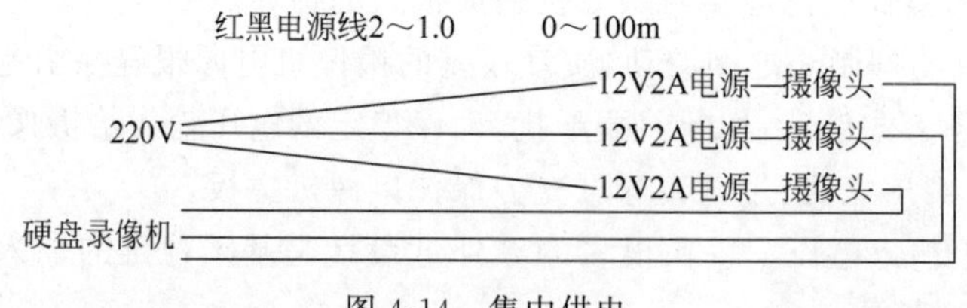

图4-14 集中供电

即在220V电源处接一个12V集中电源(如图4-15所示),再用红黑电源线分别接给摄像头,12V供电距离不可超过100m。

集中供电的作用:数据中心的管理对象主要包括基础设施与IT基础架构两大部分,如配电、网络设备、安保等。集中监控的目的就是要能够通过管理与技术的应用,对基础设施与IT基础架构的运行情况进行监视,实现故障与异常的实时发现与通知。此外,还

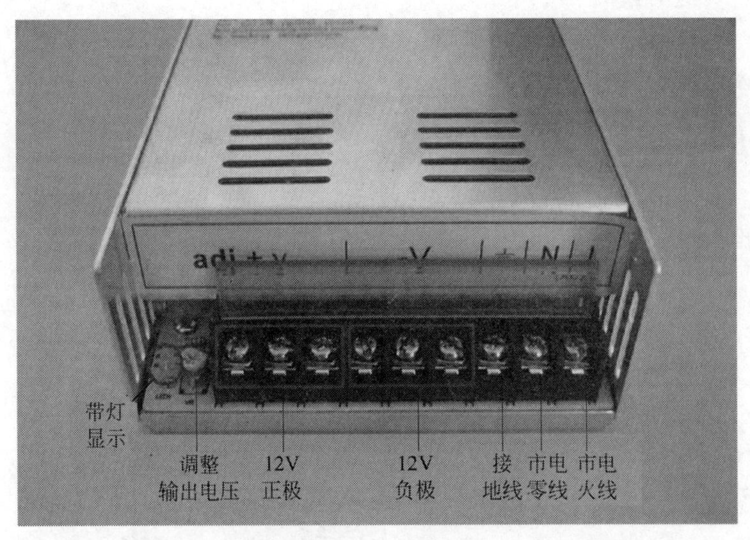

图 4-15　12V 集中电源

可以通过对监控数据的搜集与整理，为容量管理、事件管理、问题管理、符合性管理提供分析的基础，最终实现数据中心高可用性的目标。

优点：施工较方便，便于维护，统一控制和管理。

缺点：前期配置复杂，直流低压供电传输距离过远，电压损耗高，传输过程中抗干扰能力差。

(2) 点对点供电：是指从监控室直接引出 220V 交流电，或在摄像机旁直接具备 220V 交流电，因此在摄像机旁边接一个单独 12V 直流电源，如图 4-16 所示，再接在监控摄像头上，安装好支架即可。

优点：220V 交流电在传输过程中电压损耗低，抗干扰能力强。

缺点：每个点都要安装一个电源，施工较麻烦。

综上所述，通常所说的摄像机电源，指的是点对点供电时的直流变压器型线性稳压电源，大小以 12V 和 24V 为主。

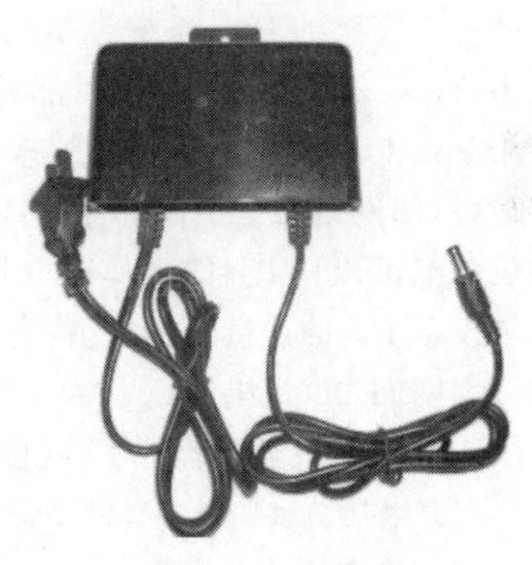

图 4-16　摄像机电源

4.5.2　以太网供电

PoE(Power over Ethernet，有源以太网)有时也被简称为以太网供电，是应用于高清网络数字监控系统的一种集中供电方式，指的是在现有的以太网 Cat.5 布线基础架构不做任何改动的情况下，在为一些基于 IP 的终端(如 IP 电话机、无线局域网接入点 AP、网络摄像机等)传输数据信号的同时，还能为此类设备提供直流供电的技术，如图 4-17 所示。

PoE 技术能在确保现有结构化布线安全的同时保证现有网络的正常运作，最大限度地降低成本。所有的网络设备都需要进行数据连接和供电，模拟电话是通过传递语音的

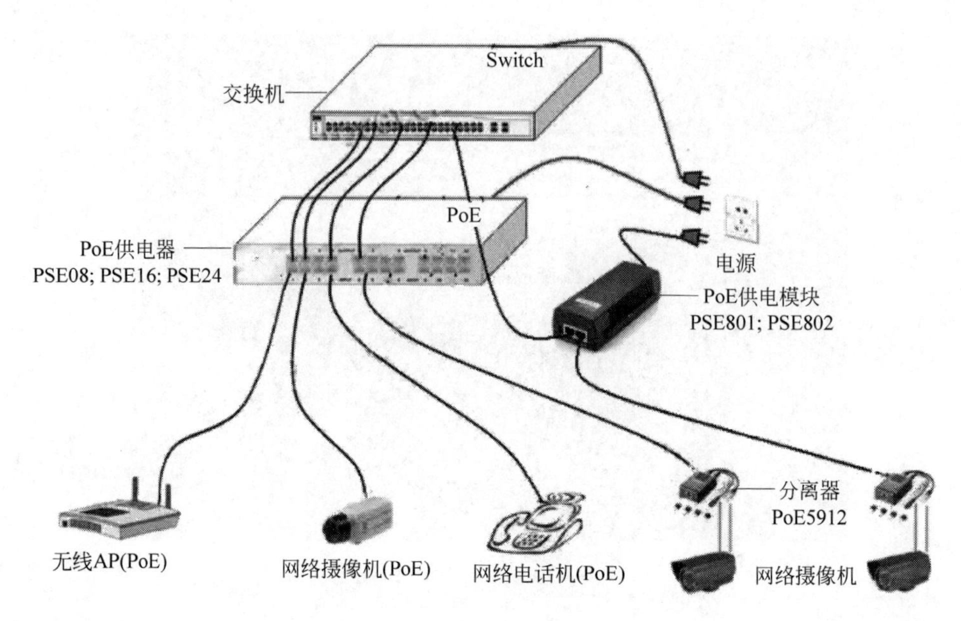

图 4-17 PoE 标准型接线图

电话线由电话交换机供给电源的。通过采用以太网供电(PoE)后,这种供电模式也用于以太网服务。

1. PoE 系统参数

一个完整的 PoE 系统包括供电端设备(Power Sourcing Equipment,PSE)和受电端设备(Powered Device,PD)两部分。PSE 是为以太网客户端设备供电的设备,同时也是整个 PoE 以太网供电过程的管理者。而 PD 是接受供电的 PSE 负载,即 PoE 系统的客户端设备,如网络安全摄像机、网络电话或其他以太网设备(实际上,任何功率不超过 13W 的设备都可以从 RJ-45 插座获取相应的电力)。两者基于 IEEE 802.3af 标准建立有关受电端设备 PD 的连接情况、设备类型、功耗级别等方面的信息联系,并以此为根据 PSE 通过以太网向 PD 供电。

PoE 标准供电系统的主要供电特性参数如下。

(1) 电压为 44～57V,典型值为 48V。

(2) 允许最大电流为 550mA,最大启动电流为 500mA。

(3) 典型工作电流为 10～350mA,超载检测电流为 350～500mA。

(4) 在空载条件下,最大需要电流为 5mA。

(5) 为 PD 提供 3.84～12.95W 三个等级的电功率请求,最大不超过 13W。

2. PoE 供电原理

标准的 5 类网线有四对双绞线,但是在 10M Base-T 和 100M Base-T 中只用到其中的两对。IEEE 802.3af 标准允许两种用法,应用空闲脚供电时,4、5 脚连接为正极,7、8 脚连接为负极。应用数据脚供电时,将 DC 电源加在传输变压器的中点,不影响数据的传输。在这种方式下,线对 1、2 和线对 3、6 可以为任意极性。标准不允许同时应用以上两种情况。电源提供设备 PSE 只能提供一种用法,但是电源应用设备 PD 必须能够同时适

应两种情况。该标准规定供电电源通常是48V,13W的。PD设备提供48V到低电压的转换是较容易的,但同时应有1500V的绝缘安全电压。

3. PoE标准的发展

PoE早期应用没有标准,采用空闲供电的方式。IEEE 802.3af(15.4W)是首个PoE供电标准,规定了以太网供电标准,它是现在PoE应用的主流实现标准。IEEE 802.3at(25.5W)应最大功率终端的需求而诞生,在兼容IEEE 802.3af的基础上,提供更高的供电需求。IEEE 802.3af和IEEE 802.3at标准的比较如表4-3所示。

表4-3　IEEE 802.3af和IEEE 802.3at标准的比较

类别	IEEE 802.3af(PoE)	IEEE 802.3at(PoE plus)
分级	0～3	0～4
最大电流	350mA	600mA
PSE输出电压	DC(44～57)V	DC(50～57)V
PSE输出功率	≤15.4W	≤30W
PD输入电压	DC(36～57)V	DC(42.5～57)V
PD最大功率	12.9W	25.5W
线缆要求	未组织的	超五类线以上
从电线缆对	2	2

4. 使用PoE的注意事项

(1) 不是所有的以太网交换机都支持PoE供电功能,供电模块内置或外置,一般价格比普通交换贵一些。

(2) 要求终端,即网络摄像机也支持PoE受电功能。

(3) 通过网线供电,功率本身是有一定限制的,应留意查看不同设备的使用说明和功率要求。

(4) 采用PoE可以选用一个UPS(Uninterruptible Power System/Uninterruptible Power Supply,不间断电源),在断电时可以保证监控摄像头仍正常发挥作用。

4.5.3　监听器

监听器(又称拾音器),是监控系统前端设备中用于采集现场环境声音,然后通过有线或无线的方式,将音频信息传输到后端控制中心处理应用的一种可选组成部件,如图4-18所示。由于拾音器能够对声音产生现场进行实时的采集,这一点就像是对声音源头进行着实时的监听,因此在生活中,它又常常被称作监听拾音器。在实际的监控系统中,往往根据具体的应用需求来选择配备。

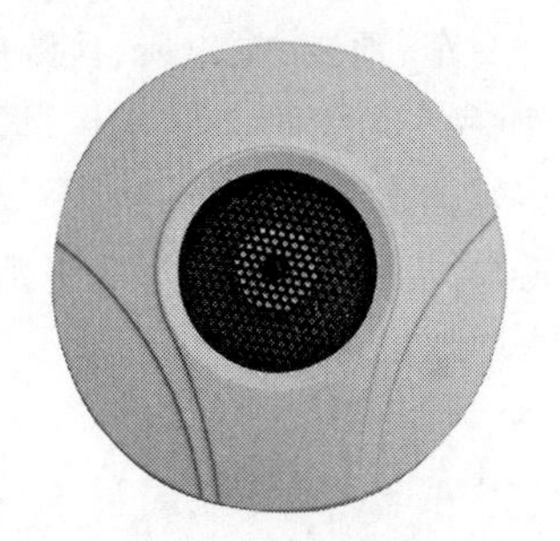

图4-18　拾音器

1. 监听器的组成

监听器由一个简易的麦克风和音频放大装置组成。麦克风在这里主要是起到的作用是将声音收集在一起,而音频放大装置则主要将声音的音频放大还原到原声或者是接近原声的状态。在麦克风和音频放大装置的配合下,监听器才能正常工作,进行声音的采集。

2. 监听器的分类

按照不同的分类方式，监听器可以分成以下几类。

（1）按照信号制式，一般分为数字监听器和模拟监听器。数字监听器就是通过数字信号处理系统将模拟的音频信号转换成数字信号并进行相应的数字信号处理的声音传感设备；模拟监听器就只是用一般的模拟电路放大麦克风采集到的声音。

（2）按照信号输出形式，分为三线制和四线制。三线制监听器一般红色代表电源正极，白色代表音频信号正极，黑色代表音频信号及电源的负极（公共地）；四线制监听器一般红色代表电源正极，白色代表音频正极，音频负极和电源负极是分开的。

（3）按照是否需要电源，分为有源和无源两种类型。

（4）按照功能，分为主动式和被动式。主动式监听器相对于被动式的优点是功率大、噪声小、延音好、增益好；缺点是对原始音色特点反映不好。被动式拾音器优点是忠实反映原始声音音色；缺点是噪声大、增益不好、功率小。

3. 监听器的工作原理

监听器可以说是一种放大器，是一种作用在音频上的放大器。它能够将声音采集放大，并且能够起到一定的消除噪声的作用。监听器之所以能够工作，其主要依靠监听器内部所安装的简单高效的选频网络上，这种选频网络常常被人们称作RLC选频网络。由于监听器内部的RLC选频网络的性能有着高下之分，所以监听器的性能随之就有了优劣之分。越是高性能的监听器其内部的RLC选频网络的质量就越为优秀。选频网络可以将不同频率的声音进行选择性的过滤，挑出并且保留人们所需要采集的声音，保存这些需要采集声音的频率，而其他声音的频率则与需要保留声音频率不同，因此，其他杂音进入麦克风之后，经过选频网络之后就会被过滤掉，而那些人们需要采集的声音则通过选频网络保留，并且通过音频放大装置的还原，保持了最初的声音频率。

4. 监听器应用场合

监听器可应用于航空航天、国防重点工程、军事指挥系统、军用电子装备、高铁列车车厢、银行金融系统、证券交易所、监狱监仓、探访室、公检法审讯室、巡逻、户外车载指挥车、公交车、地铁、派出所、法院庭审、司法督察、高速公路收费站、服务窗口、大厅、戒毒所、工商（税务）调解室、档案馆、博物馆、劳教所、机场安检通道、边检口岸、海关哨所、医院、学校多媒体课室、教室讲台、会议室主席台、投标室、评标室、拍卖行、广播广电、娱乐广场、街道、政府机关大门、军队岗哨、室外旷野同步录音录像等各个领域，总之需要对声音进行采集的地方都可以使用。

第5章 视频监控系统的传输设备

视频监控系统中,视频信号的传输是整个系统非常重要的一环,一方面由摄像机摄取的图像信号要传到监控中心,另一方面监控中心的控制信号要传送到现场。

5.1 视频监控系统信号的传输方式

目前,在监控系统中最常用的有线传输介质已逐步从同轴电缆、双绞线替换为光纤方式。与此同时,随着无线传输速度的提高,施工难度低、受地域环境影响较小的无线传输也愈来愈被广泛应用。

5.1.1 光纤传输方式

微细的光纤封装在塑料护套中,使得它能够弯曲而不至于断裂。通常,光纤一端的发射装置使用发光二极管(Light Emitting Diode,LED)或一束激光将光脉冲传送至光纤,光纤另一端的接收装置使用光敏元件检测脉冲。

在日常生活中,由于光在光导纤维中的传导损耗比电在电线中传导的损耗低得多,因此光纤被用作长距离的信息传递。通常光纤与光缆两个名词会被混淆。多数光纤在使用前必须由几层保护结构包覆,包覆后的缆线即被称为光缆。光纤外层的保护层和绝缘层可防止周围环境对光纤的伤害,如水、火、电击等。光缆分为:缆皮、芳纶丝、缓冲层和光纤。光纤和同轴电缆相似,只是没有网状屏蔽层。中心是光传播的玻璃芯。

在多模光纤中,芯的直径有50μm和62.5μm两种,大致与人的头发的粗细相当。而单模光纤芯的直径为8~10μm,常用的是9μm/125μm。芯外面包围着一层折射率比芯低的玻璃封套,俗称包层,包层使得光线保持在芯内。再外面是一层薄的塑料外套,即涂覆层,用来保护包层。光纤通常被扎成束,外面有外壳保护。纤芯通常是由石英玻璃制成的横截面积很小的双层同心圆柱体,它质地脆,易断裂,因此需要外加一个保护层。

说明:9μm/125μm指光纤的纤核为9μm,包层为125μm,9μm/125μm是单模光纤的一个重要特征。50μm/125μm指光纤的纤核为50μm,包层为125μm,50μm/125μm是多模光纤的一个重要特征。

1. 频带宽

频带的宽窄代表传输容量的大小。载波的频率越高,可以传输信号的频带宽度就越大。在VHF频段,载波频率为48.5~300MHz,带宽约250MHz,只能传输27套电视和几十套调频广播。可见光的频率达100 000GHz,比VHF频段高出一百多万倍。尽管由

于光纤对不同频率的光有不同的损耗,使频带宽度受到影响,但在最低损耗区的频带宽度也可达 30 000GHz。目前,单个光源的带宽只占了其中很小的一部分(多模光纤的频带约几百兆赫,好的单模光纤可达 10GHz 以上),采用先进的相干光通信可以在 30 000GHz 范围内安排 2000 个光载波,进行波分复用,可以容纳上百万个频道。

2. 损耗低

在同轴电缆组成的系统中,最好的电缆在传输 800MHz 信号时,每千米的损耗都在 40dB 以上。相比之下,光导纤维的损耗则要小得多,传输 1.31μm 的光,每千米损耗在 0.35dB 以下,若传输 1.55μm 的光,每千米损耗更小,可达 0.2dB 以下。这就比同轴电缆的功率损耗要小一亿倍,使其能传输的距离要远得多。此外,光纤传输损耗还有两个特点,一是在全部有线电视频道内具有相同的损耗,不需要像电缆干线那样必须引入均衡器进行均衡;二是其损耗几乎不随温度而变,不用担心因环境温度变化而造成干线电平的波动。

3. 重量轻

因为光纤非常细,单模光纤芯线直径一般为 4~10μm,外径也只有 125μm,加上防水层、加强筋、护套等,用 4~48 根光纤组成的光缆直径还不到 13mm,比标准同轴电缆的直径 47mm 要小得多,加上光纤是玻璃纤维,比重小,使它具有直径小、重量轻的特点,安装十分方便。

4. 抗干扰能力强

因为光纤的基本成分是石英,只传光,不导电,不受电磁场的作用,在其中传输的光信号不受电磁场的影响,故光纤传输对电磁干扰、工业干扰有很强的抵御能力。也正因为如此,在光纤中传输的信号不易被窃听,因而利于保密。

5. 保真度高

因为光纤传输一般不需要中继放大,不会因为放大引入新的非线性失真。只要激光器的线性好,就可高保真地传输电视信号。实际测试表明,好的调幅光纤系统的载波组合三次差拍比 C/CTB 在 70dB 以上,交调指标 CM 也在 60dB 以上,远高于一般电缆干线系统的非线性失真指标。

6. 工作性能可靠

一个系统的可靠性与组成该系统的设备数量有关,设备越多,发生故障的机会越大。因为光纤系统包含的设备数量少(不像电缆系统那样需要几十个放大器),可靠性自然也就高,加上光纤设备的寿命都很长,无故障工作时间达 50~75 万小时,其中寿命最短的是光发射机中的激光器,最低寿命也在 10 万小时以上。故一个设计良好、正确安装调试的光纤系统的工作性能是非常可靠的。

7. 成本不断下降

目前,有人提出了新摩尔定律,也叫作光学定律(Optical Law)。该定律指出,光纤传输信息的带宽,每 6 个月增加 1 倍,而价格降低 1 倍。光通信技术的发展,为 Internet 宽带技术的发展奠定了非常好的基础。这就为大型有线电视系统采用光纤传输方式扫清了最后一个障碍。由于制作光纤的材料(石英)来源十分丰富,随着技术的进步,成本还会进一步降低;而电缆所需的铜原料有限,价格会越来越高。显然,今后光纤传输将占绝对优势,成为建立全省以至全国有线电视网的最主要传输手段。

5.1.2　无线传输方式

1. 概念

无线视频传输就是指不用布线(线缆)利用无线电波作为传输介质,在空中搭建传输链路来传输视频、声音、数据等信号的监控系统。无线图像传输即视频实时传输主要有两个概念,一是移动中传输,即移动通信;二是宽带传输,即宽带通信。

2. 优势

(1) 综合成本低,性能更稳定。只需一次性投资,无须挖沟埋管,特别适合室外距离较远及已装修好的场合;在许多情况下,用户往往由于受到地理环境和工作内容的限制,例如山地、港口和开阔地等特殊地理环境,给有线网络、有线传输的布线工程带来极大的不便,采用有线的施工周期将很长,甚至根本无法实现。这时,采用无线监控可以摆脱线缆的束缚,有安装周期短、维护方便、扩容能力强、迅速收回成本的优点。

(2) 组网灵活,可扩展性好,即插即用。管理人员可以迅速将新的无线监控点加入到现有网络中,不需要为新建传输铺设网络、增加设备,可轻而易举地实现远程无线监控。

(3) 维护费用低。无线监控维护由网络提供商维护,前端设备是即插即用、免维护系统。

(4) 无线监控系统是监控和无线传输技术的结合,它可以将不同地点的现场信息实时通过无线通信手段传送到无线监控中心,并且自动形成视频数据库便于日后的检索。

(5) 在无线监控系统中,无线监控中心实时得到被监控点的视频信息,并且该视频信息是连续、清晰的。在无线监控点,通常使用摄像头对现场情况进行实时采集,摄像头通过无线视频传输设备相连,并通过无线电波将数据信号发送到监控中心。

3. 实现方式

目前基本上是采用微波频段,可以分为专用视频无线图传设备、移动通信网络和无线局域网传输图像几类。

视频监控系统的图像传送使用的微波频段主要有L波段(0.9～1.7GHz)、S波段(2.4～2.483GHz)、Ku波段(10.95～11.75GHz)三种,控制信号可以通过超短波或较低频率的微波进行传送。由于微波传输要求视距传输,在传输中不能有物体遮挡,因此在高楼林立的城区远距离传送图像受到限制。为此开发了用于不同场合的中继设备,组成不同的微波传输系统。由于微波频带较宽,既可以传输模拟图像,也可以传输数字图像。借用移动(手机)通信方式只能传输数字图像。

1) 专用视频无线图传设备

在不易施工布线的近距离场合,采用无线方式来传送视频图像是最合适的。无线视频传输由发射机、接收机及其天线组成,每对发射机和接收机有相同的频率,除传输图像外,还可传输声音。无线视频传输具有一定的穿透性,但在应用时是有限制的,如无线图传设备采用2.4GHz频率,一般只能传200～300m,若试图通过增大功率来传得更远,则可能会因干扰正常的无线电通信而受到限制。微波视频传输可以是固定(基站)型,也可以是移动型(车载或个人携带)。

随着视频压缩技术的发展,网络视频技术实现了模拟视频的数字化处理,将连续的模拟信号通过A/D芯片转换后交由专用数字信号处理器处理，并按照IP包的格式进行数据封装，以网络信号发送出去。这样在无线网络中的传输设备就被引进到视频监控系统当中。对于无线设备，它可以透明地传输网络视频信号，进而实现无线的网络视频传输。这方面的代表是无线微波扩频技术，主要的代表厂家是摩托罗拉。这种传输方式可以实现54M的汇聚带宽，传输距离可以达到几十千米，在林区监控、油田监控等一些特殊的应用现场应用广泛。

2）移动通信网络

我国公用蜂窝数字移动通信网GSM通信系统采用900MHz频段，载频间隔为200kHz。目前，中国移动GPRS的数据网络下行带宽能稳定在20～22kb/s，中国联通CDMA的数据网络下行带宽能稳定在40kb/s，因此只能传输经过压缩的数字图像，且清晰度与每秒帧数较低。

GPRS(General Packet Radio Service)是一种基于GSM系统的无线分组交换技术，提供端到端的、广域的无线IP连接。GPRS对无线视频监控业务的主要贡献是提供一种方便的接入模式，用户只要在有手机信号的地方就可以通过GPRS模块接入网络。但它的缺点是带宽较小，只适合于低帧率、低画质视频的传输，主要面向个人用户。

3G(3rd Generation)指第三代移动通信技术。第三代手机是指将无线通信与国际互联网等多媒体通信结合的新一代移动通信系统。它能够处理图像、音乐、视频流等多种媒体形式，提供包括网页浏览、电话会议、电子商务等多种信息服务。为了提供这种服务，无线网络必须能够支持不同的数据传输速度，也就是说，在室内、室外和行车的环境中能够分别支持至少2Mb/s、384kb/s以及144kb/s的传输速度。

3）无线局域网传输

无线局域网一般是通过ISM(Industrial、Scientific、Medicine)频段，也就是开放给工业研究、科学研究、医疗等用途的频道，在规范的范围内可不经申请即可使用。FCC(Federal Communication Commission，美国联邦通信委员会)所规范的ISM频段分别有900MHz、2.4GHz、5.8GHz等，均属于微波频段。其中以2.4GHz的无线局域网最为普及，原因是IEEE 802.11b标准的制定，使得相关的IC因产量高而降低价格，进而得以普及。

5.2 视频监控系统的常用传输设备

视频监控数据传输设备常见的有同轴电缆、光端机、光纤收发器、交换机及路由器等有线和无线传输介质。

5.2.1 视频同轴电缆

视频同轴电缆也称为视频线或视频监控线，因为其主要是用来传输影像信号的一种电缆，多用于连接安防监控摄像头和现实终端(计算机或显示器等)。

1. 标准及结构

视频同轴电缆采用GB/T14864—1993国家标准。视频同轴电缆先由两根同轴心、相互绝缘的圆柱形金属导体构成基本单元(同轴对),再由单个或多个同轴对组成电缆。同轴电缆由里到外分为四层：中心铜线,塑料绝缘体,网状导电层和电线外皮。中心铜线和网状导电层形成电流回路。因为中心铜线和网状导电层为同轴关系而得名。

视频同轴电缆用作监控线使用,主要是因为它信号传输性能稳定,抗干扰性能也很强。它的机械性能也很稳定,阻抗均匀。

2. 种类

(1) SYWV电缆,中文名称是物理发泡聚乙烯绝缘聚乙烯护套同轴电缆,有线数字电视使用的就是这种线。它的柔软性以及防潮性能不错,结构较为稳定,而且使用寿命长,所以有线电视视频线,可以使用SYWV电缆。

(2) SYV电缆,中文名字是实芯聚乙烯绝缘聚氯乙烯护套视频同轴电缆。和SYWV电缆类似,它也可以用作电视广播信号传输。此外,用作无线电通信信号传输也是可以的。它的抗干扰性以及防潮性都不错,寿命长而且是一种高传输电缆,传输距离随着它自身规格不同,从100m到1500m不等。

除此之外,还有SYFF电缆,它是氟塑料绝缘及护套的视频同轴电缆。

3. 特点

在实际工程中,为了延长传输距离,要使用同轴放大器。同轴放大器对视频信号具有一定的放大作用,并且还能通过均衡调整对不同频率成分分别进行不同大小的补偿,以使接收端输出的视频信号失真尽量小。但是,同轴放大器并不能无限制级联,一般在一个点到点系统中同轴放大器最多只能级联两个或三个,否则无法保证视频传输质量,并且调整起来也很困难。因此,在监控系统中使用同轴电缆时,为了保证有较好的图像质量,一般将传输距离范围限制在400～500m。

另外,同轴电缆在监控系统中传输图像信号还存在着如下一些缺点。

(1) 同轴电缆本身受气候变化影响大,图像质量受到一定影响;

(2) 同轴电缆较粗,在密集监控应用时布线不太方便;

(3) 同轴电缆一般只能传输视频信号,如果系统中需要同时传输控制数据、音频等信号时,则需要另外布线;

(4) 同轴电缆抗干扰能力有限,无法应用于强干扰环境;

(5) 同轴放大器还存在着调整困难的缺点。

5.2.2 光端机

光端机是光信号传输的终端设备。由于目前技术的提高,光纤价格的降低使它在各个领域得到很好的应用(主要体现在安防监控方面),因此各个光端机的厂家如雨后春笋般发展起来。但是这里的厂家大部分技术并不是完全成熟,开发新技术需要耗资和人力、物力等,这些生产厂家多是中小企业,各品牌也先后出现,但是质量上还是差不多的。国外的光端机好但是价格昂贵,因此,国内厂家把生产光端机转型出路了,用来满足国内需要。

1. 原理

光传输系统由三部分组成：光源(光发送机),传输介质,检测器(光接收机)。按传输信号划分，可分为数字传输系统和模拟传输系统。

在模拟传输系统中，是把输入信号变为传输信号的振幅（频率或相位）的连续变化。光纤的模拟传输系统是把光强进行模拟调制，其光源的调制功率随调制信号的幅度变化而变化。但由于光源的非线性较严重，因此其信噪比、传输距离和传输频率都十分有限。

数字传输系统是把输入的信号变换成用“1”和“0”表示的脉冲信号，并以它作为传输信号，在接收端再把它还原成原来的信息。这样光源的非线性对数字码流影响很小，再加上数字通信可以采用一些编码纠错的方法，且易于实现多路复用，因此数字传输系统占有很大的优势，并在很多地方得到了广泛的应用。

2. 分类

视频光端机在中国的发展是伴随着监控发展开始的，视频光端机就是把一到多路的模拟视频信号通过各种编码转换成光信号通过光纤介质来传输的设备，又分为模拟光端机和数字光端机。

1）模拟光端机

模拟光端机采用了 PFM 调制技术实时传输图像信号。发射端将模拟视频信号先进行 PFM 调制后，再进行电-光转换，光信号传到接收端后，进行光-电转换，然后进行 PFM 解调，恢复出视频信号。由于采用了 PFM 调制技术，其传输距离能达到 50km 或者更远。通过使用波分复用技术，还可以在一根光纤上实现图像和数据信号的双向传输，满足监控工程的实际需求。这种模拟光端机也存在以下一些缺点。

（1）生产调试较困难；

（2）单根光纤实现多路图像传输较困难，性能会下降，这种模拟光端机一般只能做到单根光纤上传输 4 路图像；

（3）抗干扰能力差，受环境因素影响较大，有温漂；

（4）由于采用的是模拟调制解调技术，其稳定性不够高，随着使用时间的增加或环境特性的变化，光端机的性能也会发生变化，给工程使用带来一些不便。

2）数字光端机

由于数字技术与传统的模拟技术相比在很多方面都具有明显的优势，所以正如数字技术在许多领域取代了模拟技术一样，光端机的数字化也是一种必然趋势。数字视频光端机主要有两种技术方式：一种是 MPEG Ⅱ图像压缩数字光端机，另一种是全数字非压缩视频光端机。

图像压缩数字光端机一般采用 MPEG Ⅱ图像压缩技术，它能将活动图像压缩成 $N \times 2$Mb/s 的数据流通过标准电信通信接口传输或者直接通过光纤传输。由于采用了图像压缩技术，它能大大降低信号传输带宽。

全数字非压缩视频光端机采用全数字无压缩技术，因此能支持任何高分辨率运动、静止图像无失真传输；克服了常规的模拟调频、调相、调幅光端机多路信号同时传输时交调干扰严重、容易受环境干扰影响、传输质量低劣、长期工作稳定性不高等缺点。并且支持音频双向、数据双向、开关量双向、以太网、电话等信号的并行传输，现场接线方便，即插即用。与传统的模拟光端机相比，数字光端机具有如下明显的优势。

（1）传输距离较长，可达 80km，甚至更远（120km）；

(2) 支持视频无损再生中继,因此可以采用多级传输模式;

(3) 受环境干扰较小,传输质量高;

(4) 支持的信号容量可达16路,甚至更多(32路、64路、128路)。

3. 选型

从发送到光纤上的信号来分,光端机可分为基于模拟技术的模拟光端机和基于数字技术的数字光端机。模拟光端机的工作原理不外乎调制解调、滤波和信号混合等。不论是LED还是LD,其光电调制特性都不是线性的,在信号传输过程中难免出现失真、干扰等模拟处理中不可避免的问题,且在大容量传输和多业务混合传输方面有难以克服的技术难点。

数字光端机的情况就不同了,光纤中只有"有光"和"无光"两种状态,因而对光源的线性要求不高或几乎没有要求,从而避免了信号在处理过程中的损失。另外,数字光端机比较容易实现多通道、多种信号的混合传输。由于都只转换为数字信号,借助TDM(时分复用)技术就能很容易地实现多通道多种信号的传输。已有光端机生产厂商能够做到在一个波长通道上一次传输10路非压缩实时视频图像。

光纤网络拓扑方式决定了视频光端机类型。根据光纤传输网络拓扑形式,除可选择传统的点对点传输光端机外,还有结点式和环网式光端机可供选择。结点式视频光端机将前端各结点组成链网或树状网络,结点机在每个结点首先将信号接收下来,转换成电信号,再和本地结点的信号交换复用,光电转换后采用WDM技术复用到一条光纤上传输。在每个结点不进行模数转换,降低了信号衰减。

环网式光端机将各主要结点连成环网,并且通过光分支的形式还可以有星状分支,可以做到网络拓扑的随意性,具有全网信息共享等许多独特的功能。光纤网络是由多模或单模光缆组成,这就决定了选用多模端机还是单模端机。如果新建项目,建议优先使用综合业务光端机,单模光纤和单模光端机。相对于多模光纤,单模光纤传输距离更远、信息容量更大、速度更快。

视频光端机与光纤网络的连接头可分为FC、SC、ST、LC、D4、DIN、MU、MT等,按光纤端面形状分为FC、PC(包括SPC或UPC)和APC等类型。目前应用最广泛的只有FC、SC和ST三种。一般长距离或大容量通信大多使用FC或SC型连接器,其优点是插入损失小、安装容易、稳定性高。其中又以FC连接头更好,因为它采用螺纹紧固,能提供稳定可靠的连接。SC连接头是插拔式的,多次插拔之后连接头的可靠性会降低。短距离信号传输则较多用ST型连接器,且多用于多模系统,因为其精度要求不高,成本也就较低。

用户在选择数字视频光端机时应注意它的视频带宽和APL范围。视频带宽要足够宽,如果视频带宽不足,监视画面细节部分就不够清晰,水平分辨率就低,严重的甚至会出现色彩失真或丢失。APL,即图像平均电平,是一种测量平均视频亮度电平并表示为最大的白电平的百分比的方法。当APL低时,图像就暗;当APL高时,图像就亮。

5.2.3　光纤及光纤收发器

光纤是光导纤维的简写,是一种由玻璃或塑料制成的纤维,可作为光传导工具,传输原理是光的全反射。前香港中文大学校长高锟和George A. Hockham首先提出光纤可以用于通信传输的设想，高锟因此获得2009年诺贝尔物理学奖。

1. 原理

光纤收发器，是一种将短距离的双绞线电信号和长距离的光信号进行互换的以太网传输媒体转换单元，在很多地方也被称为光电转换器(Fiber Converter)。

2. 作用

光纤收发器一般应用在以太网电缆无法覆盖、必须使用光纤来延长传输距离的实际网络环境中，同时在帮助把光纤最后一千米线路连接到城域网和更外层的网络上也发挥了巨大的作用。有了光纤收发器，也为需要将系统从铜线升级到光纤，为缺少资金、人力或时间的用户提供了一种廉价的方案。光纤收发器的作用是，将要发送的电信号转换成光信号并发送出去，同时，能将接收到的光信号转换成电信号，输入到接收端。

3. 分类

国外和国内生产光纤收发器的厂商有很多，产品线也极为丰富，主要有深圳三旺通信、光路科技、瑞斯康达、烽火、博威、德胜、Netlink、迅捷、腾达等。为了保证与其他厂家的网卡、中继器、集线器和交换机等网络设备完全兼容，光纤收发器产品必须严格符合10Base-T、100Base-TX、100Base-FX、IEEE 802.3和IEEE 802.3u等以太网标准。除此之外，在EMC防电磁辐射方面应符合FCC Part15。时下，由于国内各大运营商正在大力建设小区网、校园网和企业网，因此光纤收发器产品的用量也在不断提高，以更好地满足接入网的建设需要。

1）按性质分类

单模光纤收发器：传输距离为20～120km。

多模光纤收发器：传输距离为2～5km。

如5km光纤收发器的发射功率一般为－20～－14dB，接收灵敏度为－30dB，使用1310nm的波长；而120km光纤收发器的发射功率多为－5～0dB，接收灵敏度为－38dB，使用1550nm的波长。

2）按所需分类

单纤光纤收发器：接收发送的数据在一根光纤上传输。

双纤光纤收发器：接收发送的数据在一对光纤上传输。

顾名思义，单纤设备可以节省一半的光纤，即在一根光纤上实现数据的接收和发送，在光纤资源紧张的地方十分适用。这类产品采用了波分复用的技术，使用的波长多为1310nm和1550nm。但由于单纤收发器产品没有统一的国际标准，因此不同厂商的产品在互连互通时可能会存在不兼容的情况。另外，由于使用了波分复用，单纤收发器产品普遍存在信号衰耗大的特点。

3）按工作层次/速率分类

100M以太网光纤收发器：工作在物理层。

10/100M自适应以太网光纤收发器：工作在数据链路层。

按工作层次/速率来分，可以分为单10M、100M的光纤收发器、10M/100M自适应的光纤收发器和1000M光纤收发器以及10M/100M/1000M自适应收发器。其中，单10M和100M的收发器产品工作在物理层，在这一层工作的收发器产品是按位来转发数据的。

该转发方式具有转发速度快、通透率高、时延低等方面的优势，适合应用于速率固定的链路上。同时由于此类设备在正常通信前没有一个自协商的过程，因此在兼容性和稳定性方面做得更好。

4）按结构分类

桌面式（独立式）光纤收发器：独立式用户端设备。

机架式（模块化）光纤收发器：安装于16槽机箱，采用集中供电方式。

按结构来分，可以分为桌面式（独立式）光纤收发器和机架式光纤收发器。桌面式光纤收发器适合于单个用户使用，如满足楼道中单台交换机的上联。机架式（模块化）光纤收发器适用于多用户的汇聚，目前国内的机架多为16槽产品，即一个机架中最多可加插16个模块式光纤收发器。

5）按管理类型分类

非网管型以太网光纤收发器：即插即用，通过硬件拨码开关设置电口工作模式。

网管型以太网光纤收发器：支持电信级网络管理。

6）按网管分类

大多数运营商都希望自己网络中的所有设备均能做到可远程网管的程度，光纤收发器产品与交换机、路由器一样也在逐步向这个方向发展。对于可网管的光纤收发器，还可以细分为局端可网管和用户端可网管。局端可网管的光纤收发器主要是机架式产品，大多采用主从式的管理结构，主网管模块一方面需要轮询自己机架上的网管信息，另一方面还需收集所有从子架上的信息，然后汇总并提交给网管服务器。

用户端的网管主要可以分为三种方式：第一种是在局端和客户端设备之间运行特定的协议，协议负责向局端发送客户端的状态信息，通过局端设备的CPU来处理这些状态信息，并提交给网管服务器；第二种是局端的光纤收发器可以检测到光口上的光功率，因此当光路上出现问题时可根据光功率来判断是光纤上的问题还是用户端设备的故障；第三种是在用户端的光纤收发器上加装主控CPU，这样网管系统一方面可以监控到用户端设备的工作状态，另外还可以实现远程配置和远程重启。在这三种用户端网管方式中，前两种严格来说只是对用户端设备进行远程监控，而第三种才是真正的远程网管。但由于第三种方式在用户端添加了CPU，从而也增加了用户端设备的成本，因此在价格方面前两种方式会更具优势一些。随着运营商对设备网管的需求愈来愈多，相信光纤收发器的网管将日趋实用和智能。

7）按电源分类

内置电源光纤收发器：内置开关电源为电信级电源。

外置电源光纤收发器：外置变压器电源多使用在民用设备上。

8）按工作方式分类

全双工方式：是指当数据的发送和接收分流，分别由两根不同的传输线传送时，通信双方都能在同一时刻进行发送和接收操作，这样的传送方式就是全双工制。在全双工方式下，通信系统的每一端都设置了发送器和接收器，因此能控制数据同时在两个方向上传送。全双工方式无须进行方向的切换，因此没有切换操作所产生的时间延迟。

半双工方式：是指使用同一根传输线既接收又发送，虽然数据可以在两个方向上传送，但通信双方不能同时收发数据，这样的传送方式就是半双工制。采用半双工方式时，通信系统每一端的发送器和接收器，通过收/发开关转接到通信线上，进行方向的切换，因此会产生时间延迟。

4. 特点

光纤收发器通常具有以下基本特点。

(1) 提供超低时延的数据传输。

(2) 对网络协议完全透明。

(3) 采用专用 ASIC 芯片实现数据线速转发。可编程 ASIC 将多项功能集中到一个芯片上，具有设计简单、可靠性高、电源消耗少等优点，能使设备得到更高的性能和更低的成本。

(4) 机架型设备可提供热拔插功能，便于维护和无间断升级。

(5) 可网管设备能提供网络诊断、升级、状态报告、异常情况报告及控制等功能，能提供完整的操作日志和报警日志。

(6) 设备多采用 1+1 的电源设计，支持超宽电源电压，实现电源保护和自动切换。

(7) 支持超宽的工作温度范围。

(8) 支持齐全的传输距离(0～120km)。

5. 优势

提到光纤收发器，人们常常不免会将光纤收发器与带光口的交换机进行比较，下面主要谈一下光纤收发器相对于光口交换机的优势。

首先，光纤收发器加普通交换机在价格上远远比光口交换机便宜，特别是有些光口交换机在加插光模块后会损失一个甚至几个电口，这样可以使运营商在很大程度上减少前期投资。

其次，由于交换机的光模块大多没有统一标准，因此光模块一旦损坏就需要从原厂商用相同的模块更换，这样给后期的维护带来很大的麻烦。但光纤收发器不同厂商的设备之间在互连互通上已没有问题，因此一旦损坏也可以用其他厂商的产品替代，维护起来非常容易。

还有，光纤收发器比光口交换机在传输距离上产品更加齐全。当然光口交换机在很多方面上也具有优势，如可统一管理、统一供电等，这里就不再讨论了。

6. 发展趋势

光纤收发器产品在不断的发展和完善中，用户对设备也提出了很多新的要求。

首先，当今的光纤收发器产品还不够智能。举个例子，当光纤收发器的光路断掉后，大多数产品另一端的电口仍然会保持开启状态，因此上层设备如路由器、交换机等依然还是会继续向该电口发包，导致数据不可达。希望广大设备提供商能在光纤收发器上实现自动切换，当光路 DOWN 掉后，电口自动向上报警，并阻止上层设备继续向该端口发送数据，启用冗余链路以保证业务不中断。

其次，光纤收发器本身应能更好地适应实际的网络环境。在实际工程中，光纤收发器的使用场所多为楼道内或室外，供电情况十分复杂，这就需要各个厂商的设备最好能支持超宽的电源电压，以适应不稳定的供电状况。同时由于国内很多地区会出现超高温和超低温的天气情况，雷击和电磁干扰的影响也是实际存在的，所有这些对收发器这种室外设备的影响都非常大，这就要求设备提供商在关键元器件的采用、电路板和焊接以及结构设计上都必须精心严格。

此外，在网管控制方面，用户大都希望所有网络设备能通过统一的网管平台来进行远程的管理，即能够将光纤收发器的 MIB 库导入到整个网管信息数据库中。因此在产品研发中需保证网管信息的标准化和兼容性。

光纤收发器在数据传输上打破了以太网电缆的百米局限性，依靠高性能的交换芯片和大容量的缓存，在真正实现无阻塞传输交换性能的同时，还提供了平衡流量、隔离冲突和检测差错等功能，保证数据传输时的高安全性和稳定性。因此在很长一段时间内光纤收发器产品仍将是实际网络组建中不可缺少的一部分，相信今后的光纤收发器会朝着高智能、高稳定性、可网管、低成本的方向继续发展。

5.2.4　交换机及路由器

1. 交换机

交换机(Switch)意为"开关"，是一种用于电(光)信号转发的网络设备。它可以为接入交换机的任意两个网络结点提供独享的电信号通路。最常见的交换机是以太网交换机，如图 5-1 所示。其他常见的还有电话语音交换机、光纤交换机等。

图 5-1　交换机

交换是按照通信两端传输信息的需要，用人工或设备自动完成的方法，把要传输的信息送到符合要求的相应路由上的技术的统称。交换机根据工作位置的不同，可以分为广域网交换机和局域网交换机。广域的交换机就是一种在通信系统中完成信息交换功能的设备，它应用在数据链路层。交换机有多个端口，每个端口都具有桥接功能，可以连接一个局域网或一台高性能服务器或工作站。实际上，交换机有时被称为多端口网桥。

在计算机网络系统中，交换概念的提出改进了共享工作模式。而 Hub 集线器就是一种物理层共享设备，Hub 本身不能识别 MAC 地址和 IP 地址，当同一局域网内的 A 主机给 B 主机传输数据时，数据包在以 Hub 为架构的网络上是以广播方式传输的，由每一台终端通过验证数据报头的 MAC 地址来确定是否接收。也就是说，在这种工作方式下，同一时刻网络上只能传输一组数据帧的通信，如果发生碰撞还得重试。这种方式就是共享网络带宽。通俗地说，普通交换机是不带管理功能的，一根进线，其他接口接到计算机上就可以了。

在今天，交换机更多以应用需求为导向，在选择方案和产品时用户还非常关心如何有效保证投资收益。在用户提出需求后，由系统集成商或厂商来为其需求提供相应的服务，然后再去选择相应的技术。这一点在网络方面表现得尤其明显，广大用户，不论是重点行业用户还是一般的企业用户，在应用 IT 技术方面更加明智，也更加稳健。此外，宽带的广泛应用、大容量视频文件的不断涌现等都对网络传输的中枢——交换机的性能提出了新的要求。

据《2013—2018年中国交换机市场竞争格局及投资前景评估报告》中显示：随着网络的发展从技术驱动应用，转为从应用选择技术，网络的融合也从理论走向实践；网络的安全越来越受到重视。而交换网络的智能化提供了解决这些问题的方法。网络将在综合应用、速度和覆盖范围等方面继续发展。

1）原理

交换机工作于OSI参考模型的第二层，即数据链路层。交换机内部的CPU会在每个端口成功连接时，通过将MAC地址和端口对应，形成一张MAC表。在今后的通信中，发往该MAC地址的数据包将仅送往其对应的端口，而不是所有的端口。因此，交换机可用于划分数据链路层广播，即冲突域；但它不能划分网络层广播，即广播域。

交换机拥有一条很高带宽的背部总线和内部交换矩阵。交换机的所有端口都挂接在这条背部总线上，控制电路收到数据包以后，处理端口会查找内存中的地址对照表以确定目的MAC（网卡的硬件地址）的NIC（网卡）挂接在哪个端口上，通过内部交换矩阵迅速将数据包传送到目的端口。目的MAC若不存在，将广播到所有的端口，接收端口回应后交换机会“学习”新的MAC地址，并把它添加入内部MAC地址表中。使用交换机也可以把网络“分段”，通过对照IP地址表，交换机只允许必要的网络流量通过交换机。通过交换机的过滤和转发，可以有效地减少冲突域，但它不能划分网络层广播，即广播域。

2）端口

交换机在同一时刻可进行多个端口对之间的数据传输。每一端口都可视为独立的物理网段（注：非IP网段），连接在其上的网络设备独自享有全部的带宽，无须同其他设备竞争使用。当结点A向结点D发送数据时，结点B可同时向结点C发送数据，而且这两个传输都享有网络的全部带宽，都有着自己的虚拟连接。假使这里使用的是10Mb/s的以太网交换机，那么该交换机这时的总流通量就等于2×10Mb/s＝20Mb/s，而使用10Mb/s的共享式Hub时，一个Hub的总流通量也不会超出10Mb/s。总之，交换机是一种基于MAC地址识别，能完成封装转发数据帧功能的网络设备。交换机可以“学习”MAC地址，并把其存放在内部地址表中，通过在数据帧的始发者和目标接收者之间建立临时的交换路径，使数据帧直接由源地址到达目的地址。

3）传输

交换机的传输模式有全双工，半双工，全双工/半双工自适应三种。

交换机的全双工是指交换机在发送数据的同时也能够接收数据，两者同步进行，这好像我们平时打电话一样，说话的同时也能够听到对方的声音。交换机都支持全双工。全双工的好处在于迟延小，速度快。

提到全双工，就不能不提与之密切对应的另一个概念，那就是“半双工”，半双工就是指一个时间段内只有一个动作发生。举个简单例子，一条窄窄的马路，同时只能有一辆车通过，当有两辆车对开，这种情况下就只能一辆先过，等开到头后另一辆再开。这个例子就形象地说明了半双工的原理。早期的对讲机，以及早期集线器等设备都是实行半双工的产品。随着技术的不断进步，半双工会逐渐退出历史舞台。

2．路由器

路由器(Router)是连接因特网中各局域网、广域网的设备,它会根据信道的情况自动选择和设定路由,以最佳路径,按前后顺序发送信号。路由器是互联网络的枢纽,类似于“交通警察”。目前,路由器已经广泛应用于各行各业,各种不同档次的产品已成为实现各种骨干网内部连接、骨干网间互联和骨干网与互联网互联互通业务的主力军。路由器和交换机之间的主要区别就是交换机发生在OSI参考模型第二层(数据链路层),而路由器发生在第三层,即网络层。这一区别决定了路由器和交换机在移动信息的过程中需使用不同的控制信息,所以说两者实现各自功能的方式是不同的。

路由和交换机之间的主要区别就是交换机发生在OSI参考模型第二层(数据链路层),而路由发生在第三层,即网络层。这一区别决定了路由和交换机在移动信息的过程中需使用不同的控制信息,所以说两者实现各自功能的方式是不同的。

1）原理

路由器分为本地路由器和远程路由器。本地路由器是用来连接网络传输介质的,如光纤、同轴电缆、双绞线;远程路由器是用来连接远程传输介质的,并要求相应的设备,如电话线要配调制解调器,无线要通过无线接收机、发射机。

路由器是互联网的主要结点设备。路由器通过路由决定数据的转发。转发策略称为路由选择,这也是路由器名称的由来。作为不同网络之间互相连接的枢纽,路由器系统构成了基于TCP/IP的国际互联网络Internet的主体脉络,也可以说,路由器构成了Internet的骨架。它的处理速度是网络通信的主要瓶颈之一,它的可靠性则直接影响着网络互联的质量。因此,在园区网、地区网乃至整个Internet研究领域中,路由器技术始终处于核心地位,其发展历程和方向,成为整个Internet研究的一个缩影。在当前我国网络基础建设和信息建设方兴未艾之际,探讨路由器在互联网络中的作用、地位及其发展方向,对于国内的网络技术研究、网络建设,以及明确网络市场上对于路由器和网络互联的各种似是而非的概念,都有重要的意义。

交换路由器产品,从本质上来说并不是什么新技术,而是为了提高通信能力,把交换机的原理组合到路由器中,使数据传输能力更快、更好。

2）作用功能

(1）连通不同的网络。

从过滤网络流量的角度来看,路由器的作用与交换机和网桥非常相似。

但是与工作在网络物理层,从物理上划分网段的交换机不同,路由器使用专门的软件协议从逻辑上对整个网络进行划分。例如,一台支持IP协议的路由器可以把网络划分成多个子网段,只有指向特殊IP地址的网络流量才可以通过路由器。对于每一个接收到的数据包,路由器都会重新计算其校验值,并写入新的物理地址。因此,使用路由器转发和过滤数据的速度往往要比只查看数据包物理地址的交换机慢。但是,对于那些结构复杂的网络,使用路由器可以提高网络的整体效率。路由器的另外一个明显优势就是可以自动过滤网络广播。总体上说,在网络中添加路由器的整个安装过程要比即插即用的交换机复杂很多。

(2) 信息传输。

有的路由器仅支持单一协议,但大部分路由器可以支持多种协议的传输,即多协议路由器。由于每一种协议都有自己的规则,要在一个路由器中完成多种协议的算法,势必会降低路由器的性能。路由器的主要工作就是为经过路由器的每个数据帧寻找一条最佳传输路径,并将该数据有效地传送到目的站点。由此可见,选择最佳路径的策略即路由算法是路由器的关键所在。为了完成这项工作,在路由器中保存着各种传输路径的相关数据——路径表(Routing Table),供路由选择时使用。路径表中保存着子网的标志信息、网上路由器的个数和下一个路由器的名字等内容。路径表可以是由系统管理员固定设置好的。

静态路由表:由系统管理员事先设置好固定的路径表称为静态路由表。

动态路由表:动态路由表是路由器根据网络系统的运行情况而自动调整的路由表。

3) 工作示例

(1) 工作站 A 将工作站 B 的地址 12.0.0.5 连同数据信息以数据包的形式发送给路由器 1。

(2) 路由器 1 收到工作站 A 的数据包后,先从包头中取出地址 12.0.0.5,并根据路径表计算出发往工作站 B 的最佳路径 R1→R2→R5→B;并将数据包发往路由器 2。

(3) 路由器 2 重复路由器 1 的工作,并将数据包转发给路由器 5。

(4) 路由器 5 同样取出目的地址,发现 12.0.0.5 就在该路由器所连接的网段上,于是将该数据包直接交给工作站 B。

(5) 工作站 B 收到工作站 A 的数据包,一次通信过程宣告结束。

5.3 网络视频传输技术

目前传统的数据格式如文本、图像和图形已被数字化,可通过网络存储、传送和表现。而视频等连续媒体由于其特有的属性决定了其在网络中传输时需要采用一些特定的技术,如视频传输技术、视频流控制技术、带宽技术等。

5.3.1 网络视频监控的系统架构

网络视频监控的系统架构主要包括四个组成部分:音视频数据采集部分、音视频数据传输部分、数据存储部分和终端监视控制部分。不同部分通过网络实现连接和数据交换,共同完成视频监控的业务流程。各组成部分的具体功能如下。

1. 音视频数据采集部分

该部分的主要功能是获取监控对象的图像和声音信息,并将获取到的模拟信号转换为可以在网络中传输的数字信号,并经过适当的编码,对音视频数据进行压缩,从而减轻网络的传输压力。该部分主要包括音视频模拟图像获取设备、各类型报警设备、摄像机控制设备、语音设备、编码设备等。图像获取设备主要是指摄像机,包括两种类型,一种是高清网络摄像机,另一种是传统的模拟摄像机。

2. 音视频数据传输部分

该部分主要是依托网络连接设备和传输设备实现监控数据的传输和转发。综合考虑数据传输的需要和建设的成本，在传输线路的构建方面采用按需构建的原则，720P分辨率的监控视频推荐传输带宽为2Mb/s，而D1画质的监控视频传输带宽推荐为1Mb/s，根据实际的应用需求，分支区域采用网线作为传输设备，而对于主干网络以及视频监控中心与传输设备之间的连接线路，采用光纤作为传输设备。在交换机等网络连接设备的选择与部署方面，对于不同厂区内不同区域的汇集结点，采用数据交换能力较高的交换机，以提高突发并发大数据量的处理能力，而中心交换机则采用背板和包转率较高的千兆交换机。此外，根据监控业务的实际需求，在系统承载网络的构建方面，采用专网新建与现有网络利用相结合的方式，将视频监控系统的网络与厂区内目前现有的网络融为一体，也为不同信息管理系统之间的关联应用构建基础。

3. 数据存储部分

由于高清网络摄像头获取的音视频数据量较大，而且厂区内有多个视频监控点，很可能出现多路数据同时写入的情况。同时，位于不同位置的监控中心也需要对存储设备中的音视频数据进行提取和回放，形成多路同时读取数据的情况。因此，对于数据存储部分的设计必须要能够支持高速率的数据吞吐能力。传统的磁盘存储设备已经无法满足高清网络监控系统的数据处理和存储要求，而先进的SAN存储系统或者DAN存储系统虽然具有良好的性能，能够满足音视频监控数据的存储，但是成本较高，而且在一些功能方面，如文件级的数据共享等方面有所欠缺。因此，本系统采用了基于Nexsan视频集中存储的解决方案，在其内部采用SATA硬盘构成存储体，可支持多种RAID方式，具有高性价比，高可靠性，高存储密度等优点，采用集中式管理方式，维护较为方便。

4. 终端监视控制部分

该部分的主要功能是为用户提供监控中心软件，使用户能够根据业务逻辑对视频监控系统进行控制和操作。该部分主要包括音视频解码设备、监视器墙、控制软件等设备。音视频解码设备主要是将传输来的音视频数据经过解码后转换为可播放的流媒体，以便于在监视墙上显示。控制软件接受用户的输入和操作，将控制指令通过网络发送到远端的音视频采集设备，从而调整设备的参数，以及工作模式。监控中心软件采用面向服务的架构模式设计开发并部署，整体上采用浏览器/服务器和客户端/服务器相结合的方式，监控中心的人员通过客户端软件实现对网络视频监控系统所有功能的使用，而一般人员经过权限认证后，可以在任意一台计算机上，通过浏览器实现对监控功能的简单调用。

5.3.2 网络视频传输协议

1. RTP

RTP(Real-time Transport Protocol)是用于Internet上针对多媒体数据流的一种传输层协议。RTP详细说明了在互联网上传递音频和视频的标准数据包格式。RTP常用于流媒体系统(配合RTCP)、视频会议和一键通(Push to Talk)系统(配合H.323或SIP)，使它成为IP电话产业的技术基础。RTP和RTCP一起使用，而且它是建立在UDP上的。

RTP本身并没有提供按时发送机制或其他服务质量(QoS)保证,它依赖于网络应用程序去实现这一过程。RTP并不保证传送或防止无序传送,也不确定底层网络的可靠性。RTP实行有序传送,RTP中的序列号允许接收方重组发送方的包序列,同时序列号也能用于决定适当的包位置,例如,在视频解码中,就不需要顺序解码。

2. RTCP

实时传输控制协议(Real-time Transport Control Protocol或RTP Control Protocol,RTCP)是实时传输协议(RTP)的一个姐妹协议。RTCP为RTP媒体流提供信道外控制。RTCP本身并不传输数据,但和RTP一起协作将多媒体数据打包和发送。RTCP定期在多媒体流会话参加者之间传输控制数据。RTCP的主要功能是为RTP所提供的服务质量(Quality of Service,QoS)提供反馈。

RTCP收集相关媒体连接的统计信息,例如,传输字节数,传输分组数,丢失分组数,jitter,单向和双向网络延迟等。网络应用程序可以利用RTCP所提供的信息提高服务质量,比如限制信息流量或改用压缩比较小的编解码器。RTCP本身不提供数据加密或身份认证,SRTCP可以用于此类用途。

3. SRTP & SRTCP

安全实时传输协议(Secure Real-time Transport Protocol,SRTP)是在实时传输协议(Real-time Transport Protocol,RTP)基础上所定义的一个协议,旨在为单播和多播应用程序中的实时传输协议的数据提供加密、消息认证、完整性保证和重放保护。它是由David Oran(思科)和Rolf Blom(爱立信)开发的,并最早由IETF于2004年3月作为RFC 3711发布。

由于实时传输协议和可以被用来控制实时传输协议的实时传输控制协议(RTP Control Protocol,RTCP)有着紧密的联系,安全实时传输协议同样也有一个伴生协议,称为安全实时传输控制协议(Secure RTCP,SRTCP)。安全实时传输控制协议为实时传输控制协议提供类似的与安全有关的特性,就像安全实时传输协议为实时传输协议提供的那些一样。

在使用实时传输协议或实时传输控制协议时,使不使用安全实时传输协议或安全实时传输控制协议是可选的;但即使使用了安全实时传输协议或安全实时传输控制协议,所有它们提供的特性(如加密和认证)也都是可选的,这些特性可以被独立地使用或禁用。唯一的例外是在使用安全实时传输控制协议时,必须要用到其消息认证特性。

4. RTSP

RTSP(Real Time Streaming Protocol)是用来控制声音或影像的多媒体串流协议,并允许同时多个串流需求控制。传输时所用的网络通信协定并不在其定义的范围内,服务器端可以自行选择使用TCP或UDP来传送串流内容。它的语法和运作与HTTP 1.1类似,但并不特别强调时间同步,所以比较能容忍网络延迟。如图5-2所示是RTSP和RTP的关系示意图。

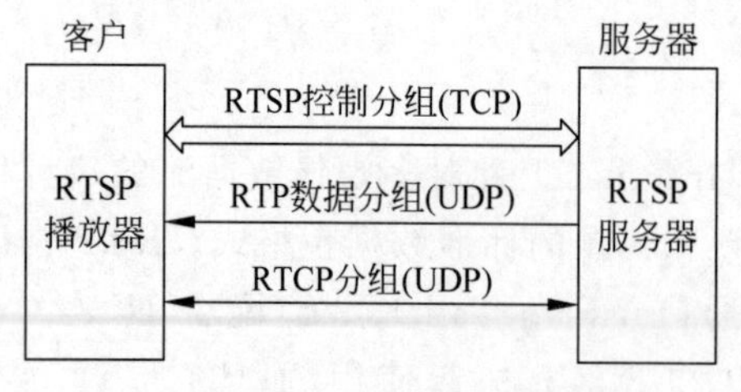

图5-2 RTSP和RTP的关系示意图

5. SIP

SIP 会话使用多达四个主要组件：SIP 用户代理、SIP 注册服务器、SIP 代理服务器和 SIP 重定向服务器。这些系统通过传输包括 SDP(用于定义消息的内容和特点)的消息来完成 SIP 会话。下面概括性地介绍各个 SIP 组件及其在此过程中的作用。

(1) SIP 用户代理(UA)是终端用户设备，如用于创建和管理 SIP 会话的移动电话、多媒体手持设备、PC、PDA 等。用户代理客户机发出消息。用户代理服务器对消息进行响应。

(2) SIP 注册服务器是包含域中所有用户代理的位置的数据库。在 SIP 通信中，这些服务器会检索参与方的 IP 地址和其他相关信息，并将其发送到 SIP 代理服务器。

(3) SIP 代理服务器接受 SIP UA 的会话请求并查询 SIP 注册服务器，获取收件方 UA 的地址信息。然后，它将会话邀请信息直接转发给收件方 UA(如果它位于同一域中)或代理服务器(如果 UA 位于另一域中)。

(4) SIP 重定向服务器允许 SIP 代理服务器将 SIP 会话邀请信息定向到外部域。SIP 重定向服务器可以与 SIP 注册服务器和 SIP 代理服务器同在一个硬件上。

如图 5-3 所示是一个典型的 SIP 会话。

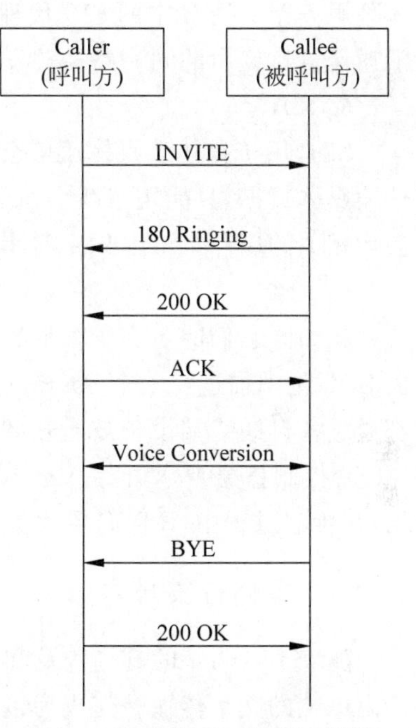

图 5-3　典型的 SIP 会话示意图

以下几个情景说明了 SIP 组件之间如何进行协调以在同一个域和不同域中的 UA 之间建立 SIP 会话。

1) 在同一域中建立 SIP 会话

如图 5-4 所示，说明了在预订同一个 ISP 从而使用同一个域的两个用户之间建立 SIP 会话的过程。用户 A 使用 SIP 电话，用户 B 有一台 PC，运行支持语音和视频的客户程序软件。加电后，两个用户都在 ISP 网络中的 SIP 代理服务器上注册了他们的空闲情况和 IP 地址。用户 A 发起此呼叫，告诉 SIP 代理服务器要联系用户 B。然后，SIP 代理服务器向 SIP 注册服务器发出请求，要求提供用户 B 的 IP 地址，并收到用户 B 的 IP 地址。SIP 代理服务器转发用户 A 与用户 B 进行通信的邀请信息(使用 SDP)，包括用户 A 要使用的媒体。用户 B 通知 SIP 代理服务器可以接受用户 A 的邀请，且已做好接收消息的准备。SIP 代理服务器将此消息传达给用户 A，从而建立 SIP 会话。然后，用户创建一个点到点 RTP 连接，实现用户间的交互通信。

2) 在不同的域中建立 SIP 会话

本情景与第一种情景的不同之处如下。用户 A 邀请正在使用多媒体手持设备的用户 B 进行 SIP 会话时，域 A 中的 SIP 代理服务器辨别出用户 B 不在同一个域中。然后，SIP 代理服务器在 SIP 重定向服务器上查询用户 B 的 IP 地址。SIP 重定向服务器既可

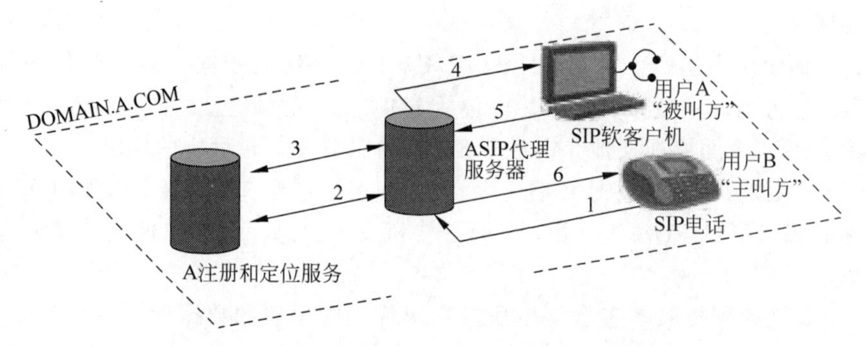

图 5-4 使用同一个域的两个用户之间建立 SIP 会话的过程示意图

在域 A 中,也可在域 B 中,也可既在域 A 中又在域 B 中。SIP 重定向服务器将用户 B 的联系信息反馈给 SIP 代理服务器,该服务器再将 SIP 会话邀请信息转发给域 B 中的 SIP 代理服务器。域 B 中的 SIP 代理服务器将用户 A 的邀请信息发送给用户 B。用户 B 再沿邀请信息经由的同一路径转发接受邀请的信息。

6. SDP

SDP 用于描述多媒体通信会话,包括会话建立、会话请求和参数协商。SDP 不用于传输媒体数据,只能用于两个通信终端的参数协商,包括媒体类型、格式以及所有其他和会话相关的属性。SDP 以字符串的形式描述上述初始化参数。

7. 总结

就如同它们的名字所表示的那样,SIP 用于初始化一个 Session,并负责传输 SDP 包;而 SDP 包中描述了一个 Session 中包含哪些媒体数据、邀请的人等;当需要被邀请的人都通过各自的终端设备被通知到后,就可以使用 RTSP 来控制特定 Media 的通信,比如 RTSP 控制信息要求开始 Video 的播放,那么就开始使用 RTP(或者 TCP)实时传输数据,在传输过程中,RTCP 要负责 QoS 等。

5.3.3 媒体分发技术

随着 Internet 的日趋普及和信息传输技术的快速发展,Internet 上的传输内容已逐渐由单纯的文字传输转变成为包含文本、音频、视频的多媒体数据传输,这样的改变不仅使 Internet 使用者能获得更为丰富多样的信息,同时也代表着多媒体网络时代的来临。以前,多媒体文件需要从服务器上下载后才能播放。由于多媒体文件一般都比较大,下载整个文件往往需要很长的时间,限制了人们在互联网上使用多媒体数据进行交流。面对有限的带宽和拥挤的拨号网络,要实时实现窄带网络的视频、音频传输,最好的解决方案就是采用流式媒体的传输方式。流媒体应用的一个最大的好处是用户不需要花费很长时间将多媒体数据全部下载到本地后才能播放,而仅需将开始几秒的数据先下载到本地的缓冲区中就可以开始播放了。流媒体的特点是数据量大,传输持续时间长,并且对延迟、抖动、丢包率、带宽等 QoS 指标要求严格,在当前的因特网上构建大规模的性价比高的流媒体系统是一个具有挑战性的工作。

因特网上的传统流媒体系统是基于 Client/Server 模式的,一般包括一台或多台服务器，若干客户机。我们将系统能同时服务的客户总数称为系统容量，C/S模式的流媒体系统容量主要是由服务器端的网络输出带宽决定的，有时服务器的处理能力、内存大小、I/O速率也影响到系统的容量。在C/S模式下，由于传输流媒体占用的带宽大，持续时间长，而服务器端可利用的网络带宽有限，所以即使是使用高档服务器，其系统容量也不过几百个客户，根本就不具有经济规模性。另外，由于因特网不能保证QoS，如果客户机距服务器较远，则流媒体传输过程中的延迟、抖动、带宽、丢包率等指标也将更加不确定，服务器为每一个客户都要单独发送一次流媒体内容，从而网络资源的消耗也十分巨大。对此，业界相继提出了多种解决方案，比较重要的有内容分发网络(Content Delivery Network，CDN)和IP组播(IP Multicast)，以及对等网络(P2P)内容分发方式等。

1. CDN

1) CDN概述

CDN(Content Delivery Network，内容分发网络)的目的是通过在现有的Internet中增加一层新的网络架构，将网站的内容发布到最接近用户的网络边缘，使用户可以就近取得所需的内容，解决Internet拥挤的状况，提高用户访问网站的响应速度，从技术上全面解决由于网络带宽小、用户访问量大、网点分布不均等原因所造成的用户访问网站响应速度慢的问题。

实际上，CDN是一种新型的网络构建方式，它是为能在传统的IP网发布宽带丰富媒体而特别优化的网络覆盖层；而从广义的角度，CDN代表了一种基于质量与秩序的网络服务模式。简单地说，CDN是一个经策略性部署的整体系统，包括分布式存储、负载均衡、网络请求的重定向和内容管理4个要件，而内容管理和全局的网络流量管理(Traffic Management)是CDN的核心所在。通过用户就近性和服务器负载的判断，CDN可确保内容以一种极为高效的方式为用户的请求提供服务。总的来说，内容服务基于缓存服务器，也称作代理缓存，它位于网络的边缘，距用户仅有“一跳”之遥。同时，代理缓存是内容提供商源服务器(通常位于CDN服务提供商的数据中心)的一个透明镜像。这样的架构使得CDN服务提供商能够代表他们的客户，即内容供应商，向最终用户提供尽可能好的体验，而这些用户是不能容忍请求响应时间有任何延迟的。据统计，采用CDN技术，能处理整个网站页面的70%～95%的内容访问量，减轻服务器的压力，提升了网站的性能和可扩展性。

与目前现有的内容发布模式相比较，CDN强调了网络在内容发布中的重要性。通过引入主动的内容管理层和全局负载均衡，CDN从根本上区别于传统的内容发布模式。在传统的内容发布模式中，内容的发布由ICP的应用服务器完成，而网络只表现为一个透明的数据传输通道，这种透明性表现在网络的质量保证仅停留在数据包的层面，而不能根据内容对象的不同区分服务质量。此外，由于IP网的“尽力而为”的特性使得其质量保证是依靠在用户和应用服务器之间端到端地提供充分的、远大于实际所需的带宽通量来实现的。在这样的内容发布模式下，不仅大量宝贵的骨干带宽被占用，同时ICP的应用服务器的负载也变得非常严重，而且不可预计。当发生一些热点事件和出现浪涌流量时，会产生局部热点效应，从而使应用服务器过载退出服务。这种基于中心的应用服务器的内容发布模式的另外一个缺陷在于个性化服务的缺失和对宽带服务价值链的扭曲，内容提供商承担了他们不该干也干不好的内容发布服务。

纵观整个宽带服务的价值链，内容提供商和用户位于整个价值链的两端，中间依靠网络服务提供商将其串接起来。随着互联网工业的成熟和商业模式的变革，在这条价值链上的角色越来越多也越来越细分，比如内容/应用的运营商、托管服务提供商、骨干网络服务提供商、接入服务提供商等。在这一条价值链上的每一个角色都要分工合作、各司其职才能为客户提供良好的服务，从而带来多赢的局面。从内容与网络的结合模式上看，内容的发布已经走过了ICP的内容（应用）服务器和IDC这两个阶段。IDC的热潮也催生了托管服务提供商这一角色。但是，IDC并不能解决内容的有效发布问题。内容位于网络的中心并不能解决骨干带宽的占用和建立IP网络上的流量秩序。因此将内容推到网络的边缘，为用户提供就近性的边缘服务，从而保证服务的质量和整个网络上的访问秩序就成了一种显而易见的选择。而这就是内容发布网（CDN）服务模式。CDN的建立解决了困扰内容运营商的内容“集中与分散”的两难选择，无疑对于构建良好的互联网价值链是有价值的，也是不可或缺的最优网站加速服务。

2）CDN的应用

利用CDN，视频网站无须投资昂贵的各类服务器、设立分站点，只需要应用CDN网络，把内容复制到网络的边缘，使内容请求点和交付点之间的距离缩至最小，从而促进Web站点性能的提高。

CDN网络的建设主要有企业建设的CDN网络，为企业服务；IDC的CDN网络，主要服务于IDC和增值服务；网络运营上主建的CDN网络，主要提供内容推送服务；CDN网络服务商，专门建设的CDN用于做服务，用户通过与CDN机构进行合作，CDN负责信息传递工作，保证信息正常传输，维护传送网络，而网站只需要内容维护，不再需要考虑流量问题。

CDN能够为网络的快速、安全、稳定、可扩展等方面提供保障。

3）CDN的技术原理

传统未加缓存服务的访问过程如图5-5所示。

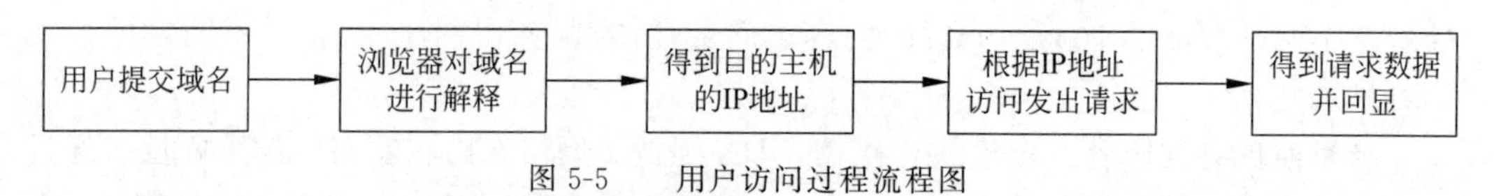

图5-5　用户访问过程流程图

用户访问未使用CDN缓存网站的过程如下。

(1) 用户向浏览器提供要访问的域名；

(2) 浏览器调用域名解析函数库对域名进行解析，以得到此域名对应的IP地址；

(3) 浏览器使用所得到的IP地址，域名的服务主机发出数据访问请求；

(4) 浏览器根据域名主机返回的数据显示网页的内容。

通过以上四个步骤，浏览器完成从用户处接收用户要访问的域名到从域名服务主机处获取数据的整个过程。

CDN是在用户和服务器之间增加Cache层，如何将用户的请求引导到Cache上获得源服务器的数据，主要是通过接管 DNS 实现的。下面看看访问使用 CDN 缓存后的网站的访问过程，如图 5-6 所示。

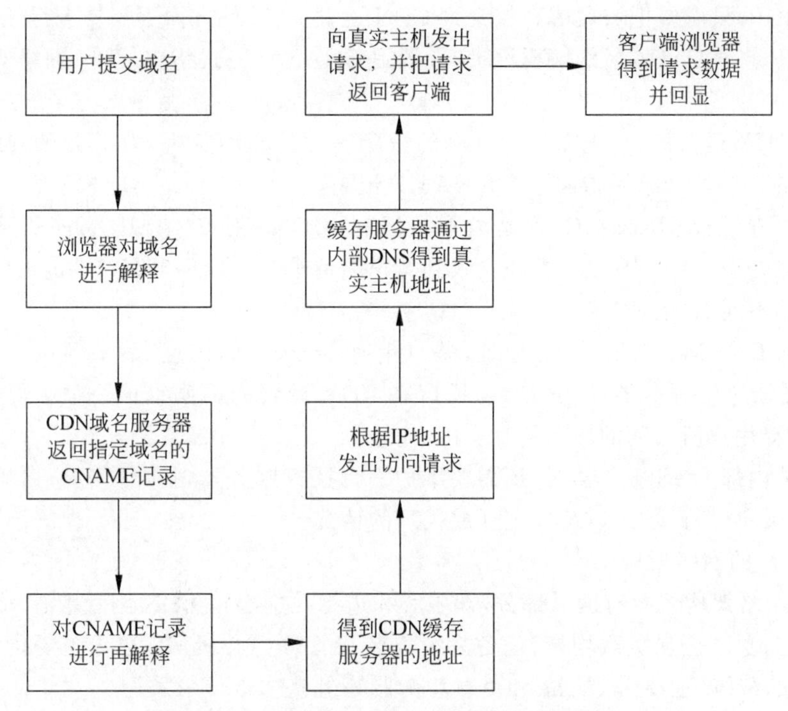

图 5-6　使用 CDN 缓存后用户访问流程图

通过图 5-6 可以了解到，使用了 CDN 缓存后的网站的访问过程如下。

(1) 用户向浏览器提供要访问的域名。

(2) 浏览器调用域名解析库对域名进行解析，由于 CDN 对域名解析过程进行了调整，所以解析函数库一般得到的是该域名对应的 CNAME 记录。

(3) 为了得到实际的 IP 地址，浏览器需要再次对获得的 CNAME 域名进行解析以得到实际的 IP 地址；在此过程中，使用全局负载均衡 DNS 解析，如根据地理位置信息解析对应的 IP 地址，使得用户能就近访问。

(4) 此次解析得到 CDN 缓存服务器的 IP 地址，浏览器在得到实际的 IP 地址以后，向缓存服务器发出访问请求。

(5) 缓存服务器根据浏览器提供的要访问的域名，通过 Cache 内部专用 DNS 解析得到此域名的实际 IP 地址，再由缓存服务器向此实际 IP 地址提交访问请求。

(6) 缓存服务器从实际 IP 地址得到内容以后，一方面在本地进行保存，以备以后使用，另一方面把获取的数据返回给客户端，完成数据服务过程。

(7) 客户端得到由缓存服务器返回的数据以后显示出来并完成整个浏览的数据请求过程。

通过以上分析，为了实现既要对普通用户透明(即加入缓存以后用户客户端无须进行任何设置，直接使用被加速网站原有的域名即可访问)，又要在为指定的网站提供加速服务的同时降低对ICP的影响，只要修改整个访问过程中的域名解析部分。下面是CDN网络实现的具体操作过程。

作为ICP，只需要把域名解释权交给CDN运营商，其他方面不需要进行任何的修改。操作时，ICP修改自己域名的解析记录，一般用CNAME方式指向CDN网络Cache服务器的地址。

作为CDN运营商，首先需要为ICP的域名提供公开的解析，为了实现sortlist，一般是把ICP的域名解释结果指向一个CNAME记录。

当需要进行sortlist时，CDN运营商可以利用DNS对CNAME指向的域名解析过程进行特殊处理，使DNS服务器在接收到客户端请求时可以根据客户端的IP地址，返回相同域名的不同IP地址。

由于从CNAME获得了IP地址，并且带有hostname信息，请求到达Cache之后，Cache必须知道源服务器的IP地址，所以在CDN运营商内部维护一个内部DNS服务器，用于解释用户所访问的域名的真实IP地址。

在维护内部DNS服务器时，还需要维护一台授权服务器，控制哪些域名可以进行缓存，而哪些又不进行缓存，以免发生开放代理的情况。

4）CDN的网络架构

CDN网络架构主要有两大部分，即中心和边缘。中心指CDN网管中心和DNS重定向解析中心，负责全局负载均衡，设备系统安装在管理中心机房；边缘主要指异地结点。CDN分发的载体，主要由Cache和负载均衡器等组成。

当用户访问加入CDN服务的网站时，域名解析请求将最终交给全局负载均衡DNS进行处理。全局负载均衡DNS通过一组预先定义好的策略，将当时最接近用户的结点地址提供给用户，使用户能够得到快速的服务。同时，它还与分布在世界各地的所有CDNC结点保持通信，搜集各结点的通信状态，确保不将用户的请求分配到不可用的CDN结点上，实际上是通过DNS做全局负载均衡。

对于普通的Internet用户来讲，每个CDN结点就相当于一个放置在它周围的Web。通过全局负载均衡DNS的控制，用户的请求被透明地指向离他最近的结点，结点中CDN服务器会像网站的原始服务器一样，响应用户的请求。由于它离用户更近，因而响应时间必然更快。

每个CDN结点由两部分组成：负载均衡设备和高速缓存服务器。

负载均衡设备负责每个结点中各个Cache的负载均衡，保证结点的工作效率；同时，负载均衡设备还负责收集结点与周围环境的信息，保持与全局负载DNS的通信，实现整个系统的负载均衡。

高速缓存服务器(Cache)负责存储客户网站的大量信息，就像一个靠近用户的网站服务器一样响应本地用户的访问请求。

CDN的管理系统是整个系统能够正常运转的保证。它不仅能对系统中的各个子系统和设备进行实时监控，对各种故障产生相应的告警，还可以实时监测到系统中总的流量和各结点的流量，并保存在系统的数据库中，使网管人员能够方便地进行进一步分析。通过完善的网管系统，用户可以对系统配置进行修改。

理论上，最简单的CDN网络有一个负责全局负载均衡的DNS和各结点一台Cache，即可运行。DNS支持根据用户源IP地址解析不同的IP，实现就近访问。为了保证高可用性等，需要监视各结点的流量、健康状况等。一个结点的单台Cache承载数量不够时，才需要多台Cache，多台Cache同时工作时，才需要负载均衡器，使Cache群协同工作。

2. P2P

基于P2P的流媒体技术是一项非常有前途的技术，该技术不需要互联网、路由器和网络基础设施的支持，因此性价比高且易于部署。流媒体用户不只是下载流媒体数据，而且还把数据上载给其他用户，因此，这种方法可以扩大用户组的规模，且需求越多，资源也越多。

由于视频流服务对带宽资源的要求高、服务时间长，使得在线上提供视频点播极具挑战性，特别是当某个节目趋向流行时，系统会在短时间内收到大量异步服务请求，而传统的在服务器端为每个请求单独分配一条流的模式无法容纳大规模的点播请求。因此，如何使系统具有高可扩展性也就成为其核心问题。而基于P2P技术的点播系统，可以有效地利用网络上的资源，极大地缓解了大量异步服务请求对服务器造成的性能瓶颈。

1）流媒体内容分发系统面临的问题

(1) 服务器的输出带宽成为瓶颈。

例如，某个流媒体服务器接入互联网的速度为45Mb/s，传输一个30帧/秒，320像素×240像素的视频内容，需要不低于1Mb/s的传输速度以保证流畅回放，此服务器最多同时接收45个并发请求，这对于一个热点内容而言，如新闻、赛事的直播是远不能满足要求的。并且当服务规模进一步扩大时，服务器和服务器端网络承受的负荷直线上升。

(2) 为网络用户提供服务的规模受限。

基于中心服务器的系统，因受到自身服务器性能和网络带宽的影响，使得能服务的规模受到极大的限制。近年来，研究界和工业界提出了多种解决方案，比较重要的有内容分发网络和广播等。但是，这些解决方案的共同特点是需要有专门的硬件支持，比如需要在全球各地部署多个服务器，通过服务器之间协同工作分发多媒体数据，而广播更是需要修改目前的路由机制，广泛部署复杂的支持广播功能的路由器。这样不仅耗资巨大，而且并不能从根本上解决上面提出的问题。

(3) 底层网络的负担加重。

传统的互联网应用系统是典型的客户机/服务器形式，如网页浏览时，客户端先发出请求，然后从网站服务器上下载网页或程序。这种模式在以数据为主的浏览时代底层网络尚可应付，但随着音频、视频的大量出现，客户机/服务器模式就出现了严重的性能问题。例如，一个300kb/s的视频节目，如果同时有1000人访问，那么服务器端网络带宽必须达到300Mb/s以上，如果此时要支持更多的用户数据就是难上加难了。所以要实现在网络上的普及，采用传统的模式会导致底层网络负担加重，从而影响用户的应用体验。

2）P2P的优势

首先针对服务器的输出带宽成为瓶颈这个问题，产生的原因是由于同时产生大量的并发访问点播服务器，这样就造成视频服务器同时传输数据，产生数据拥塞而导致视频质量下降，形成了输出带宽瓶颈。而P2P技术能够使服务分散化，平衡负载，即每个用户既充当消费者,享受共享媒体资源,又充当服务者,为其他用户提供媒体内容,这样就消除了大量的并发访问服务器,解决了服务器的输出带宽问题。

其次,针对为网络用户提供服务的规模受限这个问题,产生的原因和上个问题产生的根源实际上是一样的,由于带宽和服务器性能受限,所以致使服务器不能为网络用户提供大规模的视频服务,同样因为有效地减轻了服务器的负担,分散了网络的负载,所以通过P2P技术服务商可以提供大规模的视频点播服务。

最后一个是底层网络的负担加重这个问题,这个问题是因为传统结构,导致所有的访问都是集中在少数几个中心服务器上,这样大量集中不间断地连续访问中心服务器,就导致了底层网络的负担,而通过使用P2P技术,因为视频服务可以分散在许多不同的客户端点上,使得数据的访问非常分散,这样就有效地减轻了底层网络的负担,使得网络能平衡负载。

3) P2P分类

从体系结构上,P2P网络分为以下三类。

(1) 集中式P2P网络。集中式P2P网络是C/S和P2P模式的混合。集中式P2P网络是P2P系统的雏形,它存在着中心服务器,负责记录共享信息以及对信息的查询进行反馈。各结点向中心服务器注册自己的信息,通过对中心服务器的访问,进行信息查询,然后在两个结点之间进行直接交互。在这种模式下,所有资料都存在各个结点上,中心服务器只保留索引信息。这种P2P网络的代表主要有Napster、BitTorrent。以服务器为核心的P2P集中式网络,其容错性与服务器的故障概率有关,如果使用多台服务器组成集群,并且提供冗余、替代机制使得某台服务器故障时,其他服务器可以代替它继续提供服务。但是,增加和升级服务器的代价较高。Napster作为集中式P2P结构的代表,也存在许多的缺点。在Napster基础上,后起的混合式P2P系统都采用了一些增强机制来提高网络的效率,如BitTorrent提供文件分片机制,限定用户在下载的同时必须上传,以此来杜绝自私结点的存在,这些都提高了网络的工作效率。

(2) 非结构化分布式P2P网络。这种网络是以分布、松散的结构来组织网络,不存在真正的网络中心。其代表性的系统有:Gnutella、KaZaA、eDonkey和Freenet。其中,Gnutella是最简单又最具有代表性的,Freenet则要复杂很多,而发展到后来的KaZaA和eDonkey通过超级结点来组织成双层的P2P网络,其超级结点层自组织成非结构化网络,所以也将其归结到此类。非结构化分布式P2P网络具有以下三个优点:第一,网络拓扑简单,开发实现难度低;第二,高容错性和良好的自适应性;第三,可以达到非常高的安全性和匿名性。这种P2P网络具有以下三个缺点:第一,路由效率不高;第二,可扩展性不高;第三,数据无法准确定位。正是由于这些缺陷,才有了结构化分布式P2P网络的提出。

(3) 结构化分布式P2P网络。这种网络是以准确、严格的结构来组织网络,并能高效地定位结点和数据。在这种网络结构中,文件和指针存放在确定的位置上。系统提供从文件标识到存放该文件结点标识的映射服务。通过这种方法,系统提供了一个可扩展的方案实现了文件的精确匹配查询。

P2P模式的流媒体服务系统并不改变现有的流媒体传输协议和流媒体服务器系统的

架构,甚至可以不必改变现有的系统,而只需增加新的模块和功能。P2P 模式的流媒体服务系统只需在现有流媒体服务系统的基础之上,改变 C/S 模式下的服务方式和数据传输路径。P2P 模式的流媒体服务系统将同时请求同一节目的用户归为一组,然后以这组用户作为结点形成一棵树。树结构能保证用户计算机不相互传送同样的数据而形成数据风暴。服务器是树的根,树中的第一层用户直接从服务器获取数据,树中的第二层用户从第一层用户那里获取数据,以此类推。

用户计算机与服务器相比还是有很多的差异。用户计算机由用户控制,可能随意退出某个节目的观看而导致不能再为其他的用户提供服务。同时用户计算机的性能和用户端的网络带宽都不是很高,因此能支持的用户数一般都在两三个左右。用户计算机在整个模式的流媒体服务系统中具有短暂性,为了保证在退出时不影响其他用户的节目收看,采用冗余的数据路径,也就是在一条数据路径失败后用户迅速从另一条路径获取数据,通过这些冗余的路径,用户计算机之间进行信息交换,使得整个系统更加稳定。

4) 发展方向

(1) 应用层组播树。应用层组播树适合于架构视频直播服务系统或应用到视频点播系统中某热门节目的服务策略,即适合于节目请求率高、并发请求量大的媒体应用需求。其思想是在各对等结点之间、在应用层之上构建树状覆盖结构。树的根结点是直播源,直播源可以是实时压缩的媒体数据流或流化的热门节目,树的每个结点在接收数据的同时转发数据。在基于应用层组播树的 P2P 流媒体分发系统中,首先要解决的问题是组播树的构建,最简单的模型是 PeerCast。在 PeerCast 中结点被组织成一个树状结构,树的父结点给子结点提供服务。在 PeerCast 中,结点的加入和离开策略都很简单,但也容易导致树的不平衡。在组播树中,如果结点离根结点越远,则数据的时延就越大,因此,树的深度应该尽可能短。但是每个结点的有限输出带宽限制了结点的宽度。理想的组播树是在深度和宽度之间能够有效地平衡。事实上,当所有结点的深度都为 1 的时候就退化成了传统的客户机/服务器模型了。ZigZag 模型能够有效地构造组播树,它定义了一整套完整的树的构建规则,保证树的深度维持在 $O(\log N)$,N 为系统中的结点数量,此外,ZigZag 还拥有很多优良的特性。

另一个重要问题是组播树中的叶子结点只作为单纯的客户端,没有参与到媒体的分发,而通常叶子结点在树中所占的比例非常大,因此,基于树的系统没有充分利用所有结点的能力。解决这个问题的一个比较简单而有效的模型是同时构造两棵或多棵组播树,通过在系统中部署多重描述编码 MDC,每个组播树组播一个描述,结点把接收到的所有描述进行叠加以提高视频质量。因为只要收到一个描述就可以单独解码,因此这种系统也可以很好地解决结点不稳定的问题,典型的模型为 SplitStream 和 CooperNet。

(2) 非树状 P2P 媒体服务系统。对于视频点播系统中请求率相对不高、并发请求少的节目,可以采用非树状对等模式媒体服务的服务策略。所谓非树状,就是指在服务结点和请求结点之间的逻辑拓扑结构不再是树状结构,请求结点不再通过树的中间结点中转得到数据,而是首先找到为其提供服务的服务结点集合,然后制定相应的多源流调度策略,最后直接由这个服务结点集合中的结点提供服务。

该类研究主要涉及三个基本问题:一是媒体内容搜索,即如何找到所需的完整的媒体数据；二是媒体流调度与控制，即在保障 QoS 的前提下，采用什么策略将媒体数据传输到本地；三是媒体数据布局与存储，即由于媒体文件数据量大，研究如何将媒体数据切分并在已被服务结点中冗余布局的策略。采用这种模式进行服务，既可能是传统 C/S 模式视频点播系统的候补者，即在视频服务器不能满足用户需求的情况下，由对等结点提供服务；也可能是其替代者，完全由其提供服务，无须视频服务器，只需普通视频源结点即可。非树状 P2P 媒体服务系统以 Promise、GnuStream、DONet 为代表。

3. CDN 与 P2P 的结合

内容分发网络和 P2P 技术是当前互联网比较流行的两种技术，它们都有各自的优缺点。内容分发网络的核心是将内容从中心服务器推送到靠近用户的边缘服务器上，使用户能够更快更好地获取数据服务，提高用户的服务质量保障。但是内容分发网络从本质上来说是还是基于 C/S 架构的，虽然这种方式可以提供可靠的服务能力以及较高的服务质量，但是系统的扩展性较差。另外，由于用户访问的突发性和不均匀性使得内容分发网络的性能很难提升。P2P 技术具有天然的可扩展性和系统级的可靠性，因为服务来自每个结点，当结点增加时，整个系统的服务能力增加。然而，P2P 技术也有其明显的缺陷：首先，缺乏可管理性；其次，无法保障用户的服务质量要求。这两种技术有一定的互补性，如果将这两种技术结合，尽可能地发挥这两种技术的优势，就可以构建出一个更加强大的内容承载平台。

P2P 与内容分发网络结合的方式有两种：一种是 CDN-on-P2P，这种结合方式是将内容分发网络的管理方式引入 P2P 网络，组建一个以 CDN 为核心，以 P2P 为服务边缘的系统，用户通过 P2P 客户端来获取服务；另一种是 P2P-on-CDN，这种方式是将 P2P 技术引入到内容分发网络，将 CDN 的各个代理服务器以 P2P 的方式组织起来，从而提升内容分发网络的性能。

5.3.4 视频监控系统的互连互通

目前，构建大规模视频监控系统已成为社会关注的焦点，特别是在社会治安方面发挥重要作用。在 5.3.2 节中已经介绍了 SIP 的概念和核心功能，下面将以 SIP 在视频监控系统互连互通中的应用为例，介绍一种视频监控互连系统的实现方案。

1. SIP 视频监控系统概述

基于 SIP 的视频监控互连互通系统，是基于网络宽带，兼具远程监控、传输和管理等多种功能于一身的智能视频监控系统，在公安、交通、金融、医院和物业等多个领域都有着广泛的应用前景。这种系统摒弃了传统的专线设计理念，通过使用 SIP 实现了宽带网络时代大规模监控、远程方位和集中管理，能够实现电信级互连互通。

2. 整体结构

1）系统组成

基于 SIP 的 IP 网络视频监控系统是视频监控系统新的发展方向，现有的视频监控系统都存在部署范围有限、联网程度有限、接入设备规格不统一和监控平台之间数据连通困难等问题。SIP 视频监控互连系统由采集设备、采集设备接入平台、共享平台、安全接入以及 Web 平台等部分组成。

2）上下级共享平台互连互通

该系统在专用网络上部署不同级别的共享平台，充分利用现有专用网络实现和上下级共享平台之间的连通，从而实现前端采集图像资源的汇集和上下级图像资源之间的连通。

3）安全接入/联网平台

建立安全接入平台的目的是保证前端采集数据以及专用网络的信息安全性。以公安业务为例，公安视频专网图信息需要通过边界安全接入平台之后才能够进入公安信息网。联网平台则建立在公安信息网上，用于实现公安信息网子系统之间的图像和信息资源共享。

3. 联网结构

SIP视频监控系统有级联和互联两种联网结构，无论是哪一种联网方式，系统之间的连接关系都有信令和媒体两部分，所以SIP视频监控系统联网结构可以分为信令和媒体两方面。

（1）级联。级联联网的两个信令安全路由网关之间为上下级逻辑结构，由下级信令安全路由网关向上级信令安全路由网关主动发起请求，上级信令安全路由进行网关鉴定认证之后交换管辖目录与设备信息，所有信令流均逐级发放。

（2）互联。信令安全路由网关之间级别相同，双方SIP监控域内监控资源需要共享时，信令安全路由网关向目的信令安全路由网关发起请求，同样需经过网关鉴定认证后共享目录和设备信息。

4. 功能实现

1）SIP采集系统

利用SIP会话初始化协议建立分布式系统的集中管理采集设备，如车辆卡口管理系统。选择分层设计结构，逻辑层有卡口系统、运营商网络以及卡口接入平台三部分。

第一，卡口系统。用于采集车辆的综合信息，包括车辆特征照片、车牌号码和颜色等，同时具备图片信息识别、车速检测、超速判定、数据缓存和压缩上传等管理功能。系统硬件设备主要有高清抓拍摄像机、补光灯、车辆检测器、主机、工业交换机、光纤收发器、电源以及避雷器等。

第二，运营商网络。数据传输网络由运营商负责组网，实现数据的传输交换功能，使用自建局域网、专用网、中央视频网以及现有公安光纤网络形成传输通道并建立网络传输子系统，使前端系统和后端管理系统互连互通。考虑到卡口系统的安全性需求，租用运营商光纤网络组建光纤专用链路网，裸光纤连接前端点和中心，市区密集点可组EPON/GPON网，偏远地区可组无线网。

第三，卡口接入平台。用于汇集、处理、存储、传输、应用辖区内所有相关数据，有中心管理平台和数据库系统两部分。管理平台是搭载各种管理软件模块的服务器，有数据库、管理服务器、应用服务器和Web服务器等多种类型。

2）设备注册

设备注册本质上是设备合法认证的过程，没有经过合法认证的未注册设备不能和SIP服务器通信寻址到目标设备。SIP视频监控互连系统使用Register注册方法，注册中对设备进行认证。

Step1：SIP 代理发送 Register 请求到 SIP 服务器，请求中无 Authorization 字段。

Step2：SIP 服务器回执 401，消息头给出和设备适应的认证体制与参数。

Step3：SIP 代理重新向服务器发送包含信任书、认证信息的 Authorization 字段的 Register 请求。

Step4：SIP 服务器验证该请求，鉴定 SIP 代理身份是否合法，合法即响应 200 OK，不合法则拒绝应答。

3）实时流媒体点播

该功能是视频监控系统互连互通的关键性功能，SIP 消息由本域或其他域 SIP 服务器进行路由转发，目标设备实时流媒体首先由域内媒体服务器转发，通过 SIP 的 Invite 方法建立实时媒体点播会话连接，并借助实时媒体 RTP/RTCP 传输协议完成流媒体传输。

实时媒体点播信令流程有客户端发起和第三方 SIP 服务器发起两种形式，两者只是发起方不同，实现流程基本一致。下面以客户端主动发起为例，流程如图 5-7 所示。

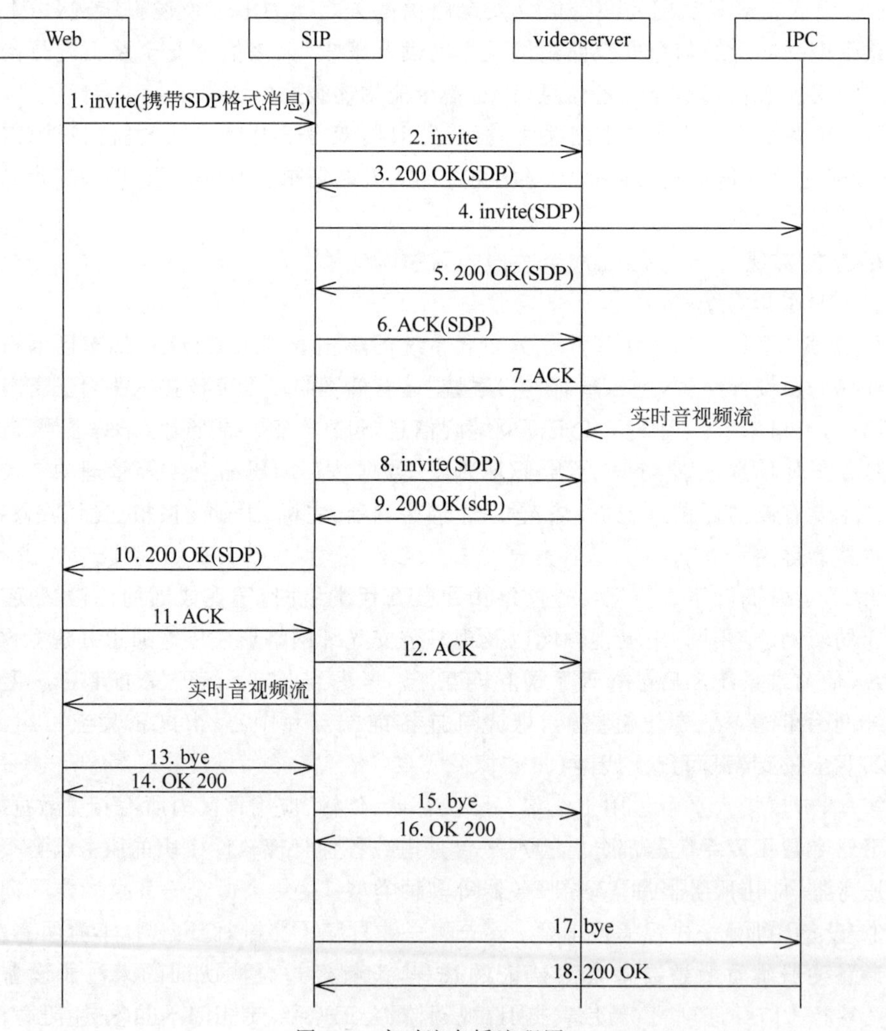

图 5-7 实时流点播流程图

Step1：客户端(Web)向SIP服务器发送Invite消息，消息包头域包含Subject字段，涉及点播视频的相关参数。

Step2：SIP服务器将去掉Subject字段的Invite请求发送给媒体服务器(viedoserver)。

Step3：媒体服务器向SIP服务器发送200kb带有SDP消息体的OK响应。

Step4：SIP向网络摄像机(IPC)发送带有SDP的Invite请求。

Step5：IPC发送200kb带SDP信息的OK响应。

Step6：SIP服务器向媒体服务器发送ACK请求，包含IPC带SDP的响应消息体。

Step7：SIP接收向IPC发送的不带消息体ACK请求，开始建立IPC和媒体服务器的会话，IPC向媒体服务器发送实时音视频流。

Step8：SIP接收向媒体服务器发送的带有SDP的Invite请求，完成建立IPC和媒体服务器的会话，媒体服务器接收实时音视频流。

Step9：媒体服务器向SIP发送200kb带SDP信息的OK响应，确认已开始接收音视频流，并将媒体服务器IP发送给SIP。

Step10：SIP向客户端发送200kb带SDP信息的OK响应，并发送媒体服务器IP给客户端。

Step11：客户端向SIP发送不带消息体的ACK请求，准备接收媒体服务器的音视频流。

Step12：SIP向媒体服务器发送不带消息体的ACK请求，要求媒体服务器开始发送音视频流。

Step13～14：客户端完成接收音视频流，和SIP结束会话，停止接收。

Step15～16：SIP和媒体服务器结束会话，媒体服务器停止接收和发送。

Step17～18：SIP和IPC结束会话，IPC停止发送。

SIP视频监控系统作为一种纯信令协议，能够建立任何类型接入网络话路，不限制话路类型，能够实现多种媒体类型在多终端之间的交换，提高了监控网络的可操作性，同时也控制了运营商的成本。

第6章

视频监控系统的处理控制设备

监控系统由摄像机、服务器、传输网络和监控端组成。摄像机用来采集监控现场的视频。其中，设备有硬件和软件两个部分，其主要功能包括：为监控端提供 Web 访问页面；对监控端的访问进行有效性、安全性检查；响应监控端的请求，为监控端提供所需要的视频图像；接收监控端的控制信息，经过软硬件转换后对摄像机进行控制。每个服务器有自己的 IP 地址，在监控端可以通过浏览器界面访问服务器。监控端的功能则是显示现场视频，并根据需要向服务器发送视频请求以及对摄像机的控制信号。

6.1 微机控制系统

本章介绍控制设备的原理、性能和应用。视频监控系统的控制系统是整个系统的“大脑”，是实现整个系统功能的指挥中心，主要由主控制器、控制键盘、音/视频放大分配器、音/视频切换器、画面分割器、时间日期发生器与字符叠加、楼层显示、云台镜头防护罩以及报警控制器等设备组成。其功能是对前端系统、显示/记录系统发出控制指令，进行调度。

6.1.1 微机控制系统的结构

视频监控的微机控制系统是由多个微处理器构成的通信控制网络，它是以视频监控主机为核心，由多台分机构成的星状网络开放环式控制系统。整个系统以模块化方式组成，因而构成系统方便灵活，目前已经成为大中型视频监控系统的主流结构。在这种结构中，前端、终端均为多个，并且前端、终端都可以同时工作。一般微机控制系统分为紧密型和松散型两种结构。

1. 紧密型混合控制结构

紧密型混合控制结构，如图 6-1 所示，这种结构的特点是系统有一个监控主机，它完成所有视频、数字信号的切换与分配，并且所有信号的处理都是由监控主机集中完成的。前后端均有解码器，以便执行具体的动作。一个编码器对应一台监视器。这种结构在地理位置范围较大时，成本较高。紧密型混合控制结构的优点是操作简单方便，各设备之间互相不影响。

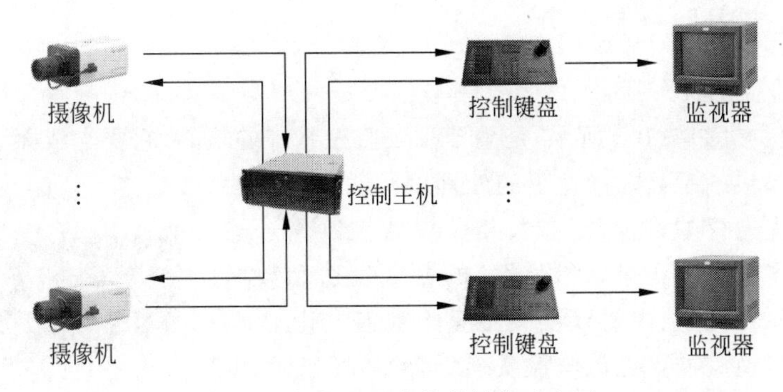

图 6-1　紧密型混合控制结构示意图

2. 松散型混合控制系统

松散型混合控制结构如图 6-2 所示。这种结构按地理位置分区,每个区用一个区域控制器来实现一个小区域内的紧密型结构。

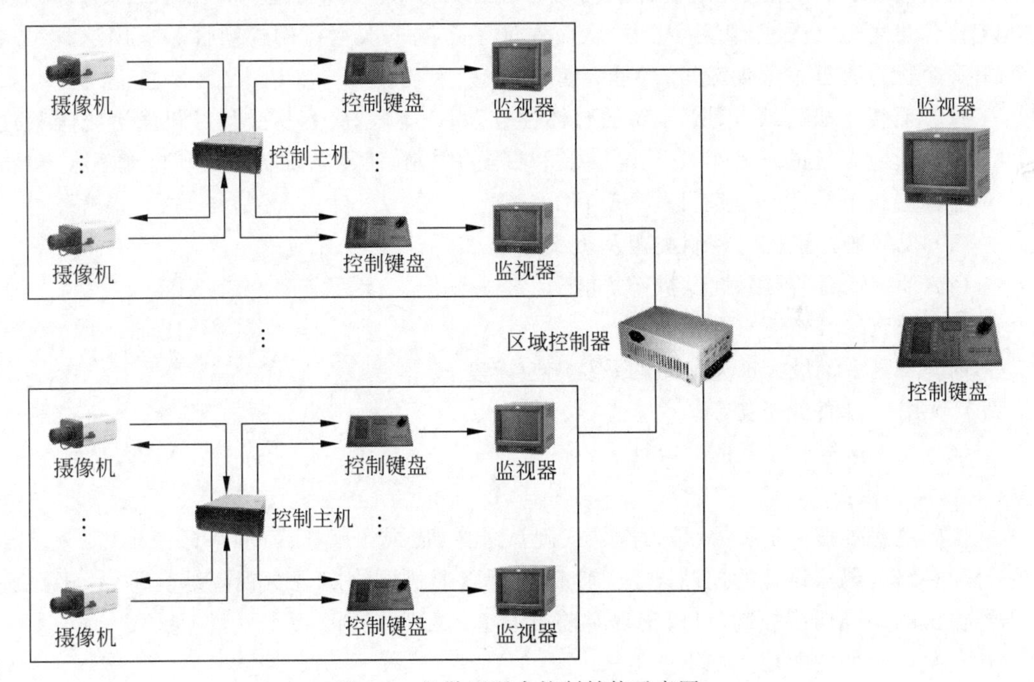

图 6-2　松散型混合控制结构示意图

松散型混合控制结构的监控功能主要在区内完成,各区域之间不相互控制。监控主机将控制命令发往各区域控制器,而各区域控制器将此命令作为一个优先权较高的键盘命令来处理。从各区域控制器传来的视频等信息,由监控主机本身的切换和控制电路处理。由于监控主机主要用来监控全局工作并完成统一指挥,因而这种结构的造价较低。

6.1.2 主控制器及控制键盘

1. 视频监控主机

视频监控主机如图6-3所示，是整个视频监控系统的核心，它要完成系统所有控制信号的管理工作，包括键盘控制命令的处理以及通信线路的分配，各键盘优先权的设定与控制，相关设备控制信号的产生，系统工作状态的记录，译码设备的命令发送和数据收集，等等。此外，监控主机还要完成整个系统与其他系统的接口，所以说监控主机是监控系统所有控制信息的集散地。

图6-3 视频监控主机

微机构成的视频监控主机，其优点是用户界面友好，应用程序存放在磁盘上，更改和完善系统的功能非常方便。并且当微机构成的监控主机不工作时，它仍然可以作为一台一般的微机使用。由于监控主机配有显示器和打印机等外部设备，因而可以很直观地了解系统的运行情况，并且可以将这些数据存档保存。系统的工作信息可以在关机时存入磁盘，从而保证了系统下次运行的连续性。采用这种结构的另一个优点是开发周期较短，功能完善方便。

视频监控主机的缺点是：系统的整体性较差，成本较高，容易受计算机病毒之类程序的攻击而影响系统的正常运行。由于微机结构的限制，使得系统功能的硬扩充不太方便。

监控主机的性能，一般有以下几方面。

(1) 视频监控主机的控制类型及负载能力。

(2) 系统运行的可靠性及抗干扰能力。

(3) 扩充的可能性与方便性。

(4) 决定系统最大扩充能力的系统响应速度。

(5) 用户界面是否友好。

(6) 与其他控制设备的兼容性。

2. 控制键盘

控制键盘如图6-4所示，是为嵌入式硬盘录像机、视频服务器、网络摄像机、视频综合平台和多路解码器设计的控制设备。该键盘可以通过网络实现对视频综合平台、多路解码器输出的矩阵切换控制，可以实现对前端通道的云台控制。

控制键盘的主要功能如下。

(1) 控制键盘使用网络控制方式。

(2) 控制键盘支持用户有一定限制，每个用户通过网络管理监控设备(如编码器、解码器)。

图6-4 控制键盘

(3) 控制键盘可以实现对前端设备云台的控制。

(4) 控制键盘可以通过网络实现对视频综合平台、多路解码器输出的矩阵切换控制。

(5) 支持多种输入方式：大写字母、小写字母、数字等。

控制键盘的布局如图6-5所示。

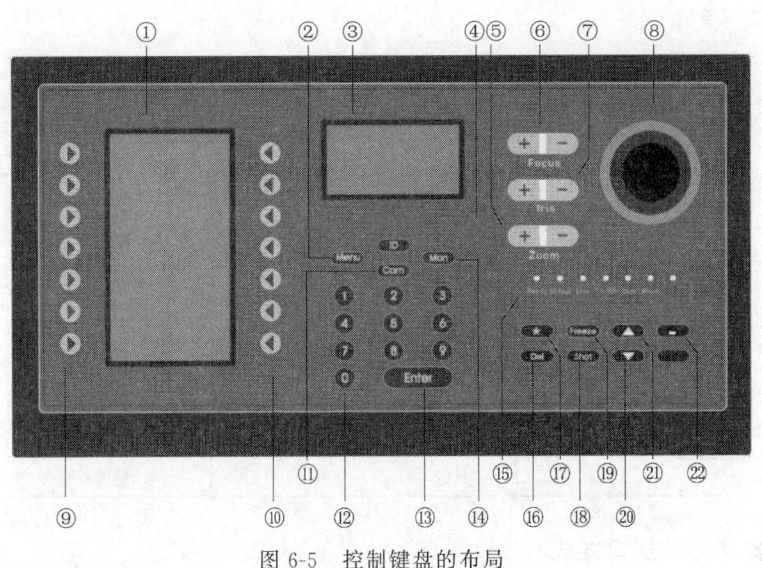

图6-5　控制键盘的布局

控制键盘上各按钮的意义与功能见表6-1。

表6-1　控制键盘按钮的意义

序号	名　称	功　能	序号	名　称	功　能
①/③	显示屏	菜单和参数显示	⑪	Cam 按钮	摄像机编号选择
②	Menu 按钮	菜单键	⑫	数字按钮	数字输入
④	ID 按钮	用户选择键,用于打开用户选择界面	⑬	Enter 按钮	确认
⑤	Zoom 按钮	变倍调节	⑭	Mon 按钮	监视屏编号选择
⑥	Focus 按钮	焦距调节	⑮	状态指示灯	键盘状态显示
⑦	Iris 按钮	光圈调节	⑯	Del 按钮	删除
⑧	摇杆	云台方向控制	⑳/㉑	上、下翻页按钮	参数选择时上、下翻页
⑨/⑩	菜单选择按钮	用于选择菜单显示屏上对应的菜单功能	⑰/⑱/⑲/㉒	其他按钮	功能预留按钮

6.1.3　通信接口方式及其选择

在视频监控系统中,使用串行通信来实现数据交换。目前,常用的串行通信接口有RS-232、RS-485和RS-422。RS-232是最早的串行接口标准,在短距离(小于15m)较低波特率的串行通信中应用广泛。针对RS-232接口标准通信传输距离短、波特率低的不足,在RS-232接口标准的基础上提出了RS-422和RS-485接口标准来克服这些缺陷。主机与分机控制键盘及解码器之间的通信。一般采用RS-485通信接口,有的产品则使用RS-422、RS-232C等通信接口。下面介绍RS-232、RS-422和RS-485接口标准。

无论是RS-232、RS-422还是RS-485,串口接口的外形、尺寸都是相同的,部件间可以通用互换，但其引脚的定义却各不相同，本节以9针引脚(俗称“D形”)的标准串口介绍各种接口，如表6-2所示。

表6-2 9针串行接口针脚示意图

外 形	针脚	符号	输入/输出	说 明
6 7 8 9 / 1 2 3 4 5	1	DCD	输入	数据载波检测
	2	RXD	输入	接收数据
	3	TXD	输出	发送数据
	4	DTR	输出	数据终端准备好
	5	GND	—	信号地
	6	DSR	输入	数据装置准备好
	7	RTS	输出	请求发送
	8	CTS	输入	允许发送
	9	RI	输入	振铃指示

1. RS-232通信接口方式

1) 概述

RS-232接口符合美国电子工业联盟(EIA)制定的串行数据通信的接口标准，原始编号全称是EIA-RS-232(简称232，RS-232)。它被广泛用于计算机串行接口外设连接。

RS-232标准规定的数据传输速率为每秒50、75、100、150、300、600、1200、2400、4800、9600、19 200波特。

2) 特点

RS-232是现在主流的串行通信接口之一，接口信号定义如表6-3所示，其中，针脚2/3/5是RS-232接口必连。

表6-3 RS-232接口信号定义

引脚序号	名 称	作 用	备 注
1	DCD(Data Carrier Detect)	数据载波检测	
2	RXD(Received Data)	串口数据输入	必连
3	TXD(Transmitted Data)	串口数据输出	必连
4	DTR(Data Terminal Ready)	数据终端就绪	
5	GND(Signal Ground)	地线	必连
6	DSR(Data Send Ready)	数据发送就绪	
7	RTS(Request to Send)	发送数据请求	
8	CTS(Clear to Send)	清除发送	
9	RI(Ring Indicator)	铃声指示	

由于RS-232接口标准出现较早，难免有不足之处，主要有以下四点。

(1) 接口的信号电平值较高，易损坏接口电路的芯片。RS-232接口任何一条信号线的电压均为负逻辑关系。即：逻辑“1”为－3～－15V，逻辑“0”为＋3～＋15V，噪声容限为2V。即要求接收器能识别高于＋3V的信号作为逻辑“0”，低于－3V的信号作为逻辑

“1”；TTL电平为5V表示逻辑正，0表示逻辑负。与TTL电平不兼容，故需使用电平转换电路方能与TTL电路连接。

（2）传输速率较低。在异步传输时，比特率为20kb/s，在51CPLD开发板中综合程序波特率只能采用19 200，也是这个原因。

（3）接口使用一根信号线和一根信号返回线而构成共地的传输形式。这种共地传输容易产生共模干扰，所以抗噪声干扰性弱。

（4）传输距离有限。最大传输距离标准值为50英尺，实际上也只能用在15m左右。

（5）RS-232只允许一对一通信（单站能力），如图6-6所示。

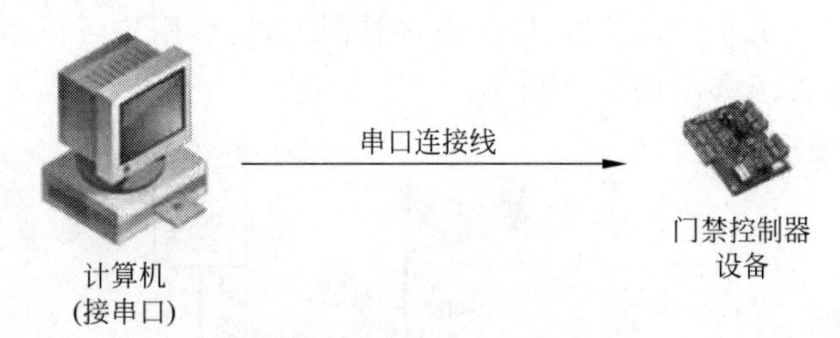

图6-6　RS-232通信原理接线图

2. RS-485通信接口方式

1）概述

在RS-422基础上制定了RS-485标准，增加了多点、双向通信能力，即允许多个发送器连接到同一条总线上，同时增加了发送器的驱动能力和冲突保护特性，扩展了总线共模范围。接口信号定义如表6-4所示。在要求通信距离为几十米到上千米时，广泛采用RS-485串行总线。RS-485采用平衡发送和差分接收，因此具有抑制共模干扰的能力。加上总线收发器具有高灵敏度，能检测低至200mV的电压，故传输信号能在千米以外得到恢复。

表6-4　RS-485接口信号定义

序　号	名　称	作　用	备　注
1	Data－/B/485－	发送正	必连
2	Data＋/A/485＋	接收正	必连
5	GND(Signal Ground)	地线	不连
9	－9V	电源	不连

RS-485有两根信号线：发送和接收都是A和B，收发共用两根线，所以不能够同时将收和发定义为半双工的。由于RS-485采用半双工工作方式，任何时候只能有一点处于发送状态，因此发送电路须由使能信号加以控制。

2）特点

RS-485用于多点互连时非常方便，可以省掉许多信号线。应用RS-485可以联网构成分布式系统，其允许最多并联32台驱动器和32台接收器。针对RS-232C的不足，新标准RS-485具有以下特点。

(1) RS-485 的电气特性：逻辑“1”以两线间的电压差+2～+6V 表示，逻辑“0”以两线间的电压差-6～-2V 表示。接口信号电平比 RS-232C 降低了，就不容易损坏接口电路芯片，且该电平与 TTL 电平兼容，可方便与 TTL 电路连接。

(2) 数据最高传输速率为 10Mb/s。

(3) RS-485 接口采用平衡驱动器和差分接收器的组合，抗共模干扰能力强，即抗噪声性能好。

(4) RS-485 接口的最大传输距离标准值为 4000 英尺，实际上可达 3000m。

(5) RS-232C 接口在总线上只允许连接一个收发器，即单站能力；而 RS-485 接口在总线上允许连接多达 128 个收发器，即具有多站能力，这样用户可以利用单一的 RS-485 接口方便地建立设备网络，如图 6-7 所示。

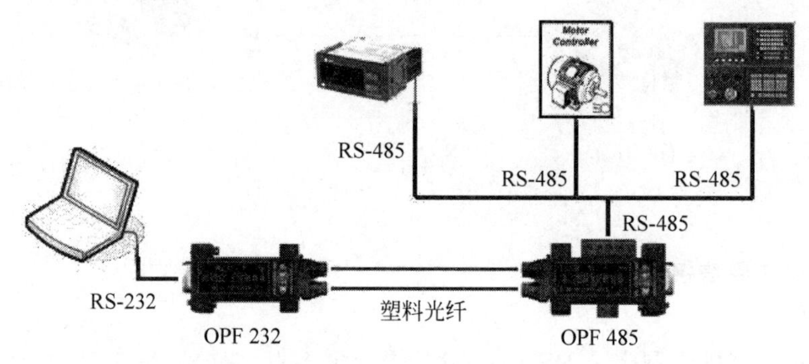

图 6-7 RS-485 通信原理接线图

3. RS-422 通信接口方式

1) 概述

RS-422 标准的全称是“平衡电压数字接口电路的电气特性”，它定义了接口电路的特性。实际上还有一根信号地线，共 5 根线。接口信号定义如表 6-5 所示。由于接收器采用高输入阻抗且发送驱动器具有比 RS-232 更强的驱动能力，故允许在相同传输线上连接多个接收结点，最多可接 10 个结点。包括一个主设备(Master)，其余为从设备(Slave)，从设备之间不能通信，所以 RS-422 支持点对多的双向通信。接收器输入阻抗为 4kΩ，故发出端最大负载能力是 10×4kΩ+100Ω(终接电阻)。

表 6-5 四线全双工 RS-422 接口信号定义

序号	名称	作用	备注
1	GND(Signal Ground)	地线	
2	TXA	发送正	TX-或 A，必连
3	RXA	接收正	RX-或 Y，必连
4	TXB	发送负	TX-或 B，必连
5	RXB	接收负	RX-或 Z，必连
6	+9V	电源	不连

RS-422 和 RS-485 电路原理基本相同，都是以差动方式发送和接收，不需要数字地线。差动工作是同速率条件下传输距离远的根本原因，这正是二者与 RS-232 的根本区

别。因为RS-232是单端输入输出，双工工作时至少需要数字地线、发送线和接收线三条线（异步传输），还可以加其他控制线完成同步等功能。

RS-422通过两对双绞线可以全双工工作，收发互不影响；而RS-485只能半双工工作，发收不能同时进行，但它只需要一对双绞线。RS-422和RS-485在19kb/s下能传输1200m。

RS-422的电气性能与RS-485完全一样，主要的区别在于：RS-422有4根信号线，两根发送（Y、Z）、两根接收（A、B）。由于RS-422的收与发是分开的，所以可以同时收和发（全双工）。RS-485有两根信号线：发送和接收。

2）特性

RS-422四线接口由于采用单独的发送和接收通道，因此不必控制数据方向，各装置之间任何必需的信号交换均可以按软件方式（XON/XOFF握手）或硬件方式（一对单独的双绞线）进行。RS-422的最大传输距离为4000英尺（约1219m），最大传输速率为10Mb/s。其平衡双绞线的长度与传输速率成反比，在100kb/s速率以下，才可能达到最大传输距离。只有在很短的距离下才能获得最高速率传输。一般100m长的双绞线上所能获得的最大传输速率仅为1Mb/s。

RS-422需要终接电阻，要求其阻值约等于传输电缆的特性阻抗。在短距离传输时可不需要终接电阻，即一般在300m以下时不需要终接电阻。终接电阻接在传输电缆的最远端。

4. RS-232/RS-422/RS-485三者间的区别

RS-232、RS-422、RS-485三种接口如图6-8所示。

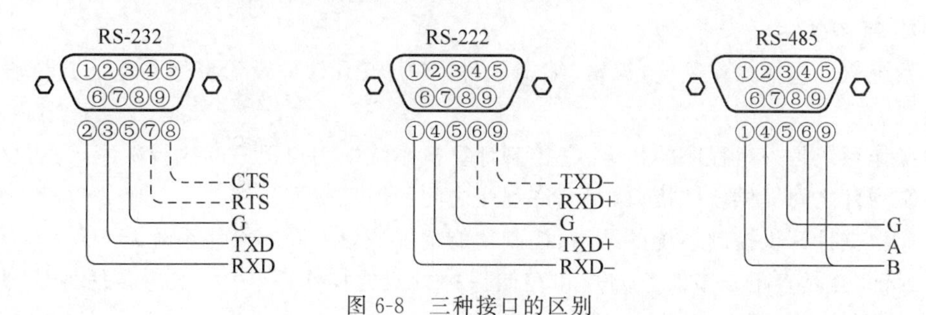

图6-8　三种接口的区别

（1）通信距离。RS-232口最大通信距离是15m，而RS-422/RS-485最大通信距离是1200m。

（2）所连接设备个数。RS-232只能连接一个设备，是为点对点（即只用一对收、发设备）通信而设计的，其驱动器负载为3～7kΩ。所以RS-232适合本地设备之间的通信。而RS-485可以连接多个设备。

（3）三种端口的定义。RS-232是标准接口，为D形9针头，所连接设备的接口的信号定义是一样的。而RS-422/RS-485为非标准接口，一般为15针串行接口（也有使用9针接口的），每个设备的引脚定义也不一样。

（4）RS-422和RS-485的区别：RS-422为4线制，全双工模式；RS-485为两线制，半双工模式。

(5) RS-232、RS-422与RS-485都是串行数据接口标准。RS-232是PC与通信中应用最广泛的一种串行接口。RS-232被定义为一种在低速率串行通信中增加通信距离的单端标准。RS-232采取不平衡传输方式,即所谓单端通信,而RS-232采取不平衡传输方式,即所谓的单端通信,而RS-485用于多点互连时非常方便,可以省掉许多信号线。应用RS-485可以联网构成分布式系统,其最多允许并联32台驱动器和32台接收器。

5. RS-232转换为RS-485的两种方法

(1) 通过RS-232/RS-485转换电路可将PC串口RS-232信号转换成RS-485信号,对于情况比较复杂的工业环境最好是选用防浪涌带隔离栅的产品。

(2) 通过PCI多串口卡,可以直接选用输出信号为RS-485类型的扩展卡。

6.1.4 控制系统软件设计及其抗干扰

计算机控制系统除了要有较好性能的硬件配置之外,还需配置功能齐全的软件,以实现实时监控、数值计算、数据处理及各种控制算法等功能。

计算机控制系统的软件由于其系统功能的要求应当具有以下特点。

(1) 实时性。对系统的一组特定的输入,在未发生变化前,系统能做出适当的反应。

(2) 并发性。能支持多任务并行操作,具有资源共享、保护功能,并能有效地进行联网通信。

(3) 随机性。能及时响应偶发性事件,并能对这些事件做出正确的判断和处理。

(4) 良好的界面。软件应当有友好的界面,以利于参数的调整和操作人员的操作。

计算机控制系统的软件分为系统软件和应用软件两大类。

1. 系统软件

系统软件包括操作系统,编辑、编译软件,各类工具软件及诊断系统等;其核心是操作系统。

操作系统是一组程序的集合,它控制计算机系统中用户程序的执行次序,为用户程序与系统硬件之间提供软件接口,并允许程序之间的信息交换。

应根据计算机控制系统的结构、控制功能情况选用不同的操作系统。

目前,在具有抢先多任务方式和存储保护方式的操作系统中,支持多任务处理和联网,其主要特点如下。

(1) 抢先多任务,可同时执行多个任务,当磁盘在后台存取或打印任务被提交时,用户仍可执行其他任务。

(2) 存储器保护可保证多个程序运行在各自的内存区域,不受其他应用程序在使用时的影响。

(3) 网络特性提供了用户资源的共享。

当控制系统比较简单,例如由单片机构成的简单控制器中,往往不用操作系统的支持,只需为系统配置一个监控程序即可达到控制的目标。监控程序可以是买硬件时附带的,即由厂家提供,也可以由用户自己编写。

监控程序应当由以下几个部分组成:初始化程序,键盘和显示程序,中断处理程序,信息输入/输出程序。

(1) 初始化程序。包括各种可编程接口芯片的初始化，堆栈、寄存器和数据缓冲器的设定，中断类别和优先级的设定。

(2) 键盘和显示程序。用于监测键盘的操作，执行键盘的功能程序及控制系统中所用各类显示器的显示。

(3) 中断处理程序。完成中断的申请、判断中断优先级和中断服务程序的执行。

(4) 信息输入/输出程序。如模拟量的A/D转换，开关量的输入/输出等。

2. 计算机控制系统的应用程序

微机控制系统的应用程序从功能分大致可划分为以下两大类。

(1) 专用控制程序，如数据采集程序、实时控制程序、控制算法程序等。

(2) 常用控制程序，如数值计算、数字滤波、标度变换、非线性参数补偿和报警程序等。

1) 专用控制程序

(1) 数据采集程序。数据采集包括现场信息的采集、放大、量化、编码、A/D等过程，配合硬件系统完成数据采集所编写的程序。

(2) 实时控制程序。通常指计算机输出量控制执行器的执行编写的程序，如交流电机控制程序、步进电机控制程序等。

(3) 控制算法程序。解决计算机控制系统的控制方法，并且用软件来实现。如为实现PID控制、直接数字控制、最优控制和智能控制编写的程序。

2) 常用控制程序

生产对象种类繁多，要求各异，常用控制程序的类型和内容也十分丰富。下面选择一些最基本和常用的程序进行简单的介绍：查表法实现数值计算；数字滤波程序；标度变换程序；非线性参数补偿方法；报警程序。

(1) 查表法实现数值计算。

在计算机控制系统中，有些参数的计算非常复杂，直接计算要耗费较多的时间，影响控制的实时性。为了解决上述问题，可采用查表法。

查表法是将事先计算或测得的数据按一定顺序编制成表格，根据任务的需要从被测参数的值或中间结果中找出所需要的结果。查表是一种非数值计算方法，利用此方法可完成数据的计算、转换、补偿等工作，具有程序简单、执行速度快等优点。

表格的排列有两种方法：无序排列和有序排列。表格的排列方法对查表的速度和繁简程度有影响。

(2) 数字滤波程序。

在工业控制系统中，由于环境恶劣，常存有各种干扰源，使采样值偏离真实值。对于这种随机出现的干扰信号，可采用数字滤波程序，对多次采样信号进行滤波，提高采用值的准确度，减少各种干扰，保证系统可靠工作。

数字滤波与RC滤波相比，具有以下优点。

① 无须增加硬件，只需编写一段数字滤波程序；

② 可多通道共享，不存在阻抗匹配问题，可靠性高；

③ 滤波的频率范围宽，如可对0.01Hz的信号进行滤波；

④ 可改变参数或选择不同的方法进行修改,使用方便灵活。

数字滤波方法很多,常用的有程序判断滤波、中值滤波、算术平均值滤波、加权平均值滤波等。

(3) 非线性参数补偿方法。

在控制系统中,许多参数都是非线性的。非线性参数很难用数学式来表示,因此,其计算和处理都较困难。即使有时可用解析表达式表示,但由于解析式复杂,计算时不但麻烦,而且误差也较大。

用软件进行非线性参数的补偿不仅可节省硬件开支,而且可使测量的精度提高。

(4) 报警程序。

在微机控制系统中,为了安全可靠,对一些重要的参数和系统的部件应当设有紧急报警系统,以便在发生问题时提醒操作人员注意,避免事故的发生。

通常的方法是将计算机采集的数据与给定的上、下限值进行比较,如果高于上限或低于下限值则进行报警。

在控制系统中可采用声、光及语言报警。

声音报警可由简单的电铃、电笛或频率可调的蜂鸣振荡器提供,模拟声音集成电路芯片 KD-956X 系列,其特点是:工作电压范围宽,静态电流低;外接电阻可调节声音的节奏;通过外接三极管可驱动扬声器。

光报警常用发光二极管或闪烁的白炽灯。微机输出经锁存和放大驱动发光二极管或闪烁的白炽灯。

语言报警需要进行语音的采集、处理、合成等技术,虽然较生动,报警也准确,但硬、软件都较复杂。

6.1.5 微机控制系统的干扰及其解决措施

具有良好的抗干扰性,是衡量微机控制系统可靠性的一个标准。由于抗干扰性的理论十分复杂,技术也十分精密,需要大量的实践检验,因此抗干扰技术相对发展缓慢。近些年,通过大量的实践积累,微机控制系统的抗干扰性研究终于取得一些成果。下面就微机控制系统抗干扰性的原因与抑制抗干扰性的技术进行介绍。

1. 微机控制系统干扰概述

1) 分类和来源

以干扰信号进入微机控制系统的途径分类,可分为电磁感应干扰、电源线干扰、传输通道干扰。例如,电网、电压和频率的变化,波形发生畸变,变压器投入切除时的磁涌流,雷电波的入侵,谐波电流等,都能对微机系统形成干扰。

以干扰信号进入微机控制系统的方式分类,又可分为串模干扰、共模干扰、数字电路干扰、电源干扰、地线系统干扰。串模干扰一般是指叠加在被测信号上的干扰,串模可能来自干扰源,也可能来自被测信号本身;共模干扰,一般是放大器或 A/D 转换器两个输入端上共有的干扰。现场产生干扰的环境条件与计算机接地设备的情况决定了干扰幅度的高低。

以干扰原因发生自微机控制系统的内外分类,属于微机外部的原因形成的干扰都可以称为外部干扰，由微机元件、导线之间因分步电容形成的干扰属于计算机内部的干扰。

2）危害

由于干扰源产生的特性比较复杂，如有些干扰既来源于传导干扰也来源于辐射干扰，这些干扰使系统引起间歇性和随机性的故障，原因又很难查找分析，因此给系统带来严重的危害，也影响系统的工作。

2. 对各种干扰的抑制措施

1）使用数字滤波器抑制干扰

与过去的模拟滤波器的不足之处相比，数字滤波器通过一定的计算程序减少信号传输中的干扰，它能有效地抑制微机控制系统中的常态干扰。数字滤波的方法很多，常用的有：程序判断滤波、中值滤波、算术平均值滤波、加权平均值滤波等。

(1) 程序判断滤波。

现场的许多量的变化都需要一定的时间，相邻两次采样值之间的变化有一定的限度。程序判断滤波的方法是根据生产经验确定出相邻两次采样信号之间可能出现的最大偏差，并以此来判断本次采样的取舍。当采样信号由于随机干扰造成尖峰干扰或检测严重失真时，可采用此方法。

程序判断滤波可分为限幅和限速滤波两种。

① 限幅滤波方法：两次相邻的采样值相减，其增量(绝对值)与允许的最大差值(由经验确定)相比。

$Y(K)-Y(K-1)\leqslant \Delta Y$，则取本次采样值 $Y(K)$。

$Y(K)-Y(K-1)\geqslant \Delta Y$，则取上次采样值 $Y(K-1)$。

限幅滤波使用范围：限幅滤波使用于比较缓慢变化的参数，如温度、位置等测量系统。限幅滤波中的 ΔY 的选取是关键；若取值太大，干扰信号可能进入；若取值太小，采样信号进不来；可由经验和实验获得。

② 限速滤波方法：采用三次采样值决定采样结果。

$Y(2)-Y(1)\leqslant \Delta Y$ 时，取 $Y(2)$输入计算机。

$Y(2)-Y(1) > \Delta Y$ 时，继续采样 $Y(3)$。

$Y(3)-Y(2)\leqslant \Delta Y$ 时，取 $Y(3)$输入计算机。

$Y(3)-Y(2)>\Delta Y$ 时，取$[Y(3)+Y(2)]/2$ 输入计算机。

限速滤波方法兼顾了采样的实时性和采样值变化的连续性，所以可以得到较好的滤波效果。

在限速滤波中，ΔY 的取值仍是个较困难的问题，在实际应用中，可取$[Y(1)-Y(2)+Y(2)-Y(3)]/2$ 取代 ΔY。

(2) 中值滤波。

方法：某参数连续采样 n 次(奇数)，将 n 次采样值排序，取中间值作为本次采样值。

中值滤波方法对脉冲引起的不稳定较有效，但只使用于变化缓慢的量。在编程时，先将采样值从大到小或从小到大排序，再取中间值。

用 MCS-51 单片机汇编语言编写中值滤波程序时，先对 N 个采样值进行排序，再取中间值。

（3）算术平均值滤波。

$$Y(K)=\frac{1}{N}\sum_{i=1}^{N}X(i)$$

其中，$Y(K)$是第 K 次 N 个采样值的算术平均值，$X(i)$是第 i 次采样值。

算术平均值滤波可对压力、流量等周期性脉动的采样值进行平滑加工，对脉冲干扰则不理想。当采样值 N 增大时，平滑度提高，但系统的灵敏度下降。

（4）加权平均值滤波。

$$Y(K)=\sum_{i=0}^{n-1}C_iX_{n-1}$$

其中，$\sum C_i$ 为各次采样值的系数，它可体现各次采样值在平均值中所占的比例，又称权。

采用加权平均值滤波时，计算上常将采样次数越靠后的值取的比例越大，目的是增加新的采样值在平均值中的比例。

加权平均值滤波可根据需要改变采样值的权的轻重，从而突出采样信号的某些部分，抑制另一部分，运用得当可获得较好的滤波效果。

其他滤波方式：滑动平均值滤波，复合数字滤波，RC 滤波等。

2）继电器抑制交流电源干扰

停电、电压变化、闪变、电压波形缺口、高次谐波畸变、高频瞬态电压、浪涌、脉冲以及噪声，都能产生交流变网的噪声与干扰。一个继电器可抑制交流电源对系统的干扰。往往安装继电器之后可以配合以下措施进一步抑制干扰。

电网波动较大的干扰，可以采用交流稳压器，对规模较大和需要供电质量较高的系统采用公共接地点，或 UPS 不间断供电系统，通过改善供电电源的性能，降低对系统的干扰。

侵入电网的外部高频干扰，使用低通滤波器抑制。

电网侵入的瞬态强脉冲、射频可使用隔离变压器、噪声滤波器等装置。

电源或电源回路中的干扰，一是通过合理的布线解决，布线时尽量减少回路环的面积以降低感应噪声线时，电源线和地线要尽量粗；二是接地引入端与电源的集成电路芯片间可以接入一个去耦电容，即 0.01～0.1μF 的无感瓷片电容，还可在每块电路板上装稳压块，另外，可在电源和地线的引入处接入 10～100μF 的电容和 0.01～0.1μF 的无感瓷片电容，抑制逻辑电路板的电源线与地受驱动器的干扰。

3）接地方式抑制干扰

微机控制系统有以下几种接地线：交流供电回路 50Hz 地线（交流地）；直流供电回路地线（直流地）；为防止静电感应和磁场感应设置的地线（屏蔽地）；逻辑开关网络地线（数字地）；A/D 转换、前置放大器和比较器的地线（模拟地）；大电流网络部件地线（功率地）；信号传感元件地线（信号地）。可以根据微机控制系统，合理地配置接地线，保证系统自身的安全与抗干扰性能。

4）抵制过程通道的干扰

微机控制系统的导线分散在生产现场各个地方，被检测和被控制的参量很多，干扰信号容易侵入过场导线的信号和发出控制信号，对此可以用以下方法抑制。

（1）使用带通滤波器、高通滤波器等来抑制频率不同的干扰信号。

(2) 采取隔离或者屏蔽的措施,防止电磁耦合干扰。

(3) 及早完成A/D转换。

(4) 使用光电耦合器或者使用变压器把模拟信息与数字信息隔离,让被测信息通过两者之间获得通路,如果形不成回路,便可以抑制共模干扰。

(5) 仪表放大器具有共模抑制能力强、输入阻抗高、漂移低、增益可调等特点,可以抑制部分程度的共模干扰。

3. 总结

微机控制系统中的干扰信息,形成的环境比较复杂,系统自身也不够完善,因此会出现各种干扰,此时,可以增强系统的抗干扰能力,积极运用系统抗干扰的方法,让系统能不受干扰正常运行。目前对微机控制系统出现干扰的分析,及实践中出现解决抗干扰的措施,都没有完全解决现存的问题。要真正排除干扰,需要在理论研究的基础上,配合实践做更多的探索。

6.2　视频切换器及模拟与数字视频矩阵切换主机

视频切换器是组成控制中心中主控制台上的一个关键设备,是选择视频图像信号的设备。简单地说,将几路视频信号输入,通过对其控制,选择其中一路视频信号输出。在多路摄像机组成的电视监控系统中,一般没必要用同摄像机数量一样的监视器一一对应显示各路摄像机的图像信号。如果那样,则成本高,操作不方便,容易造成混乱,所以一般都是按一定的比例用一台监视器轮流切换显示几台摄像机的图像信号。视频切换器目前多采用由集成电路做成的模拟开关。这种形式切换控制方便,便于组成矩阵切换形式。切换的控制信号可采用编码方式。

6.2.1　普通视频切换器

多路视频信号要送到同一处监控,可以一路视频对应一台监视器,但监视器占地大,价格贵,如果不要求时时刻刻监控,可以在监控室增设一台视频切换器,如图6-9所示。把摄像机输出信号接到切换器的输入端,切换器的输出端接监视器,切换器的输入端分为2、4、6、8、12、16路,输出端分为单路和双路,而且还可以同步切换音频(视型号而定)。切换器有手动切换和自动切换两种工作方式,手动方式是想看哪一路就把开关拨到哪一路;自动方式是让预设的视频按顺序延时切换,切换时间通过一个旋钮可以调节,一般为1~35s。切换器连接简单,操作方便,但在一个时间段内只能观看输入中的一个图像。要在一台监视器上同时观看多个摄像机图像,就需要用画面分割器。

图6-9　视频切换器

6.2.2　模拟式视频矩阵切换主机

1. 视频矩阵

视频矩阵是指通过阵列切换的方法将M路视频信号任意输出至N路监控设备上的电子装置,犹如M台摄像机和N台监视器构成的$M\times N$矩阵。一般情况下,矩阵的输入大于输出，即 $M>N$。视应用需要和装置中模板数量的多少，矩阵切换系统可大可小，小型系统是 4×1，大型系统可以达到 1024×256 或更大。

2. 视频矩阵切换主机

视频矩阵切换主机是闭路电视监控系统的核心，多为插卡式箱体，内有电源装置，插有一块含微处理器的 CPU 板、数量不等的视频输入板、视频输出板、报警接口板等，有众多的视频 BNC 接插座、控制连线插座及操作键盘插座等，如图 6-10 所示。具备的主要功能如下。

(1) 接收各种视频装置的图像输入，并根据操作键盘的控制将它们有序地切换到相应的监视器上供显示或记录，完成视频矩阵切换功能。编制视频信号的自动切换顺序和间隔时间。

(2) 接收操作键盘的指令，控制云台的上下、左右转动，镜头的变倍、调焦、光圈，室外防护罩的雨刷。

(3) 键盘有口令输入功能，可防止未授权者非法使用本系统，多个键盘之间有优先等级安排。对系统运行步骤可以进行编程，有数量不等的编程程序可供使用，可以按时间来触发运行所需程序。

(4) 有一定数量的报警输入和继电器接点输出端，可接收报警信号输入和端接输出。有字符发生器，可在屏幕上生成日期、时间、场所摄影机等信号。

(5) 还有与计算机的接口。

图 6-10 视频矩阵切换主机

3. 模拟式视频矩阵切换主机

目前的视频矩阵就其实现方法来说有模拟矩阵和数字矩阵两大类。其中，模拟式视频切换是在模拟视频层完成的，如图 6-11 所示。信号切换主要是采用单片机或更复杂的芯片控制模拟开关实现的。

图 6-11 模拟视频矩阵切换主机

6.2.3　数字式视频矩阵切换主机

1. 数字视频矩阵概述

数字矩阵视频切换在数字视频层完成，这个过程可以是同步的也可以是异步的。数字矩阵的核心是对数字视频的处理，需要在视频输入端增加 A/D 转换，将模拟信号变为数字信号，在视频输出端增加 D/A 转换，将数字信号转换为模拟信号输出。视频切换的核心部分由模拟矩阵的模拟开关，变成了对数字视频的处理和传输。

2. 数字视频矩阵分类

根据数字视频矩阵的实现方式不同，数字视频矩阵可以分为总线型和包交换型。

1）总线型数字视频矩阵

顾名思义，总线型数字矩阵就是数据的传输和切换是通过一条共用的总线来实现的，例如 PCI 总线。

总线型矩阵中最常见的就是 PC-DVR 和嵌入式 DVR。对于 PC-DVR 来说，它的视频输出是 VGA，通过 PC 显卡来完成图像显示，通常只有一路输出（一块显卡），两路输出的情况（两块显卡）已经很少。嵌入式 DVR 一般的视频输出是监视器，一些新的嵌入式 DVR 也可以支持 VGA 显示。在上面的两个例子中，它们都可以实现一路视频输出（还可以进行画面分割），可以把这两款产品当作视频矩阵的一个特例，也就是一个只有一路视频输出的特殊情况。

2）包交换型数字视频矩阵

包交换型矩阵是通过包交换的方式（通常是 IP 包）实现图像数据的传输和切换。包交换型矩阵目前已经比较普及，比如已经广泛应用的远程监控中心，即在本地录像端把图像压缩，然后把压缩的码流通过网络（可以是高速的专网、Internet、局域网等）发送到远端，在远端解码后，显示在大屏幕上。包交换型数字矩阵目前有两个比较大的局限性：延时大、图像质量差。由于要通过网络传输，因此不可避免地会带来延时，同时为了减少对带宽的占用，往往都需要在发送端对图像进行压缩，然后在接收端实行解压缩，经过有损压缩过的图像很难保证较好的图像质量，同时编码、解码过程还会增大延时。所以目前包交换型矩阵还无法适用于对实时性和图像质量要求比较高的场合。

3. 数字视频矩阵切换器

专为数字视频信号的显示切换而设计的高性能智能矩阵开关设备，用于将各路视频输入信号切换到视频输出通道中的任一通道上，主要应用于广播电视工程、多媒体会议厅、大屏幕显示工程、电视教学、指挥控制中心等场合。

4. 数字视频矩阵切换器分类

1）VGA 矩阵切换器

VGA 矩阵切换器专门用于对计算机显示器信号进行切换和分配，可将多路信号从输入通道切换输送到输出通道中的任一通道上，并且输出通道间彼此独立，如图 6-12 所示。

简单地说，就是可以将进来的多路输入信号中的任意一个显示到任意一个指定的显示器。“矩阵”本身是一个数学概念，它在电子行业里是一类电子产品的简称，全名叫作

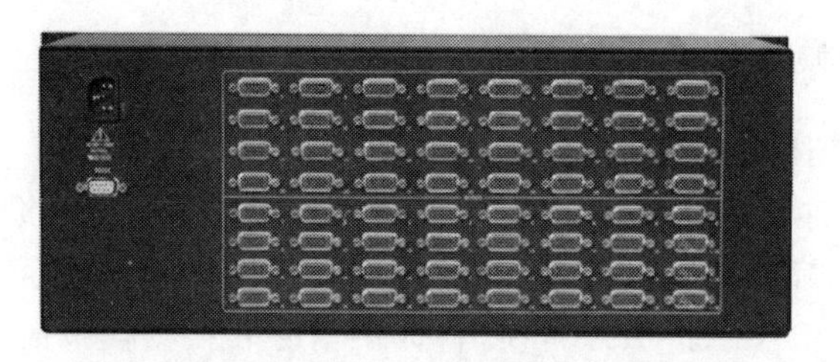

图 6-12　32 进 32 出 VGA 矩阵切换器

“矩阵切换器”。矩阵切换器中的“矩阵”两字，是引用了高等数学线性代数中的矩阵概念。具体到矩阵切换器这个电子产品中，一般指在多路输入的情况下有多路的输出选择，形成矩阵结构。在生产和生活中，广大劳动人民的智慧是强大的，因此它就被简称为“矩阵”了。总的来说，矩阵切换器是一类切换多路信号输入输出的设备。通俗地讲，矩阵切换器是将一路或多路音视频信号分别传输给一个或者多个显示设备，如两台计算机主机要共用一个显示器，矩阵切换器可以将两台计算机主机上的内容任意切换到同一个或多个显示器上。矩阵切换器，按信号源可以分为 VGA、AV、DVI 矩阵切换器等。目前，矩阵切换器主要应用于大屏幕拼接、视频会议工程、音视频工程、监控等需要用到多路音视频信号交替使用的工程中。

VGA 接口采用非对称分布的 15pin 连接方式，其工作原理是将显存内以数字格式存储的图像(帧)信号在 RAMDAC 里经过模拟调制成模拟高频信号，然后再输出到投影机成像，这样 VGA 信号在输入端(投影机内)就不必像其他视频信号那样还要经过矩阵解码电路的换算。从前面的视频成像原理可知，VGA 的视频传输过程是最短的，所以 VGA 接口拥有许多优点，如无串扰、无电路合成分离损耗等。

2) AV 矩阵切换器

AV 矩阵切换器专门用于对视频信号和音频信号(非平衡立体声音频信号)进行切换和分配，可将多路信号从输入通道切换输送到输出通道中的任一通道上，并且输出通道间彼此独立，部分产品允许视、音频异步控制，如图 6-13 所示。

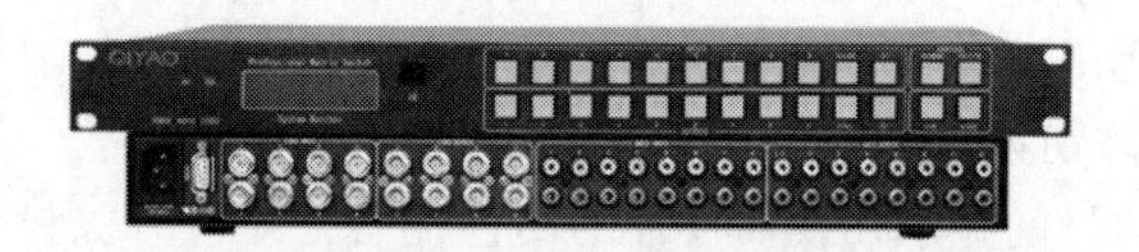

图 6-13　8 进 8 出 AV 矩阵切换器

视音频矩阵切换器带有断电现场保护、场逆程切换等功能，具备与计算机联机使用的 RS-232 通信接口，红外控制，网络控制；视音频矩阵切换器采用新型的 LED 面板显示和轻触式按键确保状态显示更加直观，更加合理，设备操作更加简便。

AV 接口：通常都是成对的白色的音频接口和黄色的视频接口，它通常采用 RCA(俗称莲花头)进行连接，使用时只需要将带莲花头的标准 AV 线缆与相应接口连接起来即可。AV 接口实现了音频和视频的分离传输，这就避免了因为音/视频混合干扰而导致的图像质量下降。但由于 AV 接口传输的仍然是一种亮度/色度(Y/C)混合的视频信号，仍然需要显示设备对其进行亮/色分离和色度解码才能成像,这种先混合再分离的过程必然会造成色彩信号的损失,色度信号和亮度信号也会有很大的机会相互干扰从而影响最终输出的图像质量。AV 还具有一定生命力,但由于它本身 Y/C 混合这一不可克服的缺点,因此无法在一些追求视觉极限的场合中使用。

3) 混合矩阵切换器

混合矩阵切换器的输入口有 VGA 接口、Video 复合视频、S 端子、DVI-D 接口、HDMI 接口,在设备内部通过信号的转换形成统一的一种信号;再通过全交叉切换,输出统一 VGA 接口,也可以是其他的接口;这样就可以适应比较多的复杂应用,如图 6-14 所示。

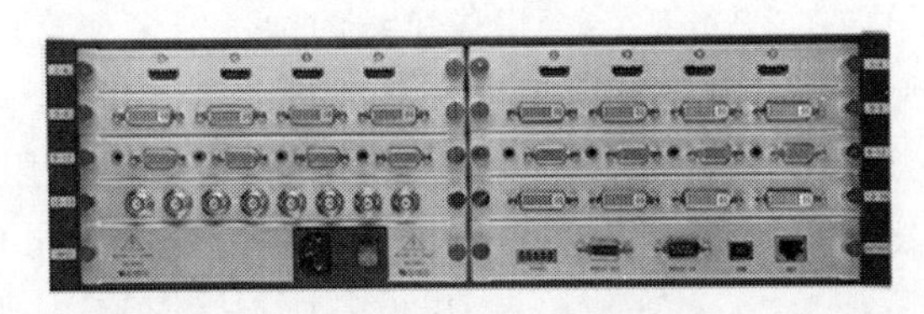

图 6-14 16 进 16 出混合矩阵

5. 数字矩阵切换器的特性

(1) 实现信号 1.485Gb/s 超高带宽保真传输。

(2) 带有自动增益技术。

(3) 内置智能电源管理单元及冗余电源,系统工作更加稳定。

(4) 超强的智能检测系统,可以对设备的控制接口、电源系统、操作系统进行智能自检、智能报错。

(5) 强大的控制接口保护功能,防静电、防雷击,并且具有 RS-232 控制接口。

(6) 更富有人性化的菜单设计,两种键盘操作模式,更加符合不同客户的操作习惯。

(7) 内置 32 组切换预设模式,更加便于客户迅速调用切换模式。

(8) 强大的红外遥控功能,设备同时具有本地遥控和红外遥控,可实现脱离计算机或中控进行远程操作。

(9) 内置系统自恢复功能,当客户操作出现失误时,执行该功能,可恢复出厂设置。

6. 数字矩阵切换器的应用

主要应用于广播电视工程、多媒体会议厅、大屏幕显示工程、电视教学、指挥控制中心等。

7. 数字矩阵切换器的控制方式

按键控制:通过面板按键直接切换。

红外遥控控制:使用红外遥控器进行遥控切换。

明控矩阵管理软件:由专用矩阵管理软件控制,连接接口可以使用 RS-232 接口或 TCP/IP 接口(可选配)。

触摸屏控制及面板:使用可编程触摸屏或者面板连接即插即用。

中控控制:可以用中控系列产品及其他公司中控控制和切换。

6.3 视频分配、放大、画面分割及图像处理器

通过分配器、放大器、分割器、处理器等设备，可对原视频源进行一转多路分配、视频信号放大、画面分割及数字多画面图像处理等操作。

6.3.1 视频分配器

1. 视频分配器的定义

视频分配器是一种将一个视频信号源平均分配成多路视频信号的设备。一路视频信号对应一台监视器或录像机，若想将一台摄像机的图像送给多个管理者观看，建议选择视频分配器，如图6-15所示。因为并联视频信号衰减较大，送给多个输出设备后由于阻抗不匹配等原因，图像会严重失真，线路也不稳定。视频分配器除了阻抗匹配，还有视频增益，使视频信号可以同时送给多个短距离输出设备而不受影响，从而一定程度上保证了视频传输的同步。例如，前端摄像机采集来的视频信号通过视频分配器可以接入中心矩阵的同时，再接入硬盘录像机或显示设备等。

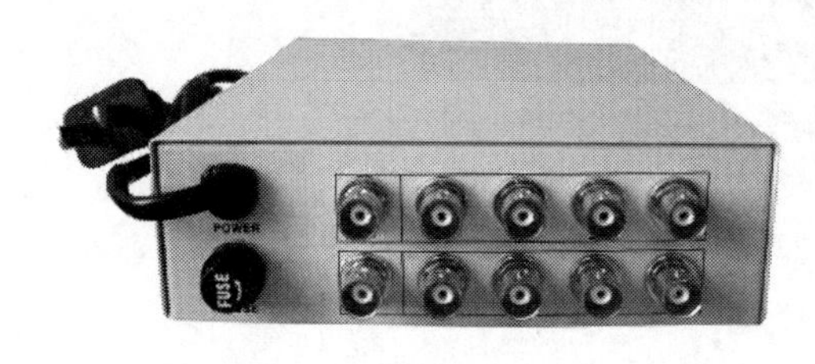

图6-15　视频分配器

视频分配器实现1路视频输入，多路视频输出的功能，使之可在无扭曲或无清晰度损失的情况下观察视频输出。通常视频分配器除提供多路独立视频输出外，兼具视频信号放大功能，故也称为视频分配放大器。

视频分配器以独立和隔离的互补晶体管或由独立的视频放大器集成电路提供4～6路独立的75Ω负载能力，包括具备兼容性和一个较宽的频率响应范围，视频输入和输出均为BNC端子。

视频分配器通常有1路输入2路输出(即1进2出)、1进4出、1进8出等。常见的视频分配器还有4入8出，8入16出，16入32出等多种型号。有的型号还带有字符叠加器和视频隔离器的功能。还有2分4、8分24、16分48等。

2. 视频分配器的分类

按照输入/输出通道可分为单路视频分配器和多路视频分配器。

单路视频分配器：将1路视频信号分配为多路视频信号输出，以供多台设备同时使用，分配输出的每一路视频信号的带宽、峰-峰值电压和输出阻抗与输入的信号格式相一致，可以把1路视频输入分配为2路、4路、8路、12路、16路与输入完全相同的视频输出，供其他视频处理器使用。

4路视频分配器：将4路视频信号均匀分配为8路、12路、16路视频信号输出，多输入视频分配器减少了单个分配器的数量，能减少设备体积，提高系统的稳定性。能对每通道的1路视频输入分配为2路、3路、4路与输入完全相同的视频输出，供其他视频处理器使用。

8路视频分配器：将8路视频信号均匀分配为16路、24路、32路视频信号输入，多输

入视频分配器减少了单个分配器的数量，能减少设备体积，提高系统稳定性。能对每通道的1路视频输入分配为2路、3路、4路与输入完全相同的视频输出，供其他视频处理器使用。

16路视频分配器：是将16路视频信号分配为32、48、64路视频信号输出，多输入视频分配器减少了单个分配器的数量，能减少设备体积，提高系统稳定性。能将每一路视频输入分配为2路与输入完全相同的视频输出，供其他视频处理器使用。

3. 视频分配器的特性

(1) 视频－3dB带宽达150～350MHz。

(2) 采用精良的线路设计及合理的信号分配，多级放大电路。

(3) 可驱动不低于300m的普通75-3电缆。

(4) 抗干扰性强，可多级联扩展。

(5) 长线驱动、防静电处理等。

4. 视频分配器的技术参数

视频输入：3dB。

带宽：150～350MHz。

信号类型：复合视频信号。

接口BNC(可选RCA)。

最小电平：0.4$V_{p\text{-}p}$。

最大电平：2.0$V_{p\text{-}p}$。

耦合方式：直流耦合。

介入增益：0dB。

输入输出阻抗：75Ω±1Ω。

6.3.2 视频放大器

1. 视频放大器的定义

视频放大器(Video Amplifier)是放大视频信号，用以增强视频的亮度、色度、同步信号的设备，如图6-16所示。当视频传输距离比较远时，最好采用线径较粗的视频线，同时可以在线路内增加视频放大器增强信号强度达到远距离传输目的。视频放大器可以增强视频的亮度、色度和同步信号，但线路内干扰信号也会被放大。另外，回路中不能串接太多视频放大器，否则会出现饱和现象，导致图像失真。

图6-16 4进4出视频放大器

2. 视频信号放大器的特点

(1) 解决远程传输：可使视频同轴电缆传输距离由几百米有效扩展到3000m。

(2) 恢复图像质量：按广播级失真度要求，有效恢复视频特性和图像质量。

(3) 提高图像质量：运用轮廓增强和高频提升功能，可使近程图像更加完美。

(4) 方便实用：采用末端补偿方式，无前端，无中继，全程可调。

3. 视频信号放大器的主要技术指标

最大输入电平：$1V_{p\text{-}p}$ 全电视信号。

输入阻抗：75Ω。

输出电平：$1V_{p\text{-}p}$ 可调±6dB。

频响：(10Hz～6MHz)±3dB。

彩色电视信号：3000m，6MHz(－7 同轴电缆)。

钳位：平均值。

频率补偿：理论最大增益 0～105dB；低频 1kHz～0.5MHz，0～30dB；中频 0.5～2MHz，0～50dB；高频 2～6MHz。

功耗：≤1W。

4. 视频信号放大器的应用

视频信号放大器在多媒体广播系统、视频交叉转换开关、高清晰度电视兼容系统、视频线路驱动器、视频分配放大器、模数转换器与数模转换器的缓冲器、直流恢复电路、超声医学、性能鉴定实验、射线和计数器等各方面都得到了广泛的应用。

6.3.3 多画面图像分割器

1. 多画面图像分割器定义

画面分割器如图 6-17 所示，又称监控用画面分割器，有 4 分割、9 分割、16 分割几种，可以在一台监视器上同时显示 4、9、16 个摄像机的图像，也可以送到录像机上记录。4 分割器是最常用的设备之一，其性价比也比较好，图像的质量和连续性可以满足大部分要求。9 分割和 16 分割价格较贵，而且分割后每路图像的分辨率和连续性都会下降，录像效果不好。另外还有 6 分割、8 分割、双 4 分割设备，但图像比率、清晰度、连续性并不理想，市场使用率很低，大部分分割器除了可以同时显示图像外，也可以显示单幅画面，可以叠加时间和字符，设置自动切换，连接报警器材等。

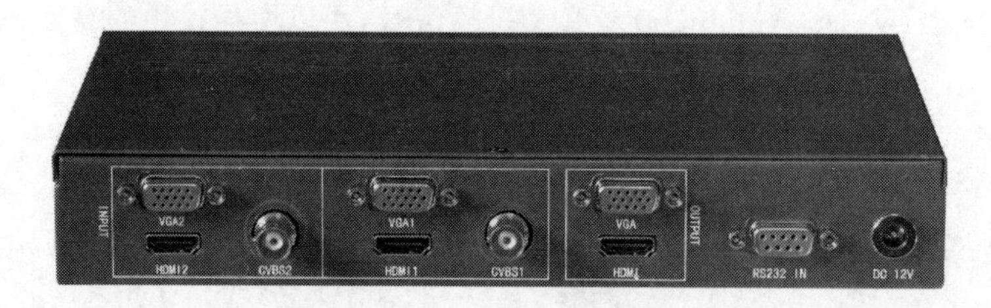

图 6-17 图像画面分割器

2. 画面分割器的基本工作原理

采用图像压缩和数字化处理的方法，将几个画面按同样的比例压缩在一个监视器的屏幕上。有的还带有内置顺序切换器的功能，此功能可将各摄像机输入的全屏画面按顺序和间隔时间轮流输出显示在监视器上(如同切换主机轮流切换画面那样)，并可用录像机按上述顺序和时间间隔记录下来。其间隔时间一般是可调的。

在大型楼宇的闭路电视监视系统中摄像机的数量多达数百个，但监视器的数量受机房面积的限制要远远小于摄像机的数量，而且监视器数量太多也不利于值班人员全面巡视。为了实现全景监视，即让所有的摄像机信号都能显示在监视器屏幕上，就需要用多画面分割器。这种设备能够把多路视频信号合成为1路输出，输入到一台监视器上，这样就可以在屏幕上同时显示多个画面。分割方式常有4画面、9画面及16画面。使用多画面分割器可在一台监视器上同时观看多路摄像机信号，而且它还可以用一台录像机同时录制多路视频信号。有些较好的多画面分割器还具有单路回放功能，即能选择同时录下多路视频信号的任意一路在监视器上满屏播放。

3. 多画面分割器的主要性能

(1) 全压缩图像，数字化处理的彩色/黑白画面分割器。

(2) 4路(或9、16路)视频输入并带有4路(或9、16路)的环接输出。

(3) 内置可调校时间的顺序切换器和独立的切换输出。根据摄像机的编号对全屏画面按顺序切换显示，每路画面的显示时间可由用户自己进行优化编程调整。

(4) 高解像度以及实时更新率。画面指标为512像素×512像素，更新率为25～30场/秒。

(5) 录像带重放时可实现1/4(或1/9、1/16)画面到全屏画面变焦(还原为实时全屏画面)。

(6) 与标准的SUPER-VHS录像机兼容(有的还具有S-VHS接口)。

(7) 有报警输入/输出接口，可与报警系统联动。报警时可调用全屏画面并产生报警输出信号启动录像机或其他相关设备。也就是说，当报警信号产生时，与该警报相关区域的场景将以全屏画面显示出来，并可自动录像。用户可自行设定警报的持续时间和录像的持续时间。报警输入接口数目与画面输入数目相同。

(8) 8个字符的摄像机名称。用户可自己编程设定给每个摄像机最多达8个字符的名称。

(9) 报警画面叠加、视频信号丢失指标。该功能可方便用户快速检查出现丢失的原因。

(10) 设置屏幕菜单编程/调用。编程简单、操作容易，人机界面友好。

(11) 电子保险锁。用户可自行设定密码，被允许的操作者才能进行系统操作。

(12) 4画面分割器带有指定区域图像放大功能，在监控中能够更清楚地看清指定区域的情况。

4. 多画面分割器的应用

画面分割器采用模块化的功能单元设计，使用最新图像处理专用技术和专用器件，运用微型计算机控制技术和数字图像处理技术，信号通道输入/输出的数量按需定制，具有非常强的系统灵活性和扩展性。

VGA画面分割器如图6-18所示，又称为VGA分割器、多窗口控制器、视频分割器、VGA分屏器等，是专业的视频画面处理与控制设备，其作用是在高分辨率的显示设备(投影机，大屏幕液晶电视或者DLP大屏)上以全屏或多窗口模式显示多路VGA或视频图像，也就是将多路VGA或者视频的画面，每一个全画面缩小成任意大小并放置于不同位置从而在屏幕上组合成多画面分割显示。

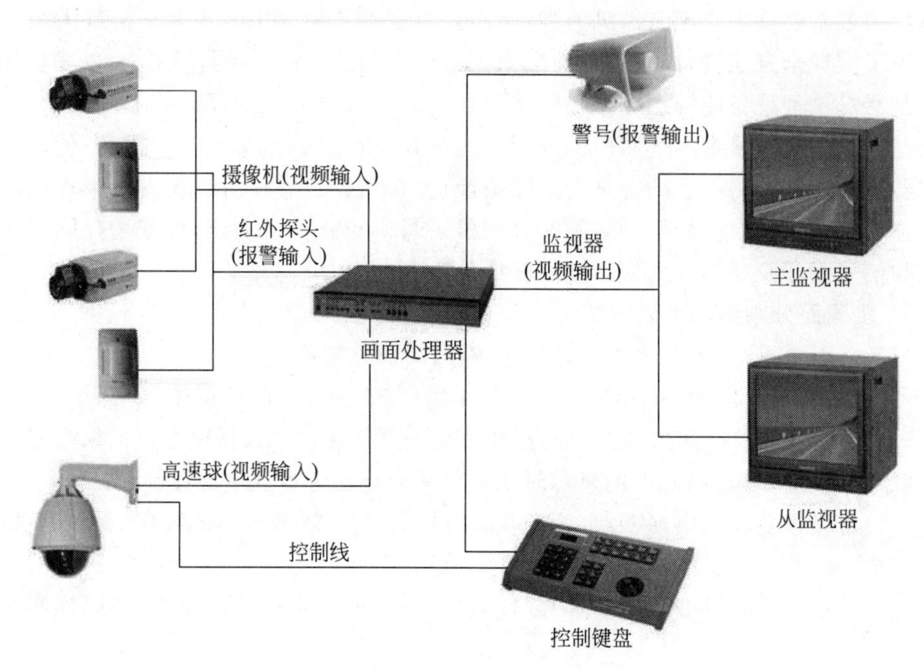

图 6-18 VGA 画面分割器

6.3.4 数字多画面图像处理器

1. 定义

多画面处理器又称多画面控制器、多画面拼接器、显示墙处理器，主要功能是将一个完整的图像信号划分成 N 块后分配给 N 个视频显示单元(如背投单元)，完成用多个普通视频单元组成一个超大屏幕动态图像显示屏，如图 6-19 所示。适合用于指挥和控制中心、网络运营中心、视频会议、会议室以及其他许多需要同时显示视频和计算机信号的应用环境。

2. 多画面处理器功能介绍

多画面处理器是为了实现多路信号输入并显示在同一个屏幕而专门研发的，具有支持多路信号，多种信号格式，以及图像信号处理、合成、分割、控制功能。此外，多画面处理器可以支持多种视频设备的同时接入，如 DVD、摄像机、卫星接收机、机顶盒、标准计算机信号。多画面处理器可以实现将多个物理输出组合成一个分辨率叠加后的超高分辨率显示输出，使屏幕墙构成一个超高分辨率、超高亮度、超大显示尺寸的逻辑显示屏，完成多个信号源(网络信号、RGB 信号和视频信号)在屏幕墙上的开窗、移动、缩放等各种方式的显示功能。

3. 应用

多画面处理器的应用领域非常广泛，可应用于如下领域。

(1) 公安、军事、铁路、交通、邮电等指挥调度系统。

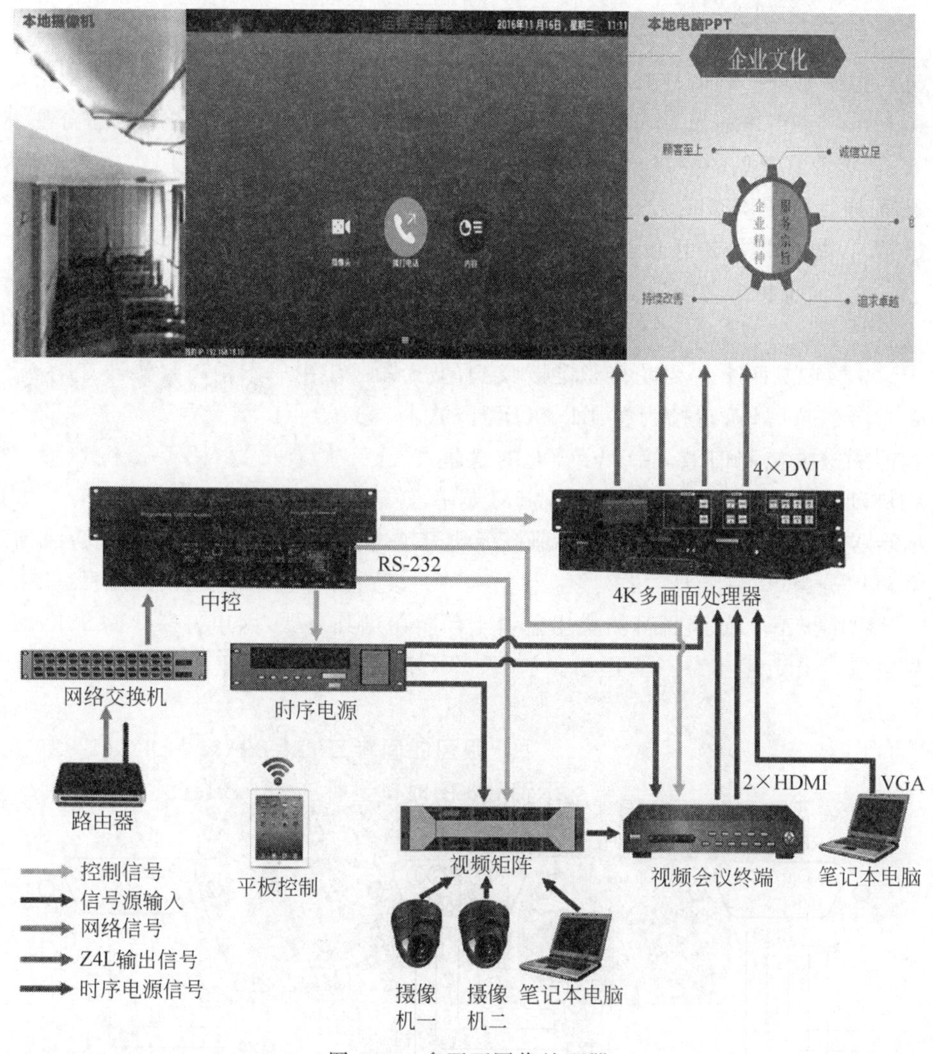

图 6-19 多画面图像处理器

(2) 商店、陈列室、博物馆、娱乐演播等场所。

(3) 图形图像编辑,三维动画,多媒体设计。

(4) 煤矿,交通,教学等。

(5) 汽车展示厅,展览馆,电视台演播厅。

(6) 金融贸易,交易场所。

6.4 云台镜头防护罩控制器

控制器一般受面板按键的控制,输入交流电压或直流电压给电动镜头或云台,使云台或电动镜头做相应动作。

6.4.1 云台控制器

云台控制系统一般由控制台、远程通信模块和云台控制模块组成。

控制台用于用户输入对云台的控制指令，例如，进行上、下、左、右各方向的行进动作，如图 6-20 所示。常见的控制台可以是一台安装了对应软件系统的 PC。

远程通信模块用于实现云台和控制台之间的通信，一方面将控制台发出的指令传输到云台，另一方面也将云台的数据反馈到控制台。

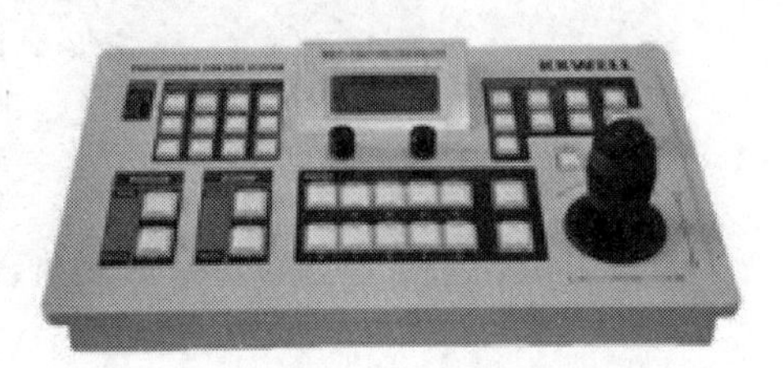

图 6-20 云台控制器

云台控制器是最核心的模块，通常安装在云台上，需要实现两个主要功能：将接收到的控制台指令进行解码，转换为控制电机运行的控制信号；根据控制信号，驱动云台上的电机进行相应动作。

云台控制器按功能分类可分为水平云台控制器和全方位云台控制器两种；如果按控制路数可以分为单路控制器和多路控制器两种。多路云台控制器如图 6-21 所示。

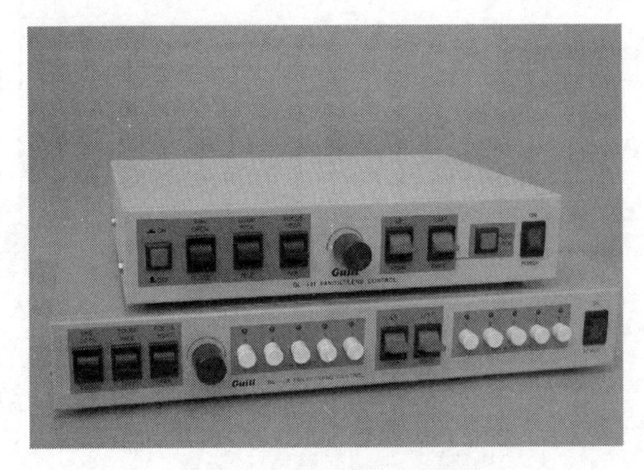

图 6-21 多路云台控制器

一般的云台均属于有线控制的电动云台。控制线的输入端有五个，其中一个为电源的公共端，另外四个分为上、下、左、右控制端。如果将电源的一端接在公共端上，电源的另一端接在"上"时，则云台带动摄像机头向上转，以此类推。

还有的云台内装继电器等控制电路，这样的云台有六个控制输入端，一个是电源的公共端，另外四个是上、下、左、右端，还有一个则是自动转动端。当电源的一端接在公共端，电源另一端接在"自动"端，云台将带动摄像机头按一定的转动速度进行上、下、左、右的自动转动。

在电源供电电压方面，常见的有 24V 交流和 220V 交流两种。云台的耗电功率，一般是承重量小的功耗小，承重量大的功耗大。

还有直流 6V 供电的室内用小型云台，可在其内部安装电池，并用红外遥控器进行遥控。大多数云台仍采用有线遥控方式。云台的安装位置距控制中心较近，且数量不多时，一般从控制台直接输出控制信号进行控制。而当云台的安装位置距离控制中心较远且数量较多时,往往采用总线方式传送编码的控制信号并通过终端解码器解出控制信号再去控制云台的转动。

云台控制器常见接口是RS-485。

6.4.2　镜头控制器

云台镜头的控制是整个闭路监视系统的一个重要组成部分,它接收来自系统控制台发出的控制命令,解释并控制云台进行上、下、左、右各方向的行进动作并对镜头进行变焦(Zoom)、聚焦(Focus)、光圈(IRIS)的控制。控制系统的要求是动作运行准确、可靠。由于云台运行动作的可控性及云台的多样性,该控制系统设计的好坏直接影响到整个闭路监视系统的可靠性与可操作性等关键指标,是整个闭路监视系统中的重要部件。云台与镜头解码控制系统主要由通信电路、云台控制电路和镜头控制电路组成,并由一片单片微机控制,摄像机电源和云台电源单独由外部供给。这样,不同的摄像机、云台控制系统都能控制。

6.4.3　云台镜头防护罩多功能控制器

云台镜头多功能控制器如图6-22所示,主要用来对云台、电动三可变镜头、防护罩的雨刷以及射灯、红外灯等其他受控制设备进行控制。该控制器对云台的控制原理及电路结构与前文的云台控制器完全一样,在此基础上,另外增加了对电动三可变镜头以及防护罩等其他受控设备的控制功能及相应电路,因此电路结构比单一功能的云台控制复杂。

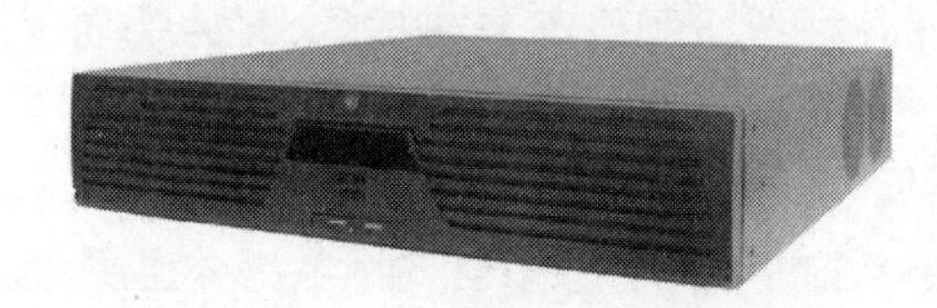

图6-22　云台镜头多功能控制器

由于电动三可变镜头内部的微型电动机均为小功率直流电动机,因此,控制器要完成对电动三可变镜头的控制,只能输出小功率的直流电压,这就要求控制器内部具有稳压的直流电源,这一电源通常为直流6～12V。在实际应用中,为了能更精确地对镜头调校或在小范围内调整镜头光圈,一般希望电动镜头的电动机转速慢些,也就是要控制其输出到电动镜头的直流控制电压稍小些。有时,为了快速跟踪活动目标(如在很短的时间内将摄像机镜头由广角取景推到主体目标的局部特写景),就要求控制器输出的直流控制电压稍大一些。因此大多数云台镜头控制器的镜头控制输出端通常都设计为可变电压输出,即通过对控制器面板上电压调节旋钮的调节,使镜头控制输出端的控制电压在6～12V直流范围连续变化。

此外,还包括对室外防护罩的喷水清洗、雨刷以及射灯、红外灯等辅助照明设备的控制功能(防护罩的加热及通风一般由其内置的温控电路自动控制)。这部分电路的原理实际上与云台控制的原理类似,即在控制器的后面板上增加一个辅助控制端子,当对前面板上的辅助控制按钮进行操作时,可将220V或24V交流电压输出到辅助控制端子上,从而启动喷水装置、雨刷器或辅助照明灯等。需要说明的是,对一般控制器来说,辅助控制输出端口的输出电压一般与云台的控制电压相同。例如,220V的控制器要求外接云台及其他辅助设备均为220V交流。因此,如果云台及各外接辅助设备要求的驱动电压不同,需通过加装变压器进行电压转换。另外,一般控制器的辅助控制输出端口各针脚结构与电特性完全相同,在实际使用时,不必严格按控制面板上的文字标注接线,只要使外接设备与面包按钮通过自定义统一起来即可。功能更强的控制器还可以接收各类传感器发来的报警信号并控制警号、射灯及自动录像的启动。

6.5 其他控制处理设备

其他控制处理设备还有时间日期发生器与字符叠加器、点钞数据与客户面像视频叠加显示器、电梯楼层显示器、视频移动检测器等设备。

6.5.1 时间日期发生器与字符叠加器

1. 时间日期发生器

保安监控系统近年来在银行、宾馆等场所被广泛安装使用,它由摄像头将现场情景摄录下来,通过显示器显示或录像机录像,即可对实时情景进行监视、记录,便于处理现在或过去发生的事态细节。时间日期发生器在该系统中连接在摄像头与后部录像机或显示器之间,摄像头的视频信号经过本机器后,叠加上时间、位置等信息,可在显示器上显示出年、月、日、时、分、秒及摄像头位置等信息,为处理各种纠纷和案件提供时间、地点方面的信息。

2. 字符叠加器

字符叠加器用于各类监控系统中监控画面的字符叠加,内置有专门的字符叠加芯片,一般与数据采集装置配套使用,可以用于多种监控场所。

1) 定义

OSD(On Screen Display,字符发生器)的功能为:在显示器的荧幕上产生一些特殊的字形或图形,让使用者得到一些信息提示,如图6-23所示。

图6-23 字符叠加器及叠加效果示意图

字符叠加器(Video Display Metafile,VDM)是指在复合视频信号上叠加人类容易辨识的各类字幕信息,并将这些字符信息与原有复合视频信号中的内容一起显示在视频显示设备(比如监视器、硬盘录像机等)上的电子处理装置,多通过OSD实现。

区别用于专业影视编辑行业的字幕机等行业的特殊设备,字符叠加器用于各类监控系统中,使用价格相对低廉的具备基本的视频字幕叠加能力的电子装置。

2) 分类

字符叠加器按照功能可分为动态字符叠加器和静态字符叠加器。

动态字符叠加器是指字符叠加器与微机或其他设备配合,可接收处理、显示随现场情况变化的数据信息，将此信息与现场视频信号相结合，为监控者提供更为详尽准确的信息。简而言之，动态字符叠加器就是跟随外部数据即时变化的字符信息叠加处理装置。

静态字符叠加器是指不需要接收外部数据，即可在视频信号上显示相对固定形式字符信息的设备。多用于在视频信号上叠加摄像头位置、日期、时间等固定信息，如矩阵字符叠加器等。

6.5.2 点钞数据与客户面像视频叠加显示器

1. 背景

随着人们生活水平的提高，银行柜员交易越来越频繁，对银行柜员监控的要求也越来越高，现有的银行柜员监控系统一般采用的是每个柜台一台彩色摄像机，它只能对一个营业柜台范围内进行图像监控，这种情况下如果点钞发生差错或者纠纷，通过回放当时的录像来查看，就会发现银行柜员监控系统这种方式有很大的弊端，因为回放的图像只能看到营业员跟顾客的具体动作，根本看不清具体的点钞数量，这也就根本没有办法解决这种纠纷。现在市场上出现的点钞机视频叠加器就可以从根本上解决这种纠纷。

2. 概念

点钞机视频叠加器的全称是点钞机视频字符叠加器，也称点钞机字符叠加器，或点钞机叠加器，是一种在视频电子信号中叠加字符信息，使得电视图像中叠加器有字符或者汉字图形的设备，如显示日期时间、位置、有关数据。

点钞机视频叠加器，是专为收银电视监控开发的配套设备，它将点钞机显示的数据、银行柜员工号、客户的银行卡号或者存折号等信息实时地显示在电视监控画面上，解决了看不清具体点钞数量的弊端，并随监控图像一起保存，为预防印点钞数量发生差错或者纠纷提供了有力的证据，是银行、邮政等收银柜台电视监控系统的理想配套设备。点钞机视频叠加器是专门针对银行柜员监控系统数字化改造量身定制的产品，是完善银行柜员监控系统的最佳解决方案。

3. 分类

根据产品形态可分为：前端或后端集中处理的一体机形式；前端采集处理、后端叠加的前后端多路形式。

1）一体机形式

指将点钞机数据采集与叠加处理集成在一台机器内的产品形态。目前有前端集中处理方式和后端集中处理方式。

前端集中处理方式是指将视频叠加处理模块集成在点钞机数据采集处理硬件平台中。一般布置在点钞机附近，采集处理点钞机数据后，利用视频信号同步嵌入技术将需要叠加的字符通过一根视频线，远距离三通连接输入至原有视频通道中。具有受叠加技术路线制约一般无法为叠加字符添加黑边；叠加字符灰度明显；视频行场信号偶尔丢失时引发叠加字符跳动；叠加效果调整烦琐等弊端。优点是结构简单、成本低。

后端集中处理方式与前端集中处理方式相反，是指将点钞机数据采集处理模块集成在视频叠加处理硬件平台中。一般布置在视频通道附近。将点钞机数据远距离引入视频叠加处理硬件平台进行集中处理。但受点钞机样本多样性制约,绝大多数点钞机的工作数据难以远距离传输。除有相关专利形成外,市场很少见到此种产品形态。

2）前后端多路形式

是指前端备有采集器、处理器,一般布置在点钞机附近。其负责采集处理点钞机、磁条读写器的工作信息；处理完成后将数据远距离传送至后端视频叠加主机,如图 6-24 所示。多路视频主机负责接收多台前端处理器的数据,将其叠加在多路视频之上。点钞机字符叠加器常见的均是前后端多路产品,按照一些指标可以进行细分。

图 6-24 信息采集处理设备和多路视频叠加设备

4. 叠加信息

1）点钞数

点钞数分为：当前点钞数和上次点钞数。

当前点钞数是点钞机当前清点钞票的数量,是跟随点钞过程动态变化的一组数据,是点钞机工作信息输出的最基本的数据。绝大多数点钞机外接显示屏是由 3～4 位的数码管组成,显示的数字一般即为当前点钞数。

上次点钞数是点钞机清点的上一个工作循环的最后一个数字。有些点钞机受信息输出技术路线限制,无法产生此数据输出。

2）面值金额信息

第五版人民币增加了很多防伪措施,在一些大面值的钞票中拥有磁性油墨印刷的面值信息,点钞机据此可以判断清点钞票的面值信息,也可以作为一个假币识别指标。一些智能点钞机也可以根据面值和清点数量自动计算得出清点钞票的总金额。但数量上占绝大多数的商务市场点钞机不具备这一实用功能。

有些智能点钞机将此数据输出,因此点钞机字符叠加器可以叠加这些点钞机的此类信息。

3）工作状态

工作状态指点钞机当前的工作状态，一般显示在点钞机内显示器上。状态有：鉴伪、智能、光检、磁检、清分、预置、累加、计数等，一般通过点亮一个 LED 灯来指示。少数点钞机在设计时，简单地将内显示数据一分为二，也传递给了外接显示屏，因此点钞机字符叠加器可以采集此类信息进行叠加显示。

有些功能强大的智能点钞机配备上位机管理软件，点钞机通过 RS-232 接口向上位机传送状态、面值、总金额、钞票编码等信息。此时也可以采集此类信息进行数据叠加。

OSD 芯片具备叠加大量数据的能力，点钞机字符叠加器能否叠加上述三类信息数据，完全取决于点钞机是否输出此类信息。

4）账户信息

账户信息是指磁条读写器读取的信用卡、存折账户信息。信用卡一、二、三磁道均储存有客户账户信息，一般长度为 16～21 位数字信息，以 19 位为主。存折账号的长度可以达到 24 位。有些点钞机字符叠加器可以采集处理此类信息进行视频叠加，以此界定差错笔次。磁条读写器的数据输出协议存在较大差异，造成与点钞机样本多样性相类似的技术难题。现在已有专利技术可以实现兼容性处理，而不需要对陌生刷卡器开发解译协议。

据相关国家规定，点钞机字符叠加器不应存储获得的信用卡信息，为此总线传输的前端 OSD 需要做出针对性处理。据某些银行保密要求，叠加卡号应具备部分隐藏功能，无线方式应保证信号不会被截取。

6.5.3　电梯楼层显示器

1. 定义

电梯楼层显示器又名电梯监控楼层显示器或电梯楼层字符叠加器，如图 6-25 所示，适用于各类安装电梯监控的电梯场所，在不改变电梯原有电器线路的情况下，通过光电传感器对电梯运行状态进行采样，能在远端电梯监控视频上叠加并显示时间、日期、电梯名称、所在楼层、运行方向和状态、卡层故障等信息。

图 6-25　模拟高清电梯楼层显示器

2. 功能特点

（1）支持模拟高清摄像机。支持 720P/960P/1080P 的模拟高清摄像机。

（2）适应多种专业传感器。支持多种平层传感器，与电梯无弱电连接；兼容多种传感器，如 U 形光电传感器、集成双路磁感应传感器、烟杆磁感传感器。

U 形光电传感器：电梯专用强抗干扰光电平层传感器，该传感器采用红外调制技术，可以精确识别电梯平层及上下行状态，具有工作稳定可靠、强抗干扰、安装方便等特点。

集成双路磁感应传感器：适用于无平层隔磁板（平层器）的电梯，双路霍尔一体化设计。

烟杆磁感传感器：适用于无平层隔磁板（平层器）的电梯，单路霍尔开关，螺纹设计。

(3) 叠加信息。叠加显示电梯名称、运行状态。根据需要可以叠加电梯所在区域位置、电梯名称以及电梯运行状态（上行、下行、停止）。

(4) 显示字符信息。字符信息以白字黑边显示，自动内模式（无视频信号时，叠加器产生画面）。

(5) 断电保护，楼层记忆。记忆楼层，叠加器重新上电后，楼层信息不变。产品具有断电保护功能，自动记忆设备断电时电梯所在楼层信息，叠加器重新上电后，楼层信息无须校正。

(6) 电梯卡层，闪烁报警。如果电梯长时间（时间可设定，默认为 5s）不平层，自动触发卡层报警，报警信息以文字闪烁形式显示在视频画面中。

6.5.4 视频移动检测器

1. 概述

规模较大的电视监控系统中充斥着大量的摄像机画面，它们一般以固定或轮流的方式显示到监视器的屏幕上；要想让安防人员对这么多的画面持续保持密切的注意是非常困难的。必须采取某种措施，使得既能减少系统中监视器的数目，又能提高安防人员处理突发事件的能力。

视频移动检测器（Video Motion Detector，VMD）可以很好地满足上述要求。VMD 的任务是对摄像机产生的图像进行电子分析，以检查图像中是否出现足够程度的变化。这种装置能够毫不疲倦地对摄像机画面进行长时间的监视，并在出现情况时通知安防人员，因此能够很好地弥补安全人员的不足。

VMD 主要通过数学计算来确定摄像机画面的某个区域内是否有移动目标出现。具体方法是：不断将某个视频帧内像素的亮度水平与下一个视频帧进行比较，以寻找被认为值得注意的变化。低成本的模拟式 VMD 则采用另外一种较简单的方法：将某画面中的大块区域与下一帧画面中的对应区域进行比较。这种方法在室内环境中是可行的，这是由于室内的光线条件和场景较少发生变化。在室外环境中，这种系统很容易因光线变化或摄像机的震动而产生误报。因此，室外应用中应使用功能较强的数字式 VMD。数字式 VMD 是一种以微处理器为核心的电子装置，它可以同时对数千个图像布防单元进行跟踪分析。即使场景的亮度发生了明显的变化，系统也不容易产生误报。

内置 VMD 电路的摄像机可以当报警探头使用。检测电路首先会将静态图像储存起来，之后，如果发现画面的变化量超过了预先设定的值，系统就会发出报警信号，以提醒安防人员或启动录像机。VMD 电路有模拟式和数字式两种。模拟式电路主要通过检测布防区域的画面亮度来探知变化；数字式电路则可以对布防区域内成百上千个单元进行电子分析，可以在图像上标出检得异动的位置和移动目标的前进路径，并驱动警号或警灯发出警告信号。VMD 工作时会不断地从摄像机处收取视频图像，并与先前存储的图像相比较，以了解场景有无发生变化。如果没有检测到明显变化，系统不会有任何动作。如果检测到了可度量的、达到某个标准的变化，系统会立即发出报警信号。

2. 模拟式 VMD

模拟式 VMD 设备已有多年的生产历史。这种设备能够以较低的成本实现对 CCTV 场景内移动目标的探测。但它们只适于对光照条件较为恒定、环境变化不大的室内图像进行检测，不应将它们用于室外图像的检测。

1）模拟式 VMD 的工作原理

最简单的 VMD 使用模拟减法对图像进行检测。将参照帧与新抓取的帧相减，如果得到的差值超过设定的水平，系统就输出一个报警信号。所有模拟式 VMD 都允许用户在屏幕上设置移动目标探测区（即布防区域）。系统通过对画面照度的持续监测发现布防区域内出现的移动目标后，即发出报警信号。

具体形式有以下几种。

（1）发出报警声。

（2）面板上的报警指示灯开始发光。

（3）输出交流驱动信号，以启动使用交流电的信号装置。

（4）输出一个开关信号（可用来驱动录像机、打印机、警铃或其他装置）。

模拟式 VMD 通过对摄像机画面进行的模拟式分析来确定场景是否发生变化。系统先将布防区域内的画面保存起来，再将当前画面与先前保存的画面相减，根据差值确定布防区域内的场景有无发生变化。如果有移动目标侵入，或场景的照度水平发生了较大变化，计算得到的差值应当能够达到总值的10％～25％。系统据此判断画面发生了较大变化，随即发出报警信号。报警信号可用来驱动警号/警灯等，还可以用来控制录像机进行录像。VMD 与监视器或视频记录设备都没有什么紧密关联，也不会对它们造成干扰。

2）模拟式 VMD 的布防区设置

多数模拟 VMD 的布防区域都可以通过其前面板上的控制键进行调整，可调整的项目包括形状、大小和位置等。具体尺寸和配置应根据监视系统的实际需要确定。一些常见的布防区形状有：方形、三角形、L 形、马蹄形等。设置布防区域时，应当将可能出现侵入的位置都包括进去。虽然屏幕上显示的仍然是整个画面，系统却只对布防了的区块进行检测。布防区块之外即使有移动目标出现，系统也不会报警。设置时，布防区块在屏幕上显示为一个有边框线的闭合区，其形状和大小可以通过控制面板进行调节。设置完毕，屏幕上的框线会自动消失，因此屏幕上的画面看起来与平常一样。布防区块在屏幕上占据的面积最小为5％，最大可为95％。这类 VMD 系统的灵敏度一般相当于1％布防区域内的视频信号电平出现了25％的变化（几十分之一秒内）。

3. 数字式视频移动检测器

模拟式 VMD 只有在光线变化不大的室内应用中才能很好地工作。在室外应用中，各种环境条件往往无法得到有效的控制。阳光、云块、闪电等因素都会造成摄像画面光照水平的显著变化。数字式 VMD 必须采用专门的室外算法，以区分整个场景亮度快速变化和移动目标引起的部分场景的亮度变化。同时，还必须注意及时更新从布防区块中抽取的数据。当场景中出现移动目标时，数字式 VMD 必须在目标进入并离开场景期间抽取至少两组数据。如果数据的更新速度太慢,系统完全可能漏掉那些移动速度较快或体积较小的目标。为确定系统中真的出现了值得注意的移动目标,还是发生误报,VMD设备必须能够辨别目标的速度、大小和形状。

1）数字式VMD的工作原理

摄像机产生的视频信号被送往数字式VMD后,VMD即将这种模拟信号转换成数字信号,并根据一定的探测模式将抽取的数据分组保存起来。所谓探测模式,是指在布防区域内提取样本数据的点的分布模式。这种模式可以由用户设定,但有时则是烧录在机器内部的。不同厂家采用的抽样模式各不相同(不管是数量上还是位置上)。VMD内存中保存的图像对比数据定期更新,以反映场景内不断发生的那些与安全无关的微小变化。数字式VMD系统会按预定的检测间隔从视频图像中抽取视频帧,并将其转换成数字信号,以方便与设备内存中的数据进行对比。如果场景内出现了移动目标,或抽样点的数据中有相当数量的数据发生了变化,系统就会发出报警信号。与安全无关的移动物件,如小动物或飞鸟都不会引发报警。但人员出入和门窗开关等活动则肯定会触发VMD设备。至于有多少抽样数据发生变化后才会触发系统报警,不同厂家、不同型号的产品各有不同规定,有时这又取决于用户设置的灵敏度阈值。

根据设计的不同,多通道式VMD可以处理10路、16路、32路甚至64路视频信号。工作时VMD会顺次抽取各个通道的数据：先是1号通道,然后是2号、3号,以此类推,最后又绕回1号通道。有些系统能够同时从多个视频通道中取样,也同时对多个报警信号进行分析,并做出响应。VMD设备输出的报警信号可用来驱动多种设备。可以将报警画面切换到监视器上；可以驱动声光报警装置(以提醒工作人员)；可以启动录像机进行记录；也可以将报警信号送到其他地方。

数字式VMD工作时首先将来自不同摄像机的画面转换成数字化的数据；数据分组存放,每组对应监视器屏幕上的一个区块。每幅图像中可以划分出几千个区块。VMD将各个区块的亮度值存放到系统的内存中,亮度值共分为16级或256级。模拟电视系统只能区分10个不同的灰度级别,因此数字式VMD储存的图像数据要精确得多。参照数据保存好后,VMD就开始不断地将后续画面进行分区和数字化处理,并将得到的数据与内存中的参照数据相比较。参照画面中某点的灰度级与当前画面中对应点的灰度级有1～2级的差别时,即可认定图像发生了变化。

数字式VMD可以将一幅画面分解成16 000个区块,并能够按这个标准同时处理16路视频信号。由于VMD具有如此强大的处理能力,即使入侵者只占整个画面的0.01%,系统也能轻易地将其“揪出”。对16通道的型号来说,这一比值更降低到了0.006%(与16个摄像机看到的全部场景面积相比)。数字式VMD通常都接有一台监视器；检测到某个通道图像中的移动目标后,系统会将该通道的图像切换到这台监视器上,同时发出声光报警信号。联动的录像机也会同时启动,将入侵场景记录下来备查。尽管入侵者在屏幕上占据的面积可能很小,借助VMD叠加的标志,安全人员仍能轻易地找到他。另外,由于屏幕上还显示了入侵者的移动路径,即使他躲藏起来,安全人员也可以知道他所在的大致位置。借助VMD设备,安全人员既知道入侵发生的地点,又知道入侵者所在的位置,这使得他能够马上将注意力集中到事故处理上,并尽快决定应采取何种行动。现场平面图显示是VMD系统最有用的辅助功能之一。发生入侵时，系统能在监视器上叠放现场的平面图(其中标有每个摄像头和报警探头的具体位置)，并使与报警有关的图标不停闪烁。为确保不漏掉任何入侵事件，特别是多重入侵，应当使用录像机对报警时的画面进行详细的记录。录像机能够将报警画面、入侵者、入侵者的移动路径、报警平面图等一同保存到录像带上。有的VMD能够以顺序切换的方式在一台录像机上同时保存多个入侵场景的视频图像。录制时，系统先将第一个场景的画面送往录像机，并持续一段时间(可设置)，接着是第二个场景的画面，如此循环往复。如果系统中的报警探头检测到了情况，系统也能够根据探头所在的位置将相应摄像机的画面录下来。屏幕上显示的图形信息的价值在于它能让安全人员迅速准确地对现场的情况做出判断，并能使入侵者声东击西的战术彻底曝光。

2）数字式VMD的抽样存储过程

数字式VMD对移动目标的侦测是通过一系列的抽样和存储过程来实现的，最初，系统会将参照用的画面存储到系统内存中去。所存储的内容是一系列抽样得到的数据，典型的VMD最多可以从一幅画面中抽取16 384个离散点的数据，费时约33ms。系统能自动测量各抽样点的亮度(分为16个或256个灰度级)，并将其与抽样点的坐标值一起保存到内存中。在这个被称为“对比数据存储”的过程中，画面中所有块区的数据都有储存。之后，系统就开始不停地对相关数据进行比较。用来对比的数据是从当前图像中抽取的。

如果经过对比发现某些采样点的亮度发生了变化，系统会将其位置和亮度值记录下来。电气噪声和背景场景的变化(如树枝、树叶和旗帜等)引起的亮度变化则会被系统自动忽略。如果有些区块不要求系统进行检测，系统可以将其屏蔽。

亮度发生变化的抽样点达到一定数目时，系统就会输出一个报警信号。报警系统每秒钟进行30次比较。测得变化的抽样点数目达到总积数的1/8时，系统即确认画面中出现了移动目标。在这里，1/8只是一个常规比例，实际上的阈值可以是任意值。每次抽取最新数据时，系统都会将前一次的对比结果清除，以防止发生累积。存储过程开始时，此计数值被清零。对比数据则每1/15s到几秒更新一次，以滤除场景照度变化、天空中飘过的云块、摄像机内的电子漂移等因素引起的图像变化。系统确认某个画面中有移动目标出现时，会将该画面自动显示到监视器上。有些数字式VMD能够同时处理几十路视频信号，这是通过采用分时技术来实现的。在分时技术中，VMD按照一定的顺序从不同通道的视频画面中提取数据并加以处理。每个通道的布防区域和灵敏度都可以单独设置，以提高系统工作的效率和准确度。根据系统的安全需要，每个通道内可以设置多个不同的布防区。如果摄像机监看的场景范围较大，而预期出现的移动目标相对较小，屏幕上的布防区块就可以设置得小一些；如果摄像机监看的场景范围较小，要寻找目标在其中占的比例较大，则屏幕上的布防区块应当设置得大一些。

由上面的介绍可以看出，视频移动检测器是目前最有效的入侵报警器，但它必须从摄像机获取视频信号，因而它离不开摄像，所以它可以安装在摄像机内，也可以安装在摄像机外。目前，硬盘录像机(DVR)均有此类装置与功能。数字式VMD是所有数字化安防系统中必不可少的组成部分。

6.6 视频编码器与视频服务器

视频编码器由专用音视频压缩编解码器芯片、数据和报警输入输出通道、网络接口、音视频接口(HDMI,VGA,HD-SDI)、RS-232 串行接口控制、协议接口控制、嵌入软件等构成。视频服务器(Video Server)是一种对视音频数据进行压缩、存储及处理的专用嵌入式设备,在远程监控及视频等方面都有广泛的应用。视频服务器采用 MPEG-4 或 MPEG-2 等压缩格式,在符合技术指标的情况下对视频数据进行压缩编码,以满足存储和传输的要求。

6.6.1 视频服务器的组成原理及特点

1. 定义

图 6-26 网络视频服务器

视频服务器(Video Server)是一种对视音频数据进行压缩、存储及处理的专用嵌入式设备,在远程监控及视频等方面都有广泛的应用,如图 6-26 所示。视频服务器采用 MPEG-4 或 MPEG-2 等压缩格式,在符合技术指标的情况下对视频数据进行压缩编码,以满足存储和传输的要求。

2. 构成

网络监控视频服务器是一种实现音视频数据编码、网络传输处理的专用设备,它由音视频编码器、网络接口、音视频接口、RS-422/RS-485 串行接口、RS-232 串行接口等构成。

音视频压缩编码器:由于模拟视频数据量非常大,通过数模转换后,数据量也很大,故要利用成熟的编码技术,将视频数据在满足网络传输要求的技术指标下进行高压缩比的编码,以满足传输要求。以前的网络视频服务器一般采用 M-JPEG 等编码器,用户无法实现更高的压缩码率,以适合各种不同的网络环境,只能通过降低帧率来实现效果一般的网络传输效果。各公司都已经推出了 MPEG-4 的网络视频服务器以便能视频网络传输的要求。

网络接口:由于以前的模拟产品的组网都主要是通过建立昂贵的独立光纤实现网络传输,网络视频服务器的以太网接口可以方便地实现 IP 组网,实现数据传输。网络视频服务器主要采用 TCP/IP 等协议实现音视频数据、控制数据和状态检测信息等数据的网络传送。

音视频接口:网络视频服务器带有标准模拟音视频输入接口,方便监视各通道的视频信号。有厂商采用 Dynamic Stream Control 技术保证双向音频实时传输,视频帧率根据带宽自动调节,网络中断后自动连接技术。

RS-422/RS-485 串行接口:网络视频服务器带有 RS-422/RS-485 串行通信接口,可通过通信线外接如云台、快球等各种外设。

3. 相关技术

1) 编码技术

数字编码技术,也就是通常所说的压缩方式,是视频服务器的技术核心,也是我们选择网络视频服务器的首要考察对象。比较流行的数字压缩编码格式有 MPEG-4 和 H.264,某些国外的老旧方案产品中还有使用小波压缩和 M-JPEG 压缩。由于本文主要是分析网络视频服务器,对编码技术的介绍将尽量简单,如读者有兴趣可以参考其他算法分析专题。

(1) M-JPEG

M-JPEG 作为一种数字压缩格式,从模拟到数字、从录像机到硬盘录像机,为我们带来了崭新的数字化播出手段。它把信号变成了数据,应该说 M-JPEG 压缩技术在视频压缩的出现过程中具有里程碑式的意义。M-JPEG 是基于帧内、帧独立的压缩方式,所以相对于后来出现的 MPEG-4、H.264 的压缩方式,它数据量更大,传输困难,所以该编码技术的网络视频服务器已经基本上不能满足远程监控需求,只能算是曾经的产品。

(2) MPEG-4

在 MPEG(运动图像专家组)系列压缩方式中,MPEG-4 技术属于码流与画质比中较好的一种,所以很多公司都推出了该编码的产品。采用帧间压缩方式,利用帧之间的冗余信息大大减少压缩数据量,达到同样的视频质量,MPEG-4 所需的码率只有 M-JPEG 的 1/30 甚至更少。人们一般意义上认为 MPEG-4 IBP 的压缩方式已经满足了网络传输的要求,所以也使得网络视频服务器在普通网络环境中应用成为可能。

(3) H.264

联合视频工作组(Joint Video Team,JVT)在 H26L 的基础上提出了 H.264 编码技术,它通过增加运算的复杂性降低了码流的同时提高画质。H.264 的出现为低码流网络传输的实现提供了解决方式,也使得现有带宽的情况下多路数网络视频服务器的应用成为可能。

2) 网络技术

网络视频监控服务器由于具有独立完成网络传输功能,不需要另外设置计算机,故其能实现简单的 IP 方式组网,是传统的模拟监控所无法实现的。每部网络视频服务器具有网段内唯一 IP 地址,通过网络连接方便对该设备(IP 地址)进行控制管理,也即通过 IP 地址识别、管理、控制该网络视频服务器所连接的视频源,故其组网只是简单的 IP 网络连接,新增一个设备只需要增加一个 IP 地址,极大地方便了原来由模拟系统的网络升级改造和其他网络需求的情况。

IP 组网是网络视频服务器的特性,但是由于国内 IP 地址资源的贫乏,目前国内的经济性宽带(ADSL、有线宽带等)都采用动态 IP 方式上网,这就使得网络视频服务器需要解决上网问题。网络视频服务器基本上都能采用域名方式来支持 DDNS(动态 IP),如果网络视频服务器不支持域名解析,则需要额外增加昂贵的网络使用成本。

由于网络视频服务器的工作可以不需要外置的计算机,所以网络视频服务器能独立自动上网就很有必要,否则一台网络视频服务器配置一台计算机来实现拨号则失去了网络视频服务器的意义。目前,国内的网络视频服务器基本上都能够实现该功能,如专门为国内宽带情况而设计的 ADSL 自动拨号技术则非常方便。

网络视频服务器的组网方式有诸多优点,结合中央控制管理软件及服务器模式可以实现更多的网络应用,由于此处篇幅有限,不再详细讨论。

4. 特点

网络视频服务器具有传统设备所不具备的诸多特点,具体表现如下。

(1) 将多通道、网络传输、录像与播放等功能简单集成网络,这点对 H.264 网络型硬盘录像机而言也很容易实现的,但是两种产品的基本功能不同也导致了其应用场合不同,对于模拟阶段及第一代的网络性能不好的设备而言,网络视频服务器可以提供较低成本的解决方案。

(2) 网络视频服务器通过网络技术,可以实现只要能上网的地方就可以浏览画面,采用配套的解码器则可以不需要计算机设备直接传输到电视墙等方式浏览,极大地节约了远程监控的成本。

(3) 网络视频服务器的多协议支持,与计算机设备进行完美的结合,形成更大的系统集成网络,完成数字化进程。

网络视频服务器在目前视频领域中的应用主要是利用网络视频服务器构建远程监控系统。基于网络视频服务器的多通道数字传播技术具有传统的基于磁带录像机的模拟输出系统无可比拟的诸多优势,网络视频服务器采用开放式软硬件平台和标准或通用接口协议,系统扩展能力较强,能够与未来全数字、网络化、系统化、多通道资源共享等体系相衔接。而从长远来看,网络视频服务器的系统集成有巨大的潜在市场和深远的发展前景,因为从深层次来看,视频网络化、系统集成不仅是视频传输的问题,它代表未来视频应用的网络化和信息交互的应用发展趋势,是一种从内容上更深层次上的互动,具有广阔的发展潜力,是未来 3G、宽带业务的核心内容之一。因此可以肯定,随着数字技术和网络技术的不断发展,网络视频服务器在视频领域中的应用将有更多的延伸。

6.6.2 视频编码器的组成及原理

1. 概述

视频编码器是一种将采集来的信息与数据经过编码后转换为机器可以识别的代码的器件。在监控系统中,视频解码器有着很重要的地位。

2. 视频编码器的结构

视频编码器由功能模块板组成,每个功能模块都插在一块底板上,通过底板互相连接构成系统,并通过机箱后面的接口板与其他设备相连接。接口/显示板具有数字视频信号的串、并行输入口,并通过与复用器接口的连接,和复用器及数字压缩系统监控计算机进行通信。

各模块板的功能如下。

接口/显示板(Interface 板):接收串、并行输入的数字视频信号以及 LCD 显示。

格式板(Format 板):将 A/D 转换器输出的数字亮度、色度信号 Y、Cb、Cr 转换为特定格式的视频信号。

像素板(Pixel 板):进行帧预测(Frame Prediction)和场预测(Field Prediction)。场预测是利用前面解出来的场的数据对当前帧做独立的预测;帧预测是利用前面解出来的帧的数据对当前帧做预测。

DCTQ 板:以图像数据进行 DCT 离散余弦变换和量化。对 8 像素×8 行的图像块进行 DCT 变换，产生图像块的 DCT 系数。量化是将每个 DCT 系数的比特数目减少的过程。

水平/分类板和矢量板（Horizon & Vector 板）：进行运动估计（Motion Estimation）和运动补偿（Motion Compensation）。运动估计是对运动物体的位移做出估计，即对运动物体从上一帧（场）到当前帧（场）位移的方向和像素数做出估计，也就是求出运动矢量。运动补偿即根据运动矢量计算出预测误差。

管理/可变长度编码板（Regul 板）：对量化后的 DCT 系数进行可变长度编码 VLG。可变长度编码是利用量化后的 DCT 系数的统计特性，对频繁出现的值指配短码字，而用较长码字传送不频繁出现的值，使总的比特数减少，实现有效的降比特率。同时与复用器连接，从复用器中读取许多重要信息。例如，PES 流中的一些重要参数，如 stream id、copyright、original copy、PES priority 的设定值是在开机时由复用器提供的，每秒从复用器接收程序参考时钟 PCR 90 000 次，用来形成共同的系统时钟，确保系统正确同步。另外，管理编码器的输出，当接收到复用器输入缓冲发生溢出的信号时，控制编码器停止输出，直至复用器可以接收数据，以防止数据丢失从而造成图像的损失。

3. 视频编码器原理

从接口板输入的数字亮度、色度信号 Y、Cb、Cr，经格式板转换为特定格式的视频信号，再经 DCTQ 板将原始图像与经运动估计、运动补偿计算出的预测误差值所生成的差分图像数据进行 DCT 变换和量化，再经管理/VLC 板进行 VLC 编码生成输出的 PES 流。

6.6.3　视频服务器与视频编码器的区别

很多时候有人把数字视频服务器 DVS 与视频编码器等同起来了，虽然 DVS 与视频编码器有些类似，但作为产品来讲，它们还是有区别的，其具体的区别如下。

1. 两者的组成架构重点不同

数字视频服务器 DVS 的组成架构如图 6-27 所示，而视频编码器的组成架构如图 6-28 所示。

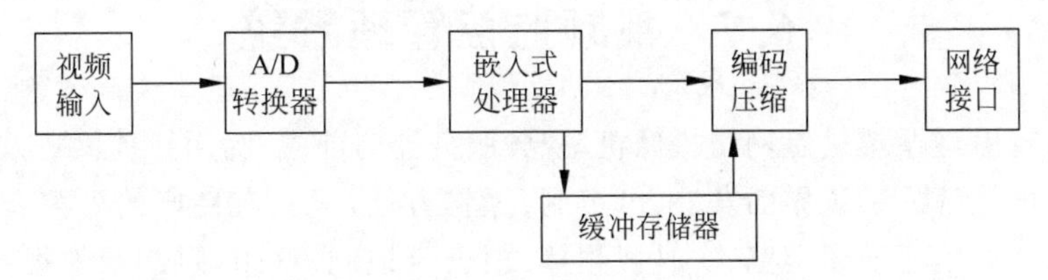

图 6-27　视频服务器的组成架构原理框图

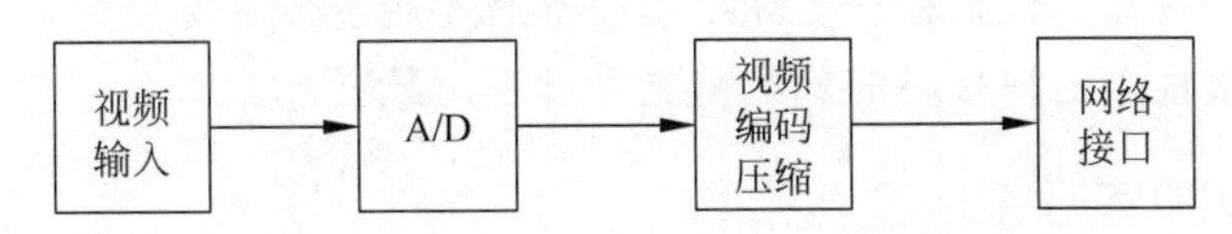

图 6-28　视频编码器的组成架构原理框图

由图 6-28 可知，视频编码器主要的任务是将输入的摄像机数字视频信号进行视频压缩编码，以便能通过网络进行传输。显然，对比图 6-27，视频编码器的组成架构比数字视频服务器 DVS 的组成架构少了嵌入式处理器与缓冲存储器两个部分。因为数字视频服务器 DVS 除对数字视频信号进行视频压缩编码以便通过网络进行传输外，它主要是要实现远程实时监控的目的，因而它还要具有报警、云台控制等诸多的视频监控的辅助功能等。因此，作为视频编码器来说，它只需图 6-28 后面的三个组成部分即可。

2. 两者的软件处理要求不同

视频编码器产品软件的主要目的是将数字视频信号进行视频压缩编码处理，以便通过网络进行传输；而数字视频服务器 DVS 的软件处理的主要目的是为了实现远程实时监控。因此，它除具有对数字视频信号进行视频压缩编码处理的功能外，还必须有对视频监控的管理等软件的处理。

3. 两者对网络传输带宽要求不同

正是由于两者有上述不同，实际上真正的视频服务器 DVS 和视频编码器的最大区别是，视频服务器更重视视频编码数率和低带宽传输，真正做到了优秀的视频算法和产品的结合；而视频编码器的主要概念很多还停留在常用高带宽传输图像。

4. 视频服务器的产生

实际上，视频服务器是从视频编码器发展而来的。十多年前，为了解决视频的长距离传输问题，市场上出现了视频编码器，其主要功能就是把模拟摄像机的视频数字化，可以传输得更远，当时使用的方法是一对一使用。视频服务器则是在此基础上采用新的视频压缩算法，增加一些诸如报警、视频分析等功能，可以提供多人同时访问的负载能力，具有视频"服务"的效果，所以才把名字升级为视频服务器。由此也可知，视频服务器与视频编码器是不能等同的。

由上述可见，不能把数字视频服务器 DVS 与视频编码器等同起来，即不能把数字视频服务器 DVS 看成视频编码器。有的安防书说："视频编码器，简称 DVS"，就把这两者的概念混淆了。可以把视频编码器增加前述的两部分做成视频服务器 DVS，但这时它就不再称为视频编码器，而是视频服务器 DVS 了，所以两者不能等同起来。

6.7 视频监控管理系统

视频监控管理系统是以网络摄像机/视频服务器为前端，为用户提供一系列完整的远程监控功能的系统。系统界面友好、可定制、操作方便，且具有良好的可扩展性。系统实现的主要功能有电子地图浏览、实时视频播放、云台控制、群组播放、录像视频回放、数字矩阵(电视墙切换控制)、报警功能、记录查询、系统配置等。使用系统主要功能前需对系统进行全面的配置操作，包括根据实际物理设备的连接进行设备配置，根据需要进行电子地图结点的配置，根据用户权限的分配情况进行用户配置等。

6.7.1 视频监控管理系统整体架构

随着计算机技术、通信技术的发展，监控系统也在不断引入高科技手段，基于视频监控要求图像清晰，数据完整、实时、准确、真实的特性，对各类硬件设备的选型以及软件系统架构的设计都提出了更高的要求。数字化的视频监控系统具有功能强大、成本低廉、使用灵活等优势，已经广泛应用到人们生产生活的各个领域。如何将现代化的先进技术运用到视频监控系统中，始终是人们研究的重要课题。

1. 视频监控系统总体要求

1）设计原则

(1) 数字化原则。

该系统的设计要充分利用计算机的快速处理能力，对数字化的视频信号进行压缩，通过对视频分析，及时发现异常状况并报警。当视频信号数字化之后，可以将视频序列存储到硬盘中，与视频录像相比，硬盘更能对视频进行长期保存，方便再利用，通过计算机建立索引，在短时间内就能够找到相应的现场记录。

(2) 网络化原则。

数字监控视频在经过压缩之后，会占用较小的宽带，节省传输开销，数字信号的抗干扰能力较强，一般不会受到信号衰弱的影响，比较适合远距离的传输，在传输过程中进行加密处理。网络化原则主要指可以实现分布式监控，系统前端的视频信号可以直接进入互联网，被授权的用户可以在任何地方对现场进行监控，实现多个终端同时监控。

(3) 智能化原则。

计算机视频监控系统的设计要遵循智能化的原则，合理利用视频分析技术、多媒体技术以及人工智能技术，自动地从原始信息中提取有用信息，非常便捷地完成人力很难完成的任务。通过图像识别技术与移动目标检测技术可以分析统计目标的类型、速度、运动方向等信息。通过跟踪技术也可以识别移动目标，从而监视目标的整个移动过程。

(4) 可靠性原则。

作为视频监控系统，可靠性是其他实用功能的前提基础，也是预防措施以及事后举证的前提。首先，在进行设备选型时，摄像录像设备、传输设备等都要选用一流的设备，露天设备须防雷防水防尘，避免因为硬件问题影响监控效果。其次，安装时需要考虑各设备之间的接口是否匹配、监控探头之间的距离是否合适、周围环境是否存在影响传输信号的干扰因素等。再次，在设计网络拓扑以及硬件组网架构时需要采用一些容错以及备份的方案，提高系统的容灾能力，单独某一台设备的故障不能影响其他设备，并且之前的数据可以尽量得以保存。

2）设计思路

(1) 高清采集。

采用高清摄像机实行全方位覆盖，根据现场实际环境的不同，选择球形、半球或者枪式摄像机，根据实际需求的不同选择模拟、数字或者网络摄像头。

(2) 平稳传输。

可采取室外部分光纤传输，室内部分接入交换机汇总之后再利用光纤传给监控中心。室内传输部分在限制走线距离的基础上确保不超过交换机的最大传输能力。

(3) 集中监控。

配备监控室，部署 NVR 以及显示终端，作为指挥控制中心实现系统各模块的调度与控制。通过 NVR 对信号进行解码，并连接液晶显示器做直观展现。

(4) 集中存储。

对前端摄像设备采集的视频数据进行集中存储管理,设置合理的存储周期,以便后续查看、回放以及举证之用。

3) 功能需求

(1) 良好的成像性能。

无论是晴朗天气,能见度优异的情况,还是夜间、雨天、雾天以及其他能见度较低的情况,都要求可以具备良好的成像性能,这就要求在选择设备时充分考虑各方面的性能指标。

(2) 可以控制前端设备。

可以控制前端摄像头,实现远程变倍、调焦、控制灯光辅助等动作,必要时还需要进行抓拍、对某一目标给予特写等,这就要求视频监控系统在设计时增加实现控制前端设备的需求。

(3) 支持影像存储与回放。

视频监控系统除了实施监测之外,在有事件发生时也是很好的举证措施,因此要求可以回放至事件发生时间,调用查看当时的实时影像,供有关人员查询以及举证。

2. 视频监控系统整体框架设计

1) 拓扑结构

视频监控组网架构,如图 6-29 所示。

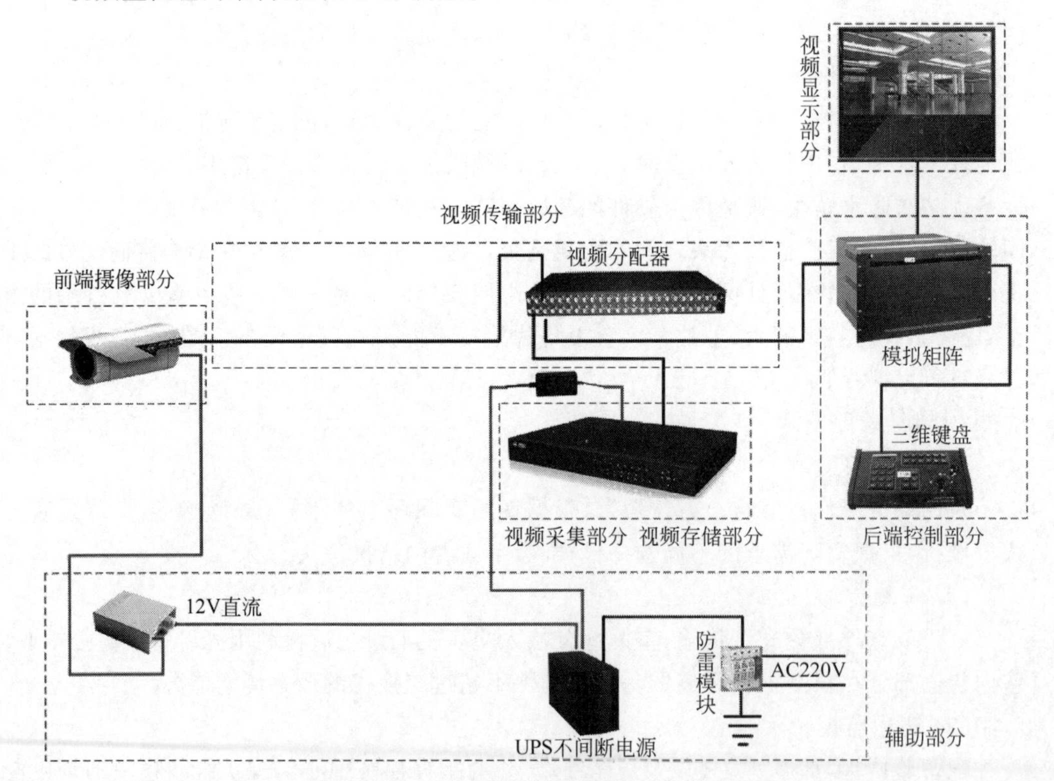

图 6-29 视频监控系统组网架构图

2）视频监控系统功能模块设计

视频监控系统主要由以下3大模块构成。

(1) 前端设备。

前端设备即监控摄像头，是采集数据信息的窗口，而视频数据是监控系统的依据以及凭证。因此，根据现场的实际情况无论采用模拟摄像头、数字摄像头、网络摄像头还是混合使用多种类型，必须确保以下几个方面：首先，确保覆盖面，保证数据完整性。其次，确保摄像头稳定，视频清晰，保证数据可用性。再次，确保传输后不失帧，保证数据准确性。

(2) 传输设备。

传输设备指的是前端摄像机与监控中心之间的传输链路，包括电源线路、无线网桥等。为了确保数据的实时、完整、准确，传输设备必须平稳高效地运行。

(3) 监控中心。

如果说前端设备是视频监控系统的眼睛，那么监控中心就是视频监控系统的大脑，包括控制、存储以及显示三大方面，对前端设备的控制以及后端显示设备的呈现都由监控中心来负责统一调度。

3. 视频监控系统功能实现

1）前端监测设计

前端监测模块是整个视频监控系统的数据源头，负责采集每个监控点的视频信号传输至视频处理设备。因此可以说摄像机起着至关重要的作用。

(1) 摄像机的要求。

首先，成像必须真实且清晰。摄像机的核心组件是图像传感器以及处理芯片，针对不同的领域其优化方案其实是不同的，如果是电视系统可能对成像处理上颜色鲜艳一些可以达到好的视觉效果，其他安防监控则需要成像必须真实，包括肤色、衣服车辆等的颜色都要求与实际一致。对于摄像机来说，传感器的线数越高，解析的精细度越高。其次，摄像机需要适应多种环境。室外监控的露天环境经常会受天气影响，因此，对摄像机的防雷防水防尘耐热等性能都是一种挑战，必须确保在各种恶劣复杂的环境下都可以平稳运行。再次，摄像机需要操作简单。为了监控的隐蔽性，一般都会选择安装在高处，摘取更换相对来说都比较困难，因此，最好可以提供远程操作菜单，对于一些简单的调试以及参数修改等操作可以远程控制，不必爬上爬下。

(2) 摄像机的选型。

① 根据安装方式。如果采用固定安装，选用枪式摄像机或者半球摄像机；如果采用云台安装，会选用一体化摄像机。当然也可以采用枪式摄像机再额外配备电动变焦镜头，但如此一来价格就会偏高了，而且安装也会更加复杂。

② 根据安装地点选择。枪式摄像机不受室内室外限制，壁装、吊顶都可以；半球摄像机只能吸顶安装，一般多用于室内。

③ 根据环境光线选择。如果光线条件不理想，应尽量选用照度较低的摄像机。如果在这种情况下用户对清晰度要求又比较高，那么优先选用黑白摄像机。必要时需要添加红外灯或者选有红外夜视功能的摄像机。

④ 根据清晰度要求选择。如果分辨率要求比较高，应选用470线以上的高解析摄像机。

2）链路传输设计

当前最常用的是同轴电缆、光纤、双绞线等介质，针对图像质量、传输距离、传输成本以及安装维护难度的不同，应选择不同的传输方式。

不超过 80m，建议使用双绞线，100m 以内也可以考虑 5 类全铜国标线。

室外监控点分散且距离远，建议采用光纤收发器＋光纤方式。

室内监控点先接入交换机，再采用光纤传给监控中心。

几千米到几十千米的远距离传输或者有电磁环境时，建议采用光纤传输。

3）监控中心设计

监控中心是整个系统的大脑，是整个系统的指挥、调度、监管中心，因此必须保证其 7×24h 平稳运行。主要包括监控模块、存储模块、回放模块和显示模块。

(1) 监控模块，负责图像的采集以及处理工作，并且支持对前端设备的控制功能以及对视频的相关参数设置。

(2) 存储模块，负责视频的存储，是后续查看、显示以及回放的数据来源，可基于网络实现存储。

(3) 回放模块，能够实现用户自主选择时间，并且支持即时回放、常规回放、标签回放、快进快退等功能，并且与此同时不影响数据存储。

(4) 显示模块，由多台液晶显示器组成，将传送过来的视频图像显示出来，包括操作 NVR 的显示器以及集中显示墙。显示器与 NVR 视频输出接口连接，实现实时显示视频影响。

视频监控系统已经广泛应用于各个行业，为人民的生活提供极大的便利与安全保障。但是如何部署一套影像清晰、数据实时准确且安全可靠的视频监控系统仍值得深思。根据实际环境选择摄像机类型，根据实际需求完成硬件组网架构，建设功能强大、操作简单、维护方便的视频监控系统将会是一项需要长期摸索的工作。

6.7.2 视频监控管理系统

从出现至今，视频监控系统的发展大致经历了三个阶段。

第一个阶段，主要是以模拟设备为主，含摄像机和磁带录像机的全模拟电视监控系统，称为第一代模拟监控系统；这一阶段监控系统中基本不使用视频监控软件。

第二个阶段，随着计算机处理能力的提高和视频技术的发展，人们利用计算机的高速数据处理能力进行视频的采集和压缩处理，利用显示器的高分辨率实现图像的多画面显示，从而大大提高了图像质量，由于传输依旧采用传统的模拟视频电缆，所以就叫作第二代半模拟半数字本地视频监控系统。这一阶段使用的监控软件基本上都为 PC 单机 DVR 软件。

第三个阶段，随着网络带宽的提高和成本的降低、硬盘容量的加大和中心存储成本的降低，以及各种实用视频处理技术的出现，视频监控步入了全数字化的网络时代。由于它从摄像机或网络视频服务器下来就直接进入网络，以数字视频的压缩、传输、存储和播放为基础，依靠强大的平台软件实施管理，所以称之为第三代网络视频监控管理系统。

随着视频监控技术和应用规模迅速扩大和发展，视频监控管理系统的重要性越发明显。普通用户需要使用视频监控管理系统进行日常的监控功能应用,系统管理员更需要对监控系统中所有的硬件软件资源进行全面的管理和维护,可以毫不夸张地说,视频监控管理系统是视频监控整个系统的核心。

1. 含义

视频监控管理系统是以PC为基础,以网络摄像机/视频服务器为前端,为用户提供一系列完整的远程监控功能的系统。系统界面友好、可定制、操作方便,且具有良好的可扩展性,如图6-30所示。

图6-30　视频监控系统界面

系统实现的主要功能有电子地图浏览、实时视频播放、云台控制、群组播放、录像视频回放、数字矩阵(电视墙切换控制)、报警功能、记录查询、系统配置等。

使用系统主要功能前需对系统进行全面的配置操作,包括根据实际物理设备的连接进行设备配置,根据需要进行电子地图结点的配置,根据用户权限的分配情况进行用户配置等。

2. 主要功能

(1) 电子地图:地图基本操作,地图热区操作,多地图操作,地图设备操作。

(2) 实时图像:实时视频监控,直接拖放,窗口拖动,1/4/7/8/13/16/25/36路显示,循环播放群组。

(3) 实时视频图片抓拍、实时语音监听、与前端对讲。

(4) 云台控制:水平和垂直旋转,调焦,变倍,光圈,辅助开关控制,预置位,巡航,轨迹,自动扫描。

(5) 群组播放:选择群组播放。

(6) 群组轮巡:群组轮巡播放。

(7) 群组管理:添加、编辑、删除群组;编辑群组轮巡组。

(8) 录像回放:按时间回放,按文件回放,回放图片抓拍,慢速回放,快速回放,单帧回放,单画面回放,四画面回放。

(9) 大屏电视墙:切换控制大屏墙、电视墙上的监控画面,实现数据矩阵功能。

(10) 报警功能：布防和撤防设置，视频异常报警，摄像机异常报警，多种方式的报警输入联动，短信，拨打电话，FTP 等多种报警动作；

(11) 记录查询：系统日志查询，摄像机日志查询；报警记录查询，查询不同类型的报警动作产生的报警记录。

(12) 地图配置：结点地图设计，配置地图设备，地图设备属性设置。

(13) 设备配置：设备按类分组管理，添加设备，设置设备属性。

(14) 用户配置：用户账号分组管理，权限分级管理，功能权限，地图权限，设备权限。

(15) 历史记录远程访问设置：启用和配置远程访问地址。

6.7.3 视频分发与转发系统

视频文件的分发与转发系统的主要功能是将视频文件按照一定规则分发到服务器上，并将用户点播视频请求调度到能为用户提供最好服务的服务器，由该服务器给用户提供视频点播服务。视频文件的分发与转发系统是视频网站的核心系统，直接影响到视频网站为用户提供视频点播服务的能力，有着网站基石的作用。视频网站对视频文件的分发与转发系统有着高性能、易部署、易扩展和高容灾性等要求。高性能是指系统能够同时满足海量在线用户同时点播视频请求；易部署指系统要部署于上千台服务器上，部署要易于操作；易扩展指当视频文件数量增长超过系统容量所限时，便于通过增加服务器扩充系统能力；高容灾性指系统不能因个别服务器损坏而影响正常运行。

视频文件的分发与转发系统主要分为三个子系统：缓存子系统、分发子系统和转发子系统。缓存子系统主要由开源软件 Redis，Ucarp，MongoDB 构成，满足高性能、大容量、高容灾等特性，主要存储视频文件码率、文件位置等元数据信息，供分发子系统和转发子系统使用。分发子系统主要功能是分发视频文件到服务器上，分为分发总控程序和分发客户端程序。分发总控程序计算分发任务，分发客户端程序获取分发任务，执行文件分发任务。转发子系统主要功能是调度用户点播视频请求到合适的服务器。采用开源软件 LVS 和 Keepalived 实现负载均衡，调度算法采用基于用户地区和运营商的地区就近原则调度算法。

1. 视频缓存子系统

视频流媒体文件缓存比一般的下载文件缓存要面临更多的问题，与大文件的分片缓存不同的是，流媒体文件有具体的格式，因此流媒体的分片缓存技术就显得更加复杂，其复杂度和难度主要在于从源站获取一个片段后，需要重新计算视频文件帧偏移信息，并按照分片大小进行数据对齐，如图 6-31 所示。

视频缓存工作流程如下。

(1) 用户请求帧的偏移量映射到缓存系统中该文件的帧。

(2) 在缓存系统中没有该流媒体文件存在，缓存系统将回源站取回该流媒体的文件头信息，即数据帧信息表(存放数据帧偏移量)；如果该流媒体文件存在则进入下一步。

(3) 在缓存系统的该流媒体文件头(数据帧信息表)中检查请求帧是否已经存在缓存中，如果存在，则直接读取；如果不存在，则回源去取请求帧内容。

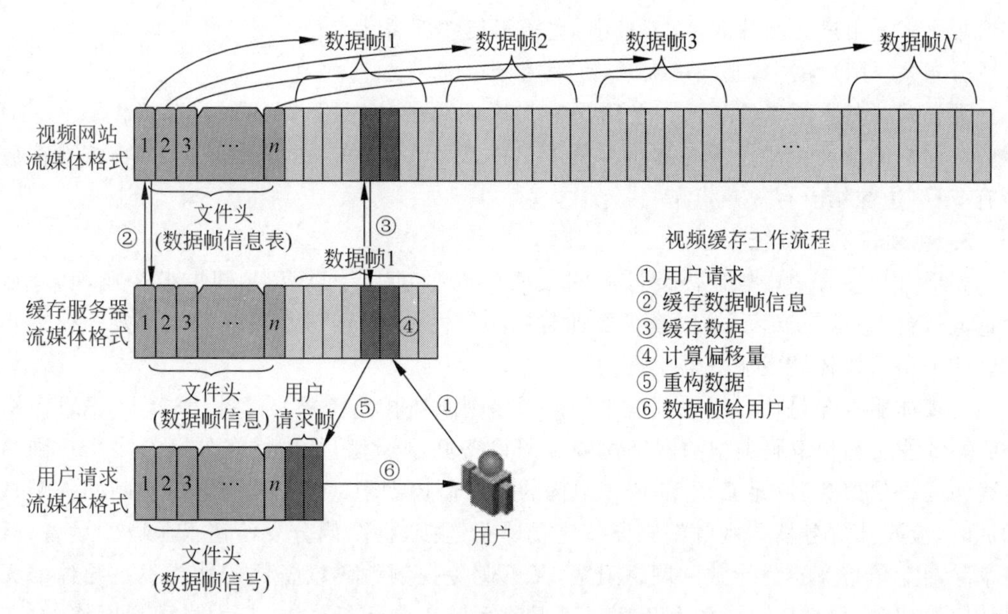

图 6-31 视频缓存工作流程

(4) 计算取回的帧在该流媒体文件中的偏移量,存入缓存系统中该流媒体文件偏移量相应位置。

(5) 根据用户请求帧,重新构建流媒体文件头信息,形成流媒体片段。

(6) 返回该流媒体片段请求帧给用户。

2. 视频分发子系统

视频分发子系统,通过实现用户对网站的就近访问及网络流量的智能分析,将本结点流媒体资源库中的指定内容,根据业务运营商定义的内容分发策略向下层结点推送(PUSH)。下层结点控制系统通知下层内容管理系统登记接收,该结点以内容注入的方式接收分发的内容。从技术上解决网络带宽小、用户访问量大、网点分布不均等对用户访问效果的影响,大大提高了网络的响应速度。

其技术原理是在现有的互联网络中建立一个完善的中间层,将网站的内容发布到最接近用户的网络"边缘",使用户能以最快的速度,从最接近用户的地方获得所需的信息,所以有的时候也被称作内容传递网络(Content Delivery Network,CDN)。

分发和传递一方面可以看作是CDN的两个阶段,分发是内容从源分布到CDN边界结点的过程,传递是用户通过CDN获取内容的过程;另一方面,分发和传递可以看作是CDN的两种不同实现方式,分发强调CDN作为透明的内容承载平台,传递强调CDN作为内容的提供和服务平台。

一套完整的CDN系统包括服务器负载均衡、动态内容路由、高速缓存机制、动态内容分发和复制、网络安全机制等多项技术,其中的核心技术主要包括两个方面:一是基于内容的请求路由(即重定向)和内容搜索;二是内容的分发与管理。其他技术如负载均衡等均可以通过这两个技术实现。

CDN可以按实际情况灵活部署,可以有集中式、分布式和混合式三种方式。

集中式：用户地域分散，业务量小，宜采用集中部署。

分布式：用户集中，业务量大时，宜采用分布部署。

混合式：上述两者的结合。在用户密集区域单独放置服务机群，就近提供服务；而对分散用户则统一由中心服务器机群集中提供服务。同时在内容分布上，中心结点存放所有节目，边缘结点存放热点节目。

3. 视频转发子系统

如果有很多客户端软件需要同时间段调取或访问一台 DVR 主机的监控画面，那么会造成这台 DVR 的负荷，这时就需要加装视频转发子系统，进行视频流的转发。视频转发往往是由流媒体转发服务器实现的。

流媒体服务器是一台可以独立组网的网络视频监控系统核心设备，兼容 DVR、DVS、IPC 等多种品牌和编码类型的网络视频编码设备联网通信，为内网和外网的多用户网络并发访问提供服务，满足 C/S 和 B/S 架构的联网监控需求。多个用户并发访问同一个视频源时，流媒体服务器与视频编码设备建立单路连接，将图像分发给请求服务的设备，既可消除因上传带宽不足导致的网络阻塞，又可避免视频编码设备网传性能不足导致的无法访问等现象，提高网络资源利用率。可保障系统正常运行，并支持大量用户网络访问，共享监控信息资源。

6.7.4 视频存储系统

视频存储系统是视频监控系统中，由视频存放程序和各种存储设备、控制部件及管理信息调度的设备（硬件）和算法（软件）所组成的系统。

根据数据存储位置的不同，可以分为前端存储、中心存储，这些方式的选择要结合承载网络的带宽、业务需求、客户需求以及实现成本等因素进行具体评估。

1. 前端存储

前端存储是指视频信息存于视频服务器或网络摄像机中。由于单个前端编码设备通常所带监控点路数不多，存储时间也不长，所以对存储容量要求不高。网络摄像机一般用 CF 卡或 SD 卡，视频服务器一般用内置硬盘，通常可设置盘满自动覆盖或停止录制包括定时录制、手动录制和报警录制三种模式。

前端存储的优势：一是可以通过分布式的存储部署，减轻集中存储带来的容量压力；二是可以有效缓解集中存储带来的网络流量压力；三是可以避免集中存储在网络发生故障时的图像丢失。

前端存储的缺点是由于视频服务器所在物理环境大多比较恶劣，很难保证存储系统的可靠性，而提高前端系统的抗恶劣环境设计必将大幅提高系统的实现成本。由于前端系统数量巨大，系统整体成本也将大幅提高，所以前端存储用于可靠性要求较低的非关键业务。

视频服务器前端存储可以分为以下三种模式。

(1) DVR 存储。DVR 存储是目前最常见的一种前端存储模式，编解码器设备直接挂接硬盘，目前最多可带八个硬盘。由于编解码设备性能的限制，一般采用硬盘顺序写入的模式，没有应用 RAD 冗余技术来实现对数据的保护。随着硬盘容量的不断增大，单片硬盘故障导致关键数据丢失的概率在同步增长，且 DVR 性能上的局限性影响图像数据的共享及分析。这种方式的特点是价格便宜，使用起来方便，通过遥控器和键盘就可以操作。在传统视频监控领域，比如楼宇等监控点非常集中的监控存储系统中，用户习惯采用 DVR 模式。DVR 模式非常适合本地监控和监控点密度高的场合，不仅投资小，而且可以很好地支持本地存储设备。其缺点是网络功能弱，扩展性差。

(2) DVS 编码器直连存储。DVS 编码器通过外部存储接口连接外挂存储设备，主要采用 SATA、USB、iSCS 和 NAS 等存储协议。其中，SATAZUSB 模式采用的直连方式，不能共享并且扩展能力较低，目前应用逐渐被淘汰。

DVS 编码器直连存储方式，监控视频数据通过 RAID 技术在可靠性上得到了一定保证，适合于中小规模安防存储的部署。网络存储产品可和多个厂商的编码设备实现视频数据的直接写入，减少了服务器中转这一环节，在性能提升的同时也节省了用户的投资。但是这种方式由于需要依靠流媒体服务器进行数据的转发和检索，容易在流媒体转发环节出现瓶颈，且目前直写通常采用 NAS 存储方式，由于 NAS 自身的文件协议等原因，导致在多结点并发写入数据时效率不高。

(3) NVR 存储。在视频监控系统中，NVR 是模拟录像机和硬盘录像机的理想升级换代产品，是在原来 DVR 基础上实现的免除视窗操作系统和计算机配合的单机独立操作设备。由于 NVR 采取高度集成化的芯片技术，拥有先进的数字化录像、存储和重放功能，不需要更换和存储录像带，无须电脑配合和日常维护，因此，能够实现高分辨率、高质量实时监控，并且简单易用。具体来说，NVR 系统的安防存储将传统的视频、音频及控制信号数字化，通过 NVR 设备上的网络接口，以 P 包的形式在网络上传输，在 DVR 的基础上，实现了系统的网络化。应用当中，尽管 NVR 系统具有计算机快速处理能力、数字信息抗干扰能力、便于快速查询记录、视频图像清晰及单机显示多路图像等优点，但是从本质上来讲，NVR 不仅没有解决 DVR 系统中存在的模拟传输的缺陷，也没有很好地解决网络传输视频流后带来的更多管理问题。实际上，每个 NVR 形成了一个独立的监控中心，给全网监控的实现造成了更大的复杂性，在诸如远程控制、多层级扩展性以及组网能力等方面还有待提高。

2. 中心存储

与前端存储对应，中心存储是存储数据都集中在中心的系统。中心存储可以是一个中心或者多个分布式的中心存储系统，根据需要放在运营商侧或者客户侧的监控中心。

存储服务器连接前端编解码器，通过流媒体协议下载数据，然后存放到存储设备上，服务器和存储设备之间可以通过 SAS、iSCSI、NAS、FC 协议连接。通常可设置用户存储空间满自动覆盖或停止录制，支持定时录制、手动录制和报警录制三种模式。

对于监控点路数比较少、存储时间要求不长的应用场合，中心/分中心存储可以采用服务器插硬盘或外接磁盘柜这种比较简单的方式进行部署，称为 DAS(直接访问存储)。随着网络视频监控的优势被广泛认可，现在开始出现越来越多的大型甚至超大型视频监控系统。这些监控系统都面临前端设备的大规模接入和大容量集中存储的需求。以往的单机存储方式无法满足这些系统在容量灵活扩展方面的应用需求，必须采用更为先进的网络存储设备和存储技术，其中典型的就是 SAN、NAS 以及 iSCSI。

在很多大型的视频监控联网应用中,也可采用多级分布的中心存储方式,即分中心存储。这样一方面可以降低一个中心点集中存储带来的存储容量和网络流量的压力,另一方面可以大幅度提升系统的可靠性。分布式存储依据网络带宽和业务需求部署多个中心存储系统,需要在保证系统容量和性能可扩展的同时,实现对数据的全局统一管理和存储资源的统一管理。其特点是容量大、性能高和可用性好,并易于管理,但相对前端存储而言实现成本较高。

3. 客户端存储

客户端存储是指客户在浏览视频时将视频实时存储在客户端的本地硬盘中,通常支持手动录制和报警录制两种模式,往往作为一种补充存储方式。

6.7.5 大数据系统

1. 系统概述

大数据系统由分布式计算资源池提供硬件支撑,是建设汇聚库子系统和专题库子系统的基础。大数据系统提供对海量结构化、非结构化数据的大数据存储管理服务和大数据综合分析服务。

2. 系统技术架构

大数据系统由分布式计算资源池提供硬件支撑,采用 Hadoop 大规模分布式数据软件框架,Hadoop 目前已经成为企事业管理大数据的基础支撑技术,是解决企事业数据中心大数据存储、大规模数据计算、快速数据分析的优秀基础数据平台。对海量的数据进行高效的分析及利用能将大数据中存在的巨大潜在价值转换为实际的价值,如图 6-32 所示。

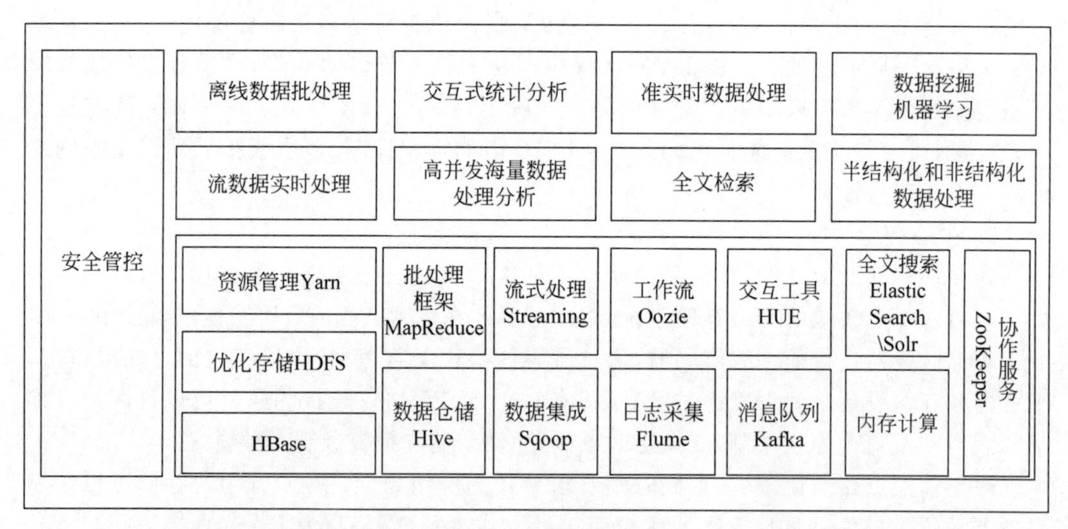

图 6-32 技术架构图

基于 Hadoop 大数据的数据中心总体逻辑架构划分为数据采集层、数据存储层、分析应用层、数据展示层以及完整的支撑体系。

3. 数据采集功能

如图 6-33 所示，数据的采集包括实时数据汇聚、日志文件汇聚、关系型数据库数据汇聚、多级数据汇聚功能。下面详细描述。

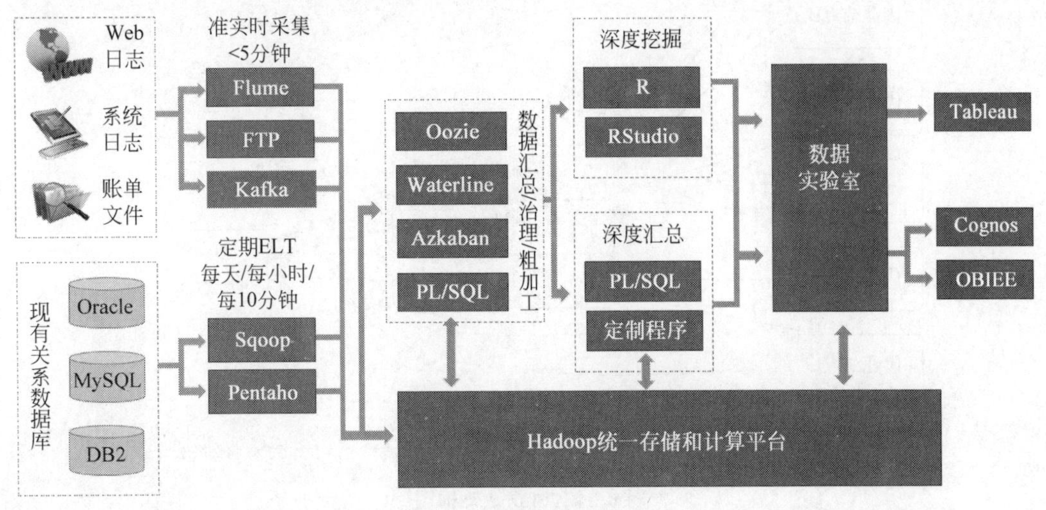

图 6-33　数据采集功能图

1）实时数据汇聚

消息队列(Message Queue)用于将消息生产的前端和后端服务架构解耦，它是一种 pub-sub 结构，前端消息生产者不需要知道后端消息消费者的情况，只需要将消息发布到消息队列中，且只用发布一次，即可认为消息已经被可靠存储了，不用再维护消息的一致性和持久化，同时消息只传输一次就可以给后端多个消费者，避免了每个消费者都直接去前端获取造成的前端服务器计算资源和带宽的浪费，甚至影响生产环境。

Message Queue 可基于开源软件 Kafka 实现，进行了一系列的性能和稳定性优化。Kafka 是一个低延迟高吞吐的分布式消息队列，适用于离线和在线消息消费，用于低延迟地收集和发送大量的事件和日志数据。

2）日志文件汇聚

针对数据源作为文件存储传输，大数据平台提供 Flume 日志采集工具，Flume 架构如图 6-34 所示。可以支持分布式方式从数百个产生文件的服务器采集文件到 HDFS 中，如将多个应用服务中产生的网络日志采集到大数据平台的 HDFS 中。Flume 使用两个组件：Master(主结点)和 Node(结点)，Agent(代理结点)、Collector(控制结点)都称为 Node，Node 的角色根据配置的不同分为 Logical Node(逻辑结点)、Physical Node(物理结点)。Node 可以在 Master Shell 或 Web 中动态配置，决定其是作为 Agent 还是 Collector。Agent 的作用是将数据源的数据发送给 Collector，Collector 的作用是将多个 Agent 的数据汇总后，加载到 HDFS 中，Agent 与 Collector 通过配置 Source 源和 Sink 源来决定数据流向。此外，大数据平台还提供 FTP Over HDFS 的 FTP 文件接口，数据通过 FTP 接口直接传输至 HDFS。

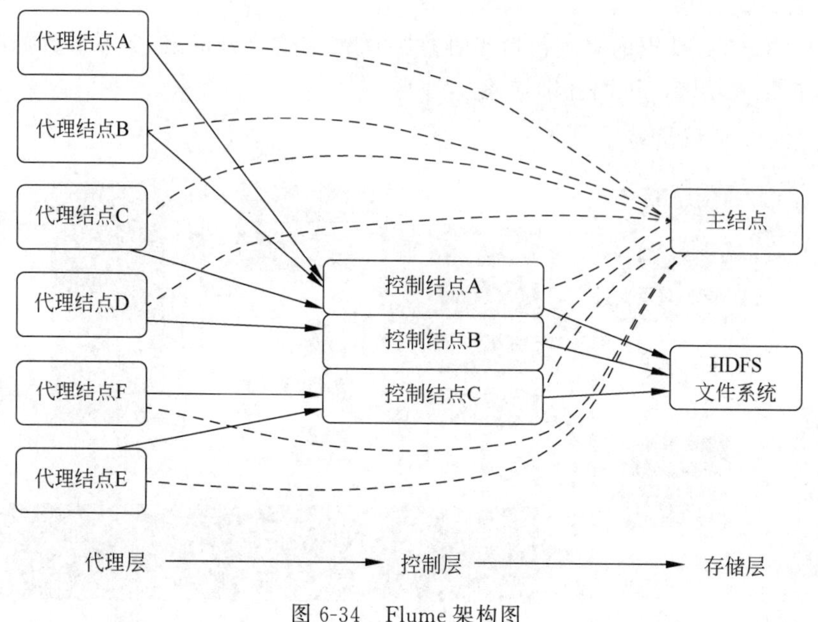

图 6-34 Flume 架构图

3）关系型数据库数据汇聚

如果数据源在关系数据库中，则需要采用 Sqoop 或者其他 ETL 工具将数据导入 Hadoop 中。

Sqoop 支持 Oracle 11g、IBM DB2、MySQL、PostgreSQL 等数据库。常用 Sqoop 将表从关系数据库中全部复制到 Hadoop 中。Sqoop 导入过程是分布式的，并支持全量以及增量式导入。Sqoop 作为 Map/Reduce 客户端，自动生成 Map-Reduce 任务，提交给 Hadoop 集群进行分布式并行数据抽取。Sqoop 支持将数据导入到 HDFS、Spark 内存计算引擎和 HBase，或者从 HDFS、Spark 内存计算引擎或者 HBase 中导出到关系数据库。支持同步以及异步形式将文件批量导入数据表中。

从关系型数据库中将数据导入到集群平台后，需要对入库后的数据与原先关系型数据库中的数据进行校验，以保证数据入库后的一致性。

4）多级数据汇聚功能

针对关系型数据源的汇聚功能，可支持批量模式和增量模式。

批量模式：批量模式用于在平台建设完成初期进行历史数据的迁移，将大量的基础数据和历史数据导入平台集群。可通过 Sqoop 等 ETL 工具将数据导入到 HDFS 或 HBase 中；同样可通过 BulkLoad 工具将批量数据导入到 HBase 中；也可以直接将数据传入 HDFS，其后可以通过建立外表的方式对数据进行分析。

增量模式：增量模式用于上线后将指定周期时间间隔（如每天，每小时或每 10 分钟）内的数据导入平台，可通过 Sqoop 的增量导入等模式进行。

对于数据的导出支持 SQL 查询结果导出为文本文件，可以设定文件的格式（分隔符等）、大小、命名。为了保障导出效率，系统内所有结点并行导出。

4. 数据存储功能

对于结构化、半结构化数据及数据增长较大的业务数据，均存储在分布式存储系统中。采用分布式存储系统架构，进行集中存储，并通过分布式存储系统自带的元数据查询功能实现原始数据快速检索，检索信息以中间表的方式保存到关系数据库，提供给业务系统使用。

分布式存储系统通常是由基于客户机/服务器模式构成；服务器端由主管理服务器(主管理结点)、备用管理服务器(备用结点)构成。其中，主管理服务器提供元数据存取，备用管理服务器为主管理服务器提供冗余保护、计算结点服务器存储数据块，用于具体文件块的存取。

主管理服务器结点的主要功能如下。

1）元数据管理

管理整个集群的文件系统命名空间、所有文件以及目录的元数据，这些信息以图片和文本文件方式存储于结点的本地磁盘中，在集群运行时，主管理结点加载这两个文件，在内存中构建一个完整的文件树；当元数据更新时，主管理结点将更新数据写入磁盘中。

2）文件块管理

管理并保存每个文件的数据块分布状况，这些信息主要是在主管理结点启动后，根据计算结点的块报告汇总生成。

3）故障管理

分布式文件系统通过定期接收计算结点心跳信号与数据块报告，监测结点的可用性，确保计算结点失效后，仍能保证数据的可用性。

4）交互管理

主要包括：故障切换、信息归并以及信息同步等。

5）容错能力

根据系统故障发生频率的不同，故障大致有下面几种：硬盘故障、服务器故障、网络故障、存储中心故障(大面积停电、空调事故、断网、自然灾害等)。

硬盘故障发生比较频繁，服务器故障其次，网络故障再次。分布式文件系统要能通过下列3种方法来规避故障和保证数据完整性。

(1) 数据在写入时被同步复制多份，并且可以通过用户自定义的复制策略分布到不同机架的服务器上，保证了在单台甚至单机架服务器故障时，数据也不丢失。

(2) 数据在读写时将自动进行数据的校验，一旦发现数据校验错误将重新进行复制。

(3) 系统在后台自动连续地检测数据的一致性，并维持数据的副本数量在指定的复制水平上。

6）扩展能力

系统的存储和计算能力能够动态扩充。在数据处理云平台内部，可以简单地通过增加服务器，在该服务器上安装数据处理云平台软件，然后配置成加入该平台的服务器集群即可。而其他服务器的配置不用做任何改动。

5. 数据处理功能

1）流数据实时分析处理

传统的批处理模式的 ETL 适用于处理时效性不敏感的数据，比如常见的基于

Hadoop 的 ETL 模型；对于对时延敏感的时效性数据，批处理模式的 ETL 在数据处理之前需要进行一定时间的数据积攒，保证数据包不会太小才能顺利处理，否则未经积攒的数据以海量数随碎片作业的方式进入批处理系统，对批处理系统的元数据管理会造成极大的冲击，同时批处理系统每次作业启动、清理的额外开销太大，无法及时处理大量碎片作业，将造成系统挤压甚至崩溃。批处理系统对数据进行积攒的特性使时效性数据无法得到及时处理，从而失去了数据自身的意义。

实时流处理系统是近两年针对批处理实效性缺陷提出的新的计算模型，目的是为了在提供类似于批处理系统的计算能力、健壮性和扩展性的同时，改善数据的时延，将数据时延降低至秒级甚至毫秒级。

实时流式计算系统同时具备分布式、水平扩展、高容错和低延迟特性，同时新的实时流式计算系统还可以计算更为复杂的计算模型，比如 DAG（有向无环图）和迭代计算，可以完成复杂的在线计算和预测模型。

采集数据的流式预处理是实时流式计算系统的一个简单应用，只需要简单的应用开发即可完成提取、转换和入库等操作。该应用构建在实时流式计算系统上，除了获取到低延迟的时效性好处外，还自动具备了分布式的水平扩展、自动容错迁移和完善的监控等能力，具备海量处理计算能力的同时，极大地简化了运维成本。

2）准实时数据分析处理

通过 Flume 或者 Sqoop 将数据采集汇聚到 HDFS 中，同样可以利用 HDFS 提供的 FTP 文件接口将数据汇聚。如图 6-35 所示，数据汇聚完成后，对指定时间周期的数据进行清洗、转换、生成中间数据放入数据仓库，准实时数据装载入内存数据库通过 SQL 进行高速转换，内存数据库由分布式内存列式存储与 Spark 计算引擎组成，能够对准实时数据进行高速的转换清洗。数据转换清洗后的各种指标（KPI）存入 HBase 中，提供高并发的查询访问，同样可以基于这些数据做进一步的统计分析。

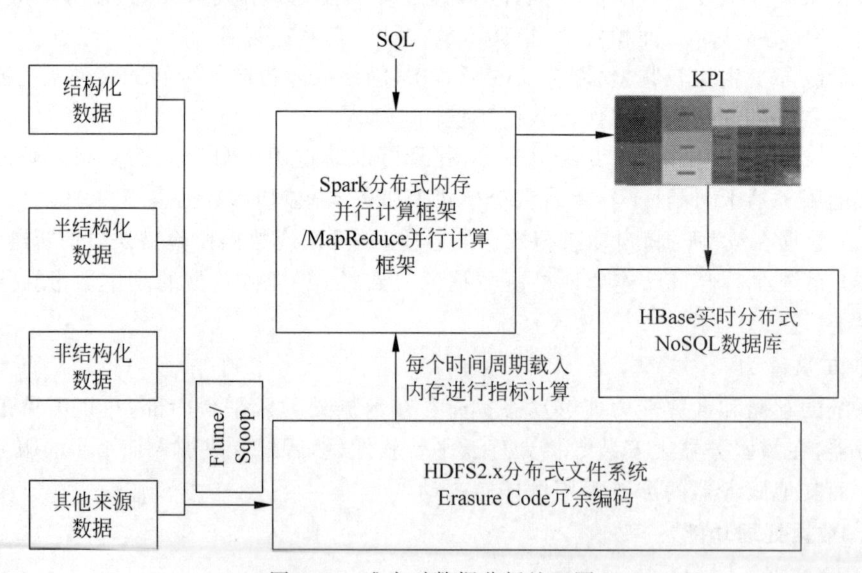

图 6-35 准实时数据分析处理图

3）离线数据分析处理

（1）热数据。

可以根据应用需求，如图6-36所示，将经常需要进行分析的热数据从HDFS或者HBase中加载到Spark中的分布式内存数据列式存储中。通过内存加速分析，在秒级别响应，对数据进行交互式探索挖掘。此外，内存数据库还具备了通过R语言或者Java API对内存数据库中内容进行数据挖掘的能力。

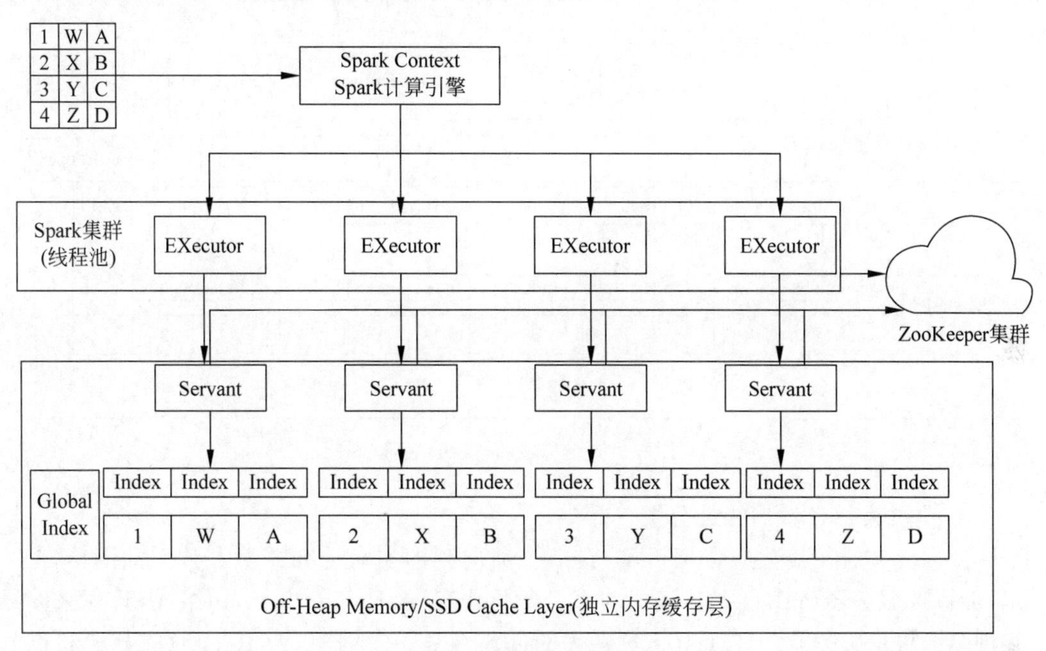

图6-36　热数据处理图

（2）冷数据。

冷数据可以使用HDFS中的Erasure Code功能进行降低副本。Erasure Code可配置策略，指定HDFS中目录，通过RAID Server监控，在指定生命周期后将指定目录下的文件降低其副本数为1，并由10个数据块生成4个冗余校验块，将3倍存储开销降低到1.4倍，并且在数据可靠性方面，Erasure Code在14个数据块中可容忍任意4个块丢失，比3份冗余存储可容忍2份数据块丢失更可靠。冷数据可使用Erasure Code自动降低存储开销。

4）交互式统计分析

Spark是Map/Reduce计算模式的一个全新实现。Spark的创新之一是提出RDD（Resilient Distributed Dataset）的概念，所有的统计分析任务是由对RDD的若干基本操作组成。Spark的创新之二是把一系列的分析任务编译成一个由RDD组成的有向无环图，根据数据之间的依赖性把相邻的任务合并，从而减少了大量的中间结果输出，极大减少了磁盘I/O，使得复杂数据分析任务更高效。从这个意义上来说，如果任务够复杂，迭代次数够多，Spark比Map/Reduce快100倍或1000倍都很容易。

基于这两点创新，可在Spark基础上进行批处理、交互式分析、迭代式机器学习、流处理，因此 Spark 可以成为一个用途广泛的计算引擎，并在未来取代 Map/Reduce 的地位。

分布式混合列式存储，可用于缓存数据供 Spark 高速访问，提供性能接近的交互式 SQL 分析能力，如图 6-37 所示。

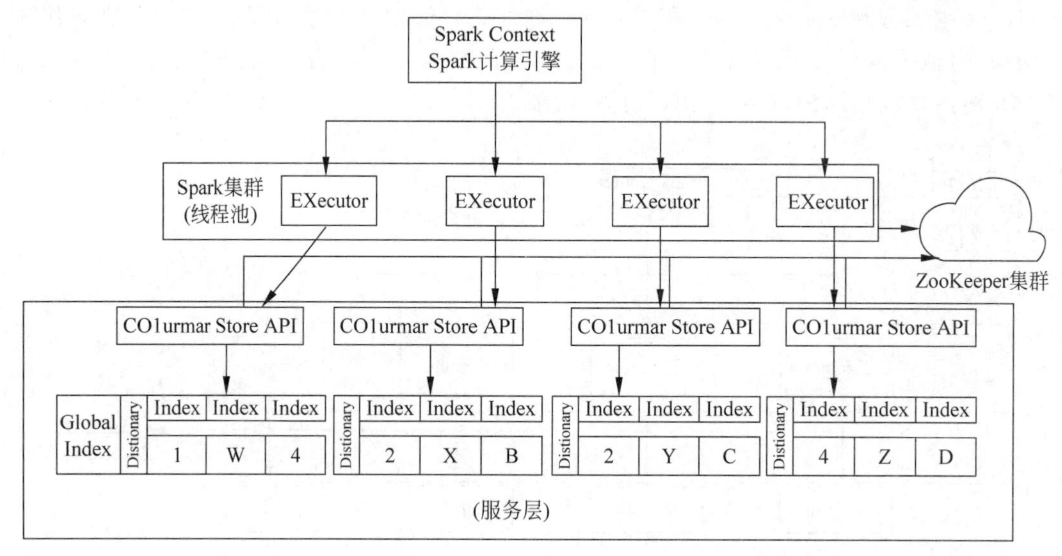

图 6-37 分布式混合列式存储图

5）高并发海量数据统计分析

HBase 实时在线数据处理引擎，是一个面向列的实时分布式数据库。如图 6-38 所示，由管理服务器(HBase Master)与多个数据服务器(Region Server)组成，管理服务器控制多个数据服务器。HMaster 负责表的创建、删除和维护以及 Region 的分配和负载平衡；Region Server 负责管理维护 region 以及响应读写请求；客户端与 HMaster 进行有关表元数据的操作，之后直接读写 Region Servers。

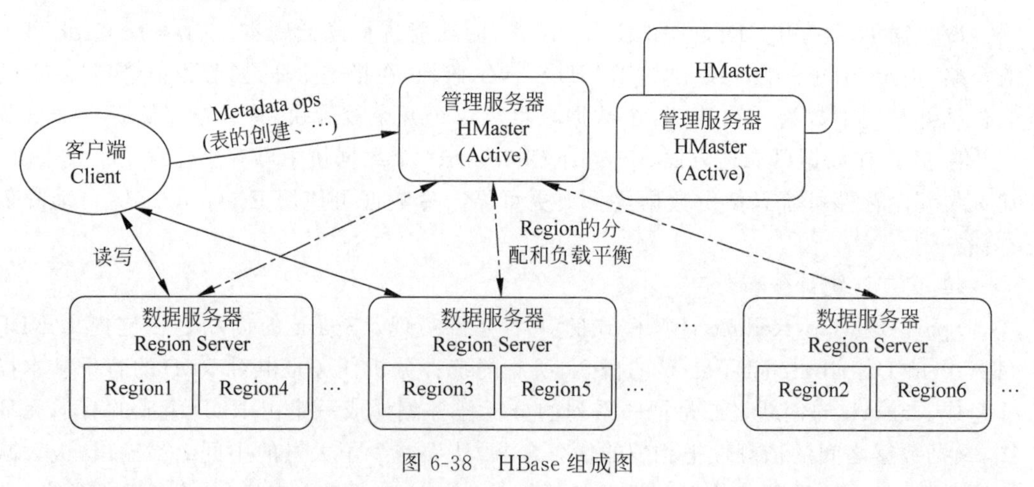

图 6-38 HBase 组成图

HBase 不是一个关系型数据库，其设计目标是用来解决关系型数据库在处理海量数据时的理论和实现上的局限性。HBase 存储面向列、可压缩，可有效降低磁盘 I/O，提高利用率，同时具有灵活的表结构，可动态改变和增加（包括行、列和时间戳）Column 以及 Column Family，并支持单行的 ACID 事务处理。

对于高并发的查询信息系统，需要将 HBase 与 Spark 内存计算引擎相结合，满足企业高并发的在线业务需求。HBase 支持多种索引技术，包括全局索引（Global Index）、局部索引（Local Index）以及高维索引（High-dimensional Index）；结合 Hadoop 架构中对 SQL 标准的支持，完成秒级高效分析；同时支持复杂查询条件，自动利用索引加速数据检索，无须指定索引；与 Spark 内存计算引擎相结合后，充分利用 HBase 的内部数据结构以及全局/辅助索引进行 SQL 执行加速，可以满足高速的 OLAP 数据分析应用需求。

6）全文检索

全文索引通过建立词库的方式记录词的出现位置及次数，以加速数据查询。创建全文索引需要在创建表的同时指定需要对哪些 column families 的哪些 columns 创建全文索引，如图 6-39 所示。

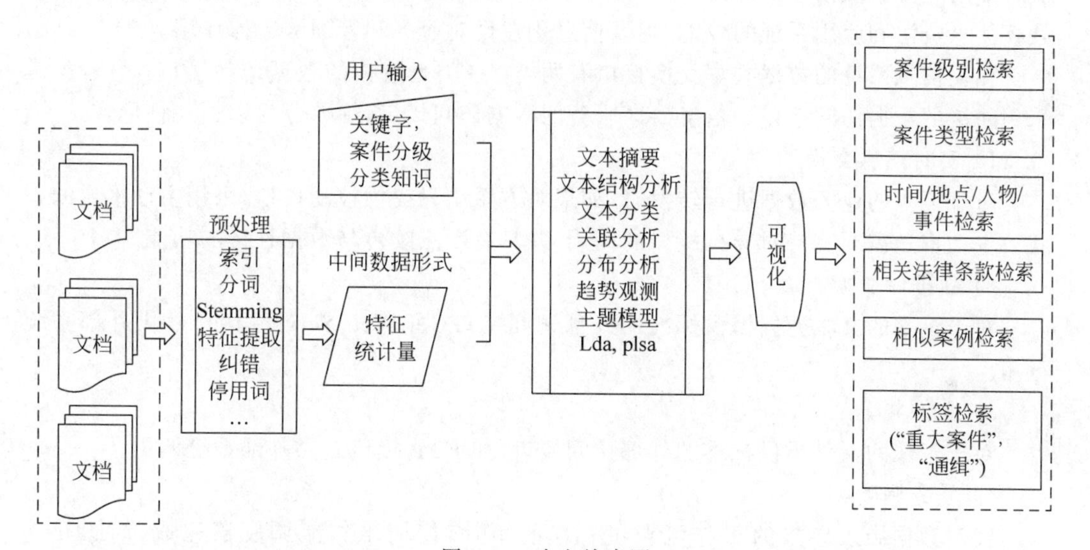

图 6-39　全文检索图

HBase 提供全文索引功能，支撑内容管理，实现文字等非结构化数据的提取和处理；提供增量创建全文索引的能力，可以实时搜索到新增的数据。

通过建立增量全文索引（全文索引首先会对记录做分词处理，再对分词结果做相应索引）对于全文关键字搜索达到秒级的返回。

7）半结构化及非结构化数据处理

大数据平台支持半结构化数据（JSON/BSON，XML 形式存储）和非结构化数据，例如纯文本、图片或者大对象的高效存取。由于越来越多的应用在考虑对半结构化数据、非结构化数据做查询、检索和分析，对这些数据存储的支持能简化应用程序的开发工作，同时提高操作性能。

8）全文数据处理

通过建立增量全文索引（全文索引首先会对记录做分词处理，再对分词结果做相应索引）对于全文关键字搜索达到秒级的返回。基于 NoSQL 数据库提供的全文索引功能，支撑内容管理,实现文字等非结构化数据的提取和处理;提供增量创建全文索引的能力,可以实时搜索到新增的数据。

9）图数据库

对于图数据的支持在大数据时代也显得日趋重要。Graph 是一个图数据库引擎,能实现图数据的高效存取及分析处理。Graph 本身主要实现了精简的图序列化,丰富的图数据建模,高效的查询。Graph 同时也实现了数据存储接口,数据检索。Graph 提供标准的 Java API 和图数据库交互工具,支持海量图数据处理,有着优秀的横向拓展能力。

6. 数据共享交换功能

为了有效融合分散的异构信息资源,消除“信息孤岛”,打通跨地域、跨部门、跨平台的应用系统不同数据库之间的互连互通,提高信息化水平,需要建立一个基于 Hadoop 大数据平台的数据共享交换机制,以此满足不同系统间的信息交换、信息共享与业务协同,解决各部门业务系统信息互通需求,从而加强信息资源管理,开展数据和应用交换,进一步发挥信息资源和应用系统的效能,提升信息化建设对业务和管理的支撑作用。

相关信息系统的数据共享交换接口有两类:一类是直接的数据访问接口;另一类是采用间接的数据访问接口。信息共享服务的数据访问接口,主要分为以下几种形式。

1）实时消息交换

对于汇集的业务数据进行转发时,如果对方系统只提供被动接口,采用主动推送的方式。主动推送需要支持对异构接口的调用,并具有断点续传与数据补传的功能。

2）数据库交换

对于汇聚的文本数据提供标准的外部访问接口(如 Web Service 接口),供外部系统调用。

3）文件共享

对于汇聚的文件提供标准的外部访问接口(如 FTP 接口),供外部系统调用。

4）任务调度

针对数据导入导出的工作流调度、管理、审计,使用工作流调度器完成,如图 6-40 所示。

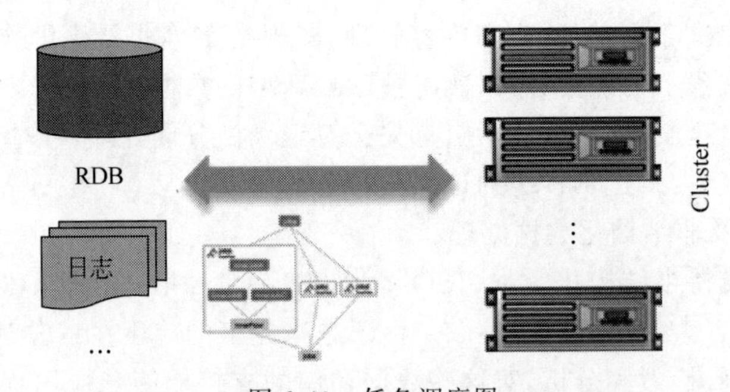

图 6-40 任务调度图

数据交换引擎由工作流调度引擎与多种数据导入导出工具相结合。导入到集群平台或从数据平台导出时,可配置参数,包括数据源、目的地、数据格式、并发个数、出错处理以及定时调度,并支持对工作流中作业的日志记录与审计。

除了上述功能外，还有上层应用接口、运维接口等功能，用于对外提供各种开发接口和对内提供运维接口等。

6.7.6　智能分析系统

1. 概述

智能分析系统，是指利用计算机图像分析技术理解视频画面的内容，通过将场景中的背景和目标分离进而分析并追踪在摄像机场景内出现的目标。一旦目标在场景中出现了违反预定义分析规则的行为，系统会触发预设置的联动规则，从而达到主动提醒的功能。智能分析系统使安保人员从繁杂和枯燥的“盯屏幕”任务解脱出来，由设备来完成这部分工作；另外也实现了从海量的视频数据中快速搜索到想要找的图像。

2. 产生背景

智能分析系统产生的背景很简单：其一就是当值班人员面对数十、数百、数千的摄像机时，无法真正地在风险产生时预防或干预，多数靠事后回放相关的图像；其二为非安防应用，如商业上的人流统计、防止扒窃等。将风险的分析和识别转交给计算机或者芯片，使值班人员从“死盯”监视器的工作中解脱出来，当计算机发现问题时，产生报警，此时值班人员进行响应。

3. 分类

从智能分析系统的产品形态来说，智能分析系统分为以下两类。

一类是由智能算法＋DSP来实现的，常见于安装在前端的智能分析摄像机与智能分析视频服务器。目前，采用此种方式的系统较多，其是将具智能分析功能的软硬件前置在视频采集端。在常规视频监控系统中，视频占用了大量的存储空间和传输带宽，如何来解决这些问题是首要面临的难关。大量无用视频信息被存储、传输，既浪费了存储空间又占用了带宽，采用智能分析的目的是为了缓解视频存储所需要的空间和传输所需的带宽压力，或者对于一些不重要的视频采用低码流方式进行压缩和传输。这样，更有助于提升监控系统的应用价值。算法处理由前端来实现，后端的服务压力非常小，由此可以在一个系统中配置大量的智能分析摄像机。

另一类是采用后端PC服务器加智能分析软件的运行模式。此种方式因为由后端PC服务器来进行处理，从处理的性能上来说，要优于前端智能分析摄像机的处理，但由于算法对硬件资源占用很大，在同时处理多个分析时，系统的处理能力不足的问题就表现出来了。因为后端PC服务器有强大的分析处理能力(与前端DSP＋软件方式相比)，所以PC服务器处理方式通常被应用于非常重要的智能分析场合。

4. 应用

从智能分析的主要应用来看，有以下两个大的发展方向。

其一是以车牌识别、人脸识别为核心代表的智能识别技术，主要应用于电子警察、机场、海关。

另一个是以周界防范、人数统计、自动追踪、逆行、禁停等规则为代表的行为分析技术，主要应用于围墙周界警戒区、商场、交通、景点流量统计，道路禁停禁放、违章逆行、场景跟踪等方面。

(1) 双机自动跟踪：智能分析摄像机加普通快球方式。可应用于城市报警应急预案，对于突发事件的物体跟踪。

(2) 人流量统计：统计框选区域进出人员的数量，应用于超市商场顾客流量的分析统计，帮助商家制定相应的销售策略。应用于景点、地铁口，提供流量数据供人员管制应用。

(3) 穿越警戒区：通过设置虚拟围篱，对周界进行侦测。当发现可疑人员或者物体穿越围篱时，即触发报警，并将报警信号上传至监控管理中心。同时可将报警画面通过网络上传至远程监看用户。应用于交通马路人行横道或斑马线、厂区重点区域围墙、学校、看守所围墙等。

(4) 丢失分析：通过在监控画面上画出一块放置重要物品的区域作为警戒区域，只要此物品离开了警戒区域，那么将立即触发报警规则。应用于重点保护区域，如博物馆、展览厅、拍卖会、金银店等。

(5) 方向分析：在实际监控中，人们可能会关心人流的方向和车流的运动方向，通过方向的识别可以判断目标是否为不合法走动或行驶，如果出现逆向行为，目标将会被自动锁定，并同时报警。应用于单向行驶的道路，重要出入口等。

(6) 智能跟踪：对可疑人或物体进行目标锁定，对目标的运动轨迹进行记录，同时摄像机将跟随目标转动并报警。应用于高档小区，人员禁入区域，机密区域，重要保护区域等。并可作为案发后对案件回放过程的轨迹进行分析，达到迅速破案的作用。

6.7.7 结构化数据接入

1. 概述

结构化数据也称作行数据，是由二维表结构来逻辑表达和实现的数据，严格地遵循数据格式与长度规范，主要通过关系型数据库进行存储和管理。相对于视频和图片数据，结构化数据需要独立的存储和管理，并且可以直接接入大数据系统分析使用。为实现结构化数据接入汇聚，需要数据接入子系统保证实现。

数据接入子系统通过数据接入模块进行结构化数据接入，并将接入数据直接存储到汇聚库中。同时数据接入子系统还可扩展成多维数据的接入，当建有支持多维数据采集的前端时，一并接入汇聚。

2. 数据抽取

1) 数据抽取架构图

各网络范围内平台与系统中的结构化数据分别存储在各系统平台的数据库中，而数据库、表没有统一的标准，采用标准协议接入较难，且时间花费较大，可以通过采用 ETL 数据抽取方式实现各数据提取。抽取之后对所有数据进行清洗、整合、过滤，最后保存到平台的汇聚库子系统中，如图 6-41 所示。

ETL 集群采用前置部署的方式分别部署，服务器部署于各系统网络的数据机房中，ETL 单元与各整合平台部署在相同网络内，确保数据抽取的稳定。另一方面 ETL 集群单元与汇聚库子系统对接。

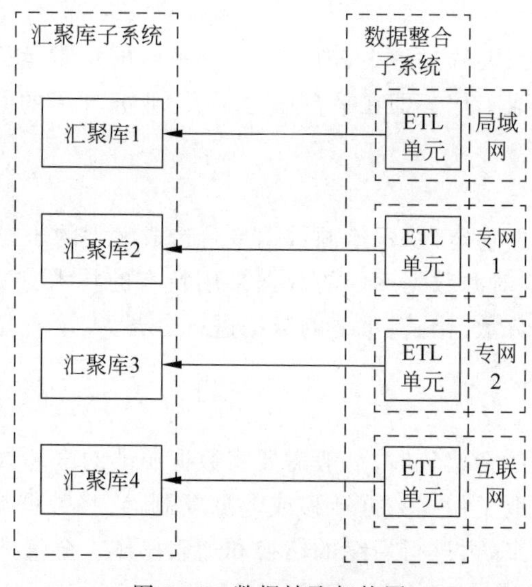

图 6-41 数据抽取架构图

2）数据抽取部署

对出现的多种数据格式的数据抽取，在各系统网络内部署含有多个数据格式抽取功能的ETL单元。该ETL单元内含有多个抽取子单元，每个抽取子单元可以单独地对各平台不同的数据格式进行数据抽取，最后由整合平台的ETL抽取单元统一进行数据转换、清洗、加载到汇聚库中，如图6-42所示。

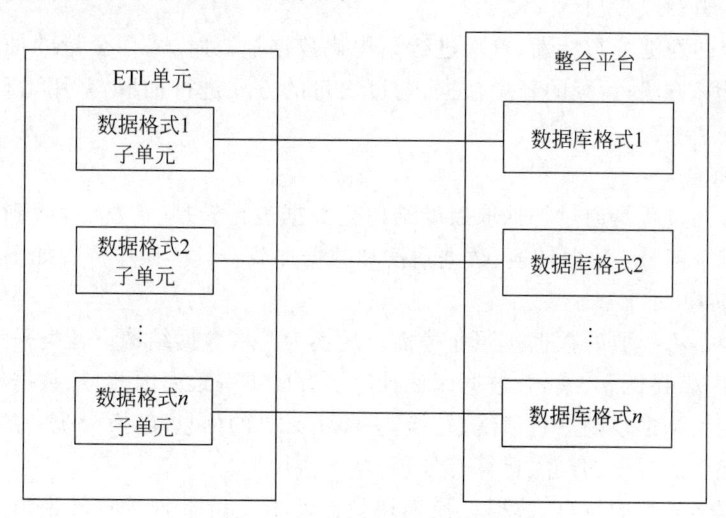

图 6-42 不同数据格式抽取示意图

3）数据抽取分类

(1) 实时抽取。

综合考虑服务器性能和数据量，充分了解网络承载能力，对各系统实现实时抽取。对于数据量不大、数据需要实时进行分析应用的平台准确快速地捕获变化的数据进而达到实时的数据抽取，同时对原业务系统不造成太大的压力，不影响原业务的开展。

（2）定时抽取。

在源数据平台业务开展的过程中，为了不影响平台的正常运行，双方主动协商，在规定的时间进行定时的抽取工作。即在平台压力不大、业务开展的间隙选取规定的时间进行数据的抽取工作。

（3）按需抽取。

为了保证业务系统的稳定性，不给源数据平台造成太大的压力，影响源数据平台的业务开展，进行按需抽取。对源数据库中的数据采用特有的技术方式，进行检测，只抽取所需要的数据，对于零星、分散、错乱、重复的数据进行舍弃。

4）数据抽取技术模式

（1）全量抽取。

在集成端进行数据的初始化时，一般需要将数据源端的全部数据装载进来，这时需要进行全量抽取。全量抽取类似于数据迁移或数据复制，它将数据源中的表或视图的数据全部从数据库中抽取出来，再进行后续的转换和加载操作。全量抽取可以使用数据复制、导入或者备份的方式完成，实现机制比较简单。

（2）增量抽取。

全量抽取完成后，后续的抽取操作只需抽取自上次抽取以来表中新增或修改的数据，这就是增量抽取。

要实现增量抽取，关键是如何准确快速地捕获变化的数据。优秀的增量抽取机制要求ETL能够将业务系统中的变化数据按一定的频率准确地捕获到，同时不能对业务系统造成太大的压力，影响现有业务。

根据平台的数据分布特性，首次进行结构化数据抽取时，采用全量的抽取方式，使用全量抽取的计算方法，后续的新增数据，通过增量的方式进行抽取，采用增量抽取的计算方法。

3. 数据整合

数据整合的过程是通过将抽取后的结构化数据进行转换、清洗、载入到汇聚库中，整个整合分为三个部分：数据转换、数据清洗和数据加载。具体操作流程如下。

1）数据转换

数据转换是将提取的数据按照业务需求转换为共享数据结构。各类采集系统采集了大量的异构数据，在概念、编码、数据库设计等多方面不一致。因此，从数据源中抽取的数据需要按照相关标准规则进行清洗、转换，去除不必要的信息，转换为统一的数据格式，并按需求进行必要的拆分、合并、运算等处理。

针对数据多样性的特点，数据转换模块就需要能支持多种数据转换方式，并在ETL工具中对这些转换规则进行配置。数据转换可以在ETL引擎中进行，也可以在数据抽取过程中利用关系数据库的特性同时进行。

关系数据库本身已经提供了强大的SQL、函数来支持数据的加工，如在SQL查询语句中添加WHERE条件进行过滤，查询中重命名字段名与目的表进行映射，SUBSTR函数，CASE条件判断等。相比在ETL引擎中进行数据转换，直接在SQL语句中进行转换和加工更加简单清晰，性能更高。对于SQL语句无法处理的可以交由ETL引擎处理。

2）数据清洗

数据清洗就是利用有关技术如数据统计、数据挖掘或预定义的数据清洗规则将不满足要求的数据转换为满足数据质量要求的数据。按所抽取数据中涉及的数据特性，数据清洗分为三种：①通过专门编写的应用程序，即通过编写程序检测/改正错误，如信息识别有无。但通常数据清洗是一个反复进行的过程，这就导致清理程序复杂、系统工作量大。②针对各检测设备和系统在检测过程中存在重复检测的问题，如时间、空间原理查找数据记录异常的情况。③与数据应用无关的数据清洗，这一部分的数据主要包括设备状态、告警等记录。

3）数据加载

将转换后的标准化数据装载到汇聚库中是ETL过程的最后一步。视频图像信息解析系统采用大数据分析运算的方式进行，数据加载支持JDBC实时同步方式和批量加载两种方式。

(1) JDBC实时同步。

直接使用SQL语句进行INSERT、UPDATE、DELETE操作。

(2) 批量加载。

利用数据仓库提供的特有工具和API对标准数据进行批量加载。对使用HDFS的数据库系统，还支持基于大数据处理的批量加载。

4. 数据标准化

综上，平台的数据来源有以下两种。

(1) 通过前置抽取服务器的方式从各系统抽取的数据。

(2) 感知前端所采集的图片和结构化数据。

这两种来源的数据经过数据整合子系统转换、清洗最后加载到数据汇聚库子系统，最后加载到数据汇聚库前做好与相关标准的对标，确保数据标准化。

6.7.8　设备接入协议与跨域交换协议

设备在与平台联网进行视音频传输及控制时应建立两个传输通道：会话通道和媒体流通道。会话通道用于在设备之间建立会话并传输系统控制命令；媒体流通道用于传输视音频数据，经过压缩编码的视音频流采用流媒体协议RTP/RTCP传输。具体接入协议包含以下几种。

1. 会话初始协议

会话初始化协议(SIP)是一种应用层控制协议，它可用来创建、修改或终止多媒体会话，如因特网电话呼叫。

SIP能够邀请参与者加入已存在的会话，如组播会议。现有的会话中可以添加或删除媒体。SIP支持名称映射和重定向服务，支持用户移动性。不管用户网络位置在哪儿，用户只需维持单一外部可视标识符。

SIP在以下五个方面支持创建和终止多媒体通信：①用户定位，决定用于通信的终端系统的确定；②用户可用性，决定被叫方是否愿意加入通信；③用户能力，用于媒体和媒体参数的确定；④呼叫建立，用于响铃、主叫方和被叫方的会话参数的建立；⑤呼叫管理，包括传输和终止会话、修改呼叫参数和调用服务。SIP 可以结合其他 IETF 协议来建立完善的多媒体结构，如提供实时数据传输和服务质量（QoS）反馈的实时传输协议（RTP），提供流媒体发送控制的实时流协议（RTSP），为公用交换电话网络（PSTN）提供网关控制的媒体网关控制协议（MEGACO），以及描述多媒体会话的会话描述协议（SDP）。因此，SIP 需要与其他协议协同作用来为用户提供完善的服务。然而 SIP 的基本功能和操作并不依赖于这些协议。

SIP 提供了一组安全服务，包括防止拒绝服务攻击、认证（用户对用户和代理对用户）、完整性保护和加密及隐私服务。

SIP 同时支持 IPv4 和 IPv6。

SIP 信息可以在 TCP 上传输，也可以在 UDP 上传输。SIP 信息是基于文本的，采用 UTF-8 编码中的 ISO 10646 字符集。信息的每一行必须通过 CRLF 终止。大多数信息语法和头字段类似于 HTTP。SIP 信息可以是请求信息，也可以是响应信息。

一个请求信息具有以下格式：

Method	Request URI	SIP version

其中：

Method：资源上所执行的方法。可能的方法有 Invite、Ack、Options、Bye、Cancel 和 Register。

Request URI：指一个 SIP URL 或一个通用 URI；是请求要被寻址到的用户或服务。

SIP version：正在使用的 SIP 版本。

响应信息头的格式如下：

SIP version	Status code	Reason phrase

其中：

SIP version：正在使用的 SIP 版本。

Status code：3 位整数结果代码，用于试图了解和满足请求要求。

Reason phrase：Status code 的原文描述。

2. 会话描述协议

会话描述协议（Session Description Protocol，SDP）描述的是流媒体的初始化参数。此协议由 IETF 发表为 RFC 2327。

SDP 最初的时候是会话发布协议（Session Announcement Protocol，SAP）的一个部件，1998 年 4 月推出第一版，但是之后被广泛用于和 RTSP 以及 SIP 协同工作，也可被单独用来描述多播会话。

会话描述协议的设计宗旨是通用性，它可以应用于大范围的网络环境和应用程序，而不仅局限于组播会话目录，但会话描述协议不支持会话内容或媒体编码的协商。

在网络系统中，会话目录工具被用于通告多媒体会议，并为参与者传送会议地址和参与者所需的会议特定工具信息，这由会话描述协议完成。会话描述协议连接好会话后，传送足够的信息给会话参与者。会话描述协议信息发送利用了会话通知协议(SAP),它周期性地组播通知数据包到已知组播地址和端口处。这些信息是UDP数据包,其中,包含SAP协议头和文本有效载荷。这里的文本有效载荷指的是SDP会话描述。此外,信息也可以通过电子邮件或WWW(World Wide Web)发送。

3. 控制描述协议

联网系统有关前端设备控制、报警信息、设备目录信息等控制命令应采用监控报警联网系统控制描述协议(MANSCDP)描述。

1) 命令与说明

请求命令:

Control:表示一个控制动作。

Query:表示一个查询动作。

Notify:表示一个通知动作。

应答命令:

Response:表示请求动作的应答。

2) 命令定义

deviceIDType:设备参考查证。

statusType:状态类型。

resultType:结果类型。

PTZType:控制码类型。

recordType:录像类型。

guardType:布防/撤防类型。

itemType:设备目录类型。

4. 流媒体传输控制协议

RTP(Real-time Transport Protocol,实时传输协议)是用于Internet上针对多媒体数据流的一种传输层协议。RTP详细说明了在互联网上传递音频和视频的标准数据包格式。RTP常用于流媒体系统(配合RTCP),视频会议和一键通(Push to Talk)系统(配合H.323或SIP),使它成为IP电话产业的技术基础。RTP通常和RTCP(Real-time Transport Control Protocol,实时传输控制协议)一起使用,而且它是建立在UDP上的。

RTP本身并没有提供按时发送机制或其他服务质量(QoS)保证,它依赖于低层服务去实现这一过程。RTP并不保证传送或防止无序传送,也不确定底层网络的可靠性。RTP实行有序传送,RTP中的序列号允许接收方重组发送方的包序列,同时序列号也能用于决定适当的包位置,例如,在视频解码中,就不需要顺序解码。

RTP由两个紧密连接部分组成:RTP,传送具有实时属性的数据;RTCP,监控服务质量并传送正在进行的会话参与者的相关信息。

RTCP是实时传输协议(RTP)的一个姐妹协议。RTCP为RTP媒体流提供信道外控制。RTCP本身并不传输数据,但和RTP一起协作将多媒体数据打包和发送。RTCP定期在多媒体流会话参加者之间传输控制数据。RTCP的主要功能是为RTP所提供的服务质量(Quality of Service)提供反馈。RTCP收集相关媒体连接的统计信息,如传输字节数、传输分组数、丢失分组数、jitter、单向和双向网络延迟等。网络应用程序可以利用 RTCP 所提供的信息试图提高服务质量，比如限制信息流量或改用压缩比较小的编解码器。RTCP 本身不提供数据加密或身份认证。SRTCP 可以用于此类用途。

SRTP & SRTCP(Secure Real-time Transport Protocol，安全实时传输协议)是在 RTP 基础上所定义的一个协议，旨在为单播和多播应用程序中的实时传输协议的数据提供加密、消息认证、完整性保证和重放保护。它是由 David Oran(思科)和 Rolf Blom(爱立信)开发的，并最早由 IETF 于 2004 年 3 月作为 RFC3711 发布。

在使用实时传输协议或实时传输控制协议时，是否使用安全实时传输协议或安全实时传输控制协议是可选的；但即使使用了安全实时传输协议或安全实时传输控制协议，所有它们提供的特性(如加密和认证)也都是可选的，这些特性可以被独立地使用或禁用。唯一的例外是在使用安全实时传输控制协议时，必须用到其消息认证特性。

RTSP(Real Time Streaming Protocol，实时流传输协议)是用来控制声音或影像的多媒体串流协议，并允许同时多个串流需求控制，传输时所用的网络通信协议并不在其定义的范围内，服务器端可以自行选择使用 TCP 或 UDP 来传送串流内容，它的语法和运作与 HTTP 1.1 类似，但并不特别强调时间同步，所以比较能容忍网络延迟。而前面提到的允许同时多个串流需求控制(Multicast)，除了可以降低服务器端的网络用量，更进而支持多方视频会议(Video Conference)。

RTP 不像 HTTP 和 FTP 可完整地下载整个影视文件，它是以固定的数据率在网络上发送数据，客户端也是按照这种速度观看影视文件，当影视画面播放过后，就不可以再重复播放，除非重新向服务器端要求数据。

RTSP 与 RTP 最大的区别在于：RTSP 是一种双向实时数据传输协议，它允许客户端向服务器端发送请求，如回放、快进、倒退等操作。当然，RTSP 可基于 RTP 来传送数据，还可以选择 TCP、UDP、组播 UDP 等通道来发送数据，具有很好的扩展性。它是一种类似于 HTTP 的网络应用层协议。目前涉及的应用：服务器端实时采集、编码并发送两路视频，客户端接收并显示两路视频。由于客户端不必对视频数据做任何回放、倒退等操作，可直接采用 UDP+RTP+组播实现，如图 6-43 所示。

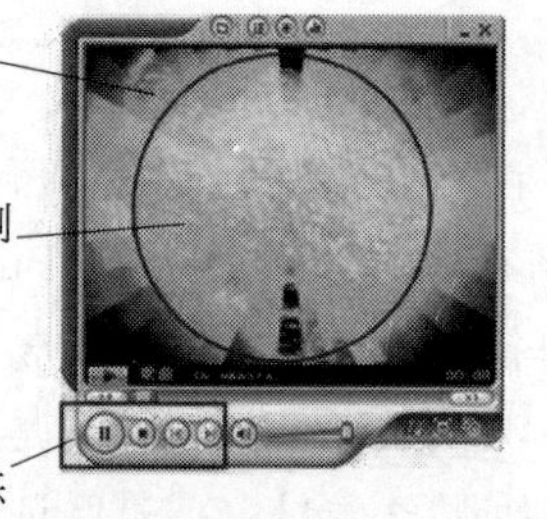
■ 视频数据由RTP传输
■ 视频质量由RTCP控制 (RSVP)
■ 视频控制由RTSP提供

图 6-43　不同流媒体协议作用实例

5. 跨域交换协议

若干个相对独立的 SIP 或非 SIP 监控域以信令安全路由网关和流媒体服务器为核心，通过 IP 传输网络，实现跨区域监控域之间的信息传输、交换、控制。

1) SIP 监控域之间

按照联网方式的不同，分为级联和互联两种方式。

(1) 级联

两个信令安全路由网关之间是上下级关系，下级信令安全路由网关主动向上级信令安全路由网关发起注册，经上级信令安全路由网关鉴权认证后才能进行系统间通信。

级联方式的多级联网结构示意图如图 6-44 和图 6-45 所示，信令流都应逐级转发；媒体流宜采用如图 6-45 所示方式传送，也可跨媒体服务器传送。

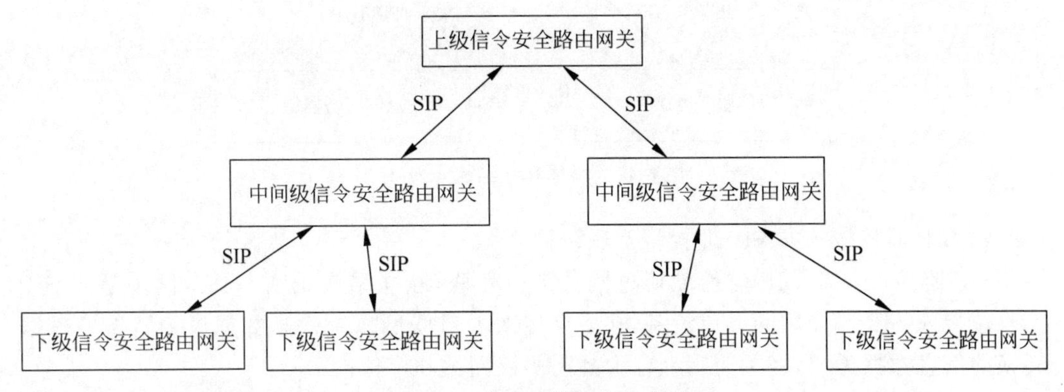

图 6-44　信令级联结构示意图

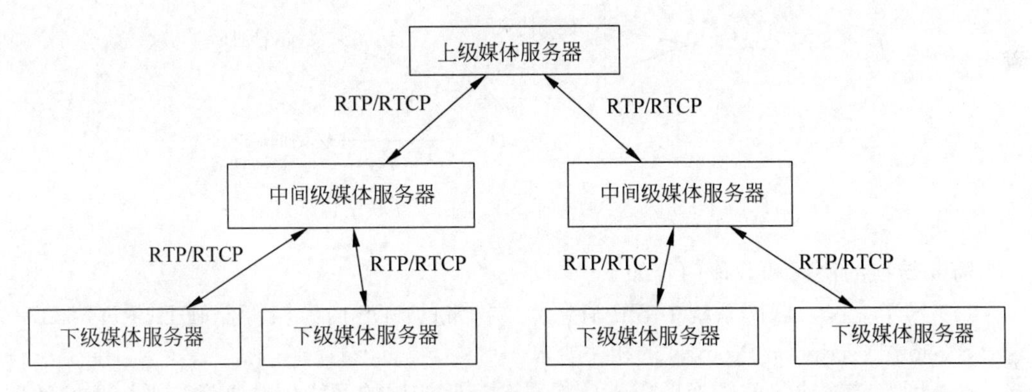

图 6-45　媒体级联结构示意图

(2) 互联

信令安全路由网关之间是平级关系，需要共享对方 SIP 监控域的监控资源时，由信令安全路由网关向目的信令安全路由网关发起，经目的信令安全路由网关鉴权认证后方可进行系统间通信。

互联方式的联网结构示意图如图 6-46 和图 6-47 所示，信令流应通过信令安全路由网关传送，媒体流宜通过媒体服务器传送。

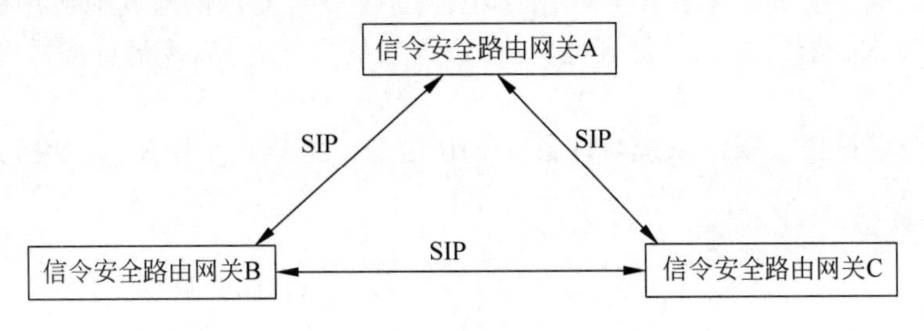

图 6-46　信令互联结构示意图

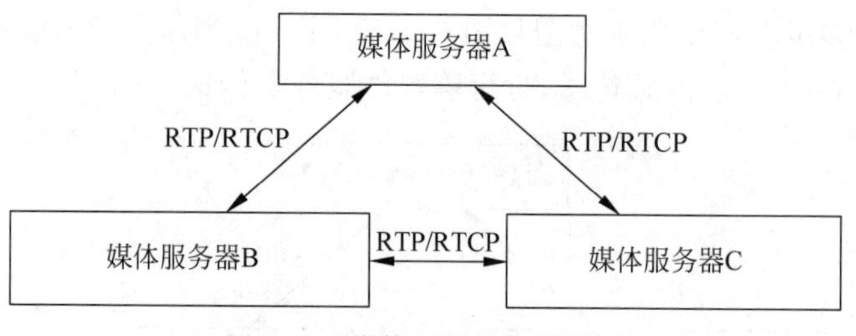

图 6-47 媒体互联结构示意图

2）SIP 监控域与非 SIP 监控域互联结构

SIP 监控域与非 SIP 监控域通过网关进行互联，互联结构见图 6-48。网关是非 SIP 监控域接入 SIP 监控域的接口设备，在多个层次上对联网系统信息数据进行转换。根据转换的信息数据类型，网关逻辑上分为控制协议网关和媒体网关。

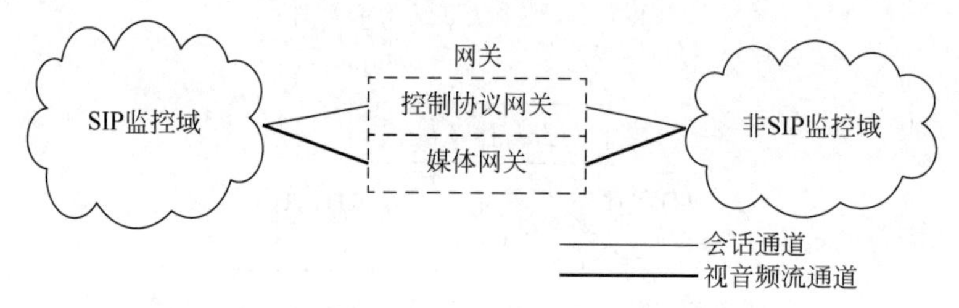

图 6-48 SIP 监控域与非 SIP 监控域互联结构示意图

需要转换的协议和其他内容如下。

（1）SDP 定义。联网系统中 SIP 消息体中携带的 SDP 内容应符合 IETF RFC 2327—SDP Session Description Protocol 的相关要求。

（2）网络传输协议的转换。应支持将非 SIP 监控域的网络传输协议与平台规定的网络传输协议进行双向协议转换。

（3）控制协议的转换。应支持将非 SIP 监控域的设备控制协议与平台中规定的会话初始协议、会话描述协议、控制描述协议和媒体回放控制协议进行双向协议转换。

（4）媒体传输协议的转换。应支持将非 SIP 监控域的媒体传输协议和数据封装格式与平台中规定的媒体传输协议和数据封装格式进行双向协议转换。

（5）媒体数据格式的转换。应支持将非 SIP 监控域的媒体数据转换为符合平台中规定的媒体编码格式的数据。

（6）与其他系统的数据交换。联网系统通过接入网关提供与其他应用系统的接口。接口的基本要求、功能要求、数据规范、传输协议和扩展方式，以及消息格式应符合统一的要求。

（7）信令字符集。联网系统与设备的 SIP 信令字符集宜采用相同的编码格式。

6.7.9 视频数字化切换

1. 定义

视频数字化就是将视频信号经过视频采集卡转换成数字视频文件存储在数字载体——硬盘中。在使用时，将数字视频文件从硬盘中读出，再还原成为电视图像加以输出。

2. 原理

首先是提供模拟视频输出的设备，如录像机、电视机、电视卡等，然后是对模拟视频信号进行采集、量化和编码的设备，这一般都由专门的视频采集卡来完成；对视频信号的采集，尤其是动态视频信号的采集需要很大的存储空间和数据传输速度。这就需要在采集和播放过程中对图像进行压缩和解压缩处理，一般都采用前面讲过的压缩方法，不过是利用硬件进行压缩。大多使用的是带有压缩芯片的视频采集卡。最后，由多媒体计算机接收和记录编码后的数字视频数据。在这一过程中起主要作用的是视频采集卡，它不仅提供接口以连接模拟视频设备和计算机，而且具有把模拟信号转换成数字数据的功能。

3. 数字视频切换矩阵技术

1) 从电路交换技术到分组交换技术

电路交换最基本的应用是一个信号占用一条线路，这条物理线路一直被这个信号所占据，直到电子开关切换到另外一个信号上。这个信号可以是数字信号，也可以是模拟信号。为了在一条物理线路上传输多个信号，提高线路的利用率，一种方式是采用频分复用技术，将多个信号调制成不同频率，在一条线路上传输，信号源可以是数字信号，也可以是模拟信号；另一种方式就是采用时分复用技术，时分复用技术分为固定时隙式时分复用技术和统计式时分复用技术，传输的信号是数字信号，模拟信号要数字化处理后传输。

固定时隙式时分复用技术最典型的应用是运行了上百年的电话网，也是电路交换的经典：当用户要求发送信息时，交换机就在主叫用户终端和被叫用户终端之间建立一条固定时隙的物理数据传输通道，这个通道是固定带宽，无论是否有数据传输，或多大的数据传输，一直占据且只占据这个固定的带宽，直到主叫用户终端和被叫用户终端终止连接。

统计式时分复用技术，是一切分组交换技术的基础，分组交换技术之间的差异只是包的格式的差异，以及处理控制上的差异。主叫用户和被叫用户之间不再分配固定时隙，带宽是根据应用的要求动态调整的。在最近几十年发展中，分组交换技术经历了 X.25、FR(帧中继)、ATM(异步传输模式)等。随着光通信技术的发展，Internet 的普及，基于分组交换技术基础之上的 IP 的应用占据绝对主导地位。

同电路交换相比，分组交换所占用的带宽更低，传输效率更高，因此，分组交换必然会取代电路交换。

2) 基于电路交换的模拟视频切换矩阵的特点

传统的视频图像监控中，视频信号总是以模拟信号的形式出现。模拟视频切换矩阵的出现，是视频图像监控发展史一个划时代的进步，其最主要的特征是多路(M 路)模拟视频图像输入，单路或多路(N 路)视频图像输出。一般情况下，N 路输出小于 M 路输入，按事先设定的规则，N 路输出切换到 M 路的任何一路输入上，以便能对 M 路视频图像都可以监看。M 可能很大，但人看不过来，同时显示 M 路图像，代价很大，从安放应用的角度来看，也没有必要连续监看同一路图像，视频切换矩阵正好满足这个需求，如图 6-49 所示。

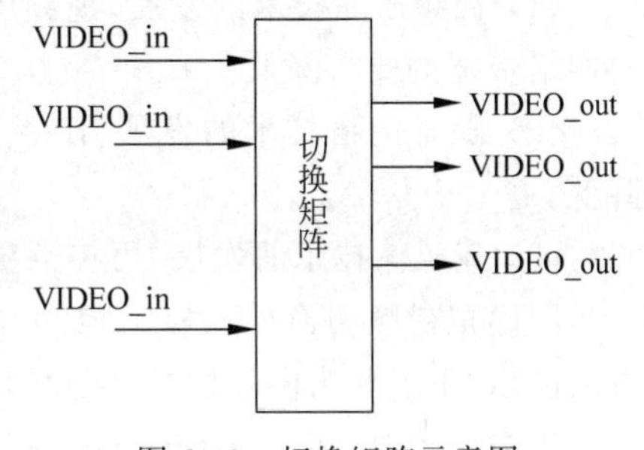

图 6-49 切换矩阵示意图

图 6-49 中有 M 路图像视频图像输入、N 路图像输出。N 路输出视频图像可以接到 Monitor 上，供保安人员实时监看，也可以连接到录像机（硬盘录像机）上，实时记录视频图像。N 路输出图像中的任何一路，可以来自 M 路图像中的任何一路，切换规则是可事先编程的，由微处理器控制。

模拟切换矩阵的特点是实现比较容易，使用非常方便，现在一台切换矩阵中实现的切换路数已经非常高，可以做到 1000 路以上。

从图 6-49 中可以看出，视频信号的输入/输出都是模拟信号，在宽带网络发展的今天，远程视频图像信号如何进行切换？远程视频图像信号全部用模拟信号传输是不现实的，这就需要利用网络传输技术。

3）基于 IP 交换的数字视频切换矩阵技术

随着宽带技术的发展，远程集中监控的需要越来越多，规模也越来越大，一种方法是重建专用网，利用现有的 CATV 技术，包括 WDM 技术，将模拟信号不做处理直接传到监控中心，进行集中监控，其缺点是网络建设费用非常高，采用 WDM 技术，必须是裸光纤（中间是无源的），在有些应用场合，在一个小的区域范围内还是可行的，只是实现集中监控的代价很大，费用很高。另一种方法是利用现有的数字网络，对视音频信号进行数字化压缩，将压缩码流组成 IP 报文，通过 TCP/IP，把这些 IP 报文传到监控中心实时解码出视频图像，进行集中监控，这个数字网络可以是 VPN，可以是专网，也可以是公网，如 PSTN、ISDN、GPRS、CDMA、ADSL、宽带城域网、Internet 等。

在实际应用中，PC 管理主机可以通过 IP 网络，对前端的每一台视频服务器进行配置、管理、控制，可以实时监控每一台视频服务器的视频图像。如果视频图像的数量太多，整个网络太大，一台管理主机可以同时监控很多台视频服务器的图像，通过 PC 的显示器显示视频图像，并通过事先设定的规则切换图像信号。如 15 秒切换一次，要求一分钟进行一次循环，以一台 PC 能同时进行 16 路解码计算，则一台 PC 可以同时监控 64 路视频图像，两台 PC 就可以监控 128 路视频图像，以此类推。

如果在 PC 中插入多片视频解码卡，视频解码卡支持 AV 输出，可以组成电视墙，多台 PC 可以组成巨大的电视墙，方便集中监控、管理。

模拟集中监控往往是一栋楼、一个大院、一个小区，当范围超出一定距离后，模拟集中监控实现的代价非常大，实现起来很困难（几乎不可能）。

随着以下几项技术的发展，推动了数字视频切换矩阵时代的到来。

（1）视频压缩技术的发展，视频图像实时压缩的实现，视频图像压缩码流大大降低，对网络带宽的要求降低。

（2）随着网络技术的发展，IP 网络覆盖的范围还在不断扩大，网络传输成本在不断降低。

（3）流媒体技术的发展，可控性更强。

同模拟视频切换矩阵相比，数字视频切换矩阵具有如下优点：数字监控可以利用现有的网络，不需要为图像监控再建传输网络。只要 IP 网络能够覆盖得到的范围，都可以进行集中监控，包括通过 Internet 进行集中监控。

6.7.10 用户、资源及权限管理模型

用户是系统的使用者，如何对用户进行管理，使用户具有相应的资源和功能使用权限，不同的系统有不同的设计模型？下面结合某公司开发的视频应用平台实例介绍一种用户、资源及权限管理的模型。

首先，定义以下几种和用户有关的名称。

用户：系统的使用人员称为“用户”，用户包括“管理员”和“普通用户”。管理员是系统的配置管理人员，普通用户是系统的操作人员。

部门：用户被分配在“部门”下，每个用户仅属于一个部门。部门以树的形式展现，部门下可以建立子部门。

角色：“用户”拥有两类权限，一类是“资源角色”，一类是“功能角色”。管理员可以建立多个不同的资源或功能角色并将其授予用户。

岗位：为了减少配置复杂度，管理员还可以建立“岗位”，并将岗位授权给用户。岗位是一系列“角色”的集合，同时岗位上可以配置一些规则限制权限的使用范围。

然后，设计一个围绕用户的资源和权限分配模型，整个授权图如图6-50所示。

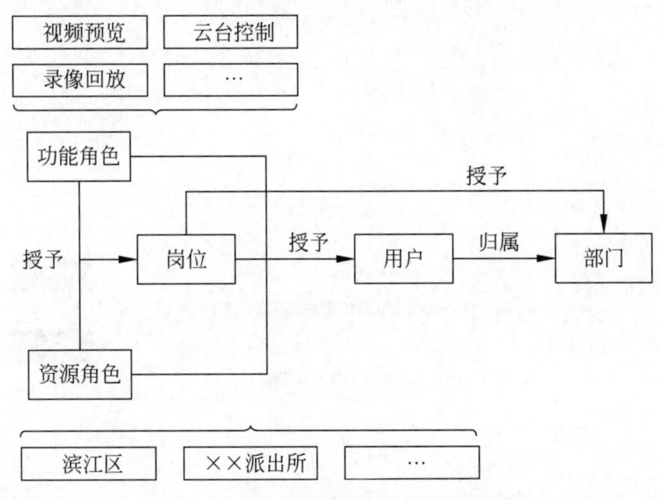

图6-50 用户、资源和权限管理模型图

通过授权流程，我们可以按照具体情况求规划部门层级关系；建立用户，并给他分配相应的权限，供其在各个业务系统中使用；同时，也可以运用岗位管理设定一些规则用于更精细化的分配权限。下面分别介绍模型中的各要素和实现效果图。

1. 用户管理

实现建立、修改、删除用户，并给用户分配角色或岗位。如图6-51所示是某系统的用户列表界面，它提示了用户的一些基本信息，如用户名、状态、姓名、手机等。在用户列表上方的功能栏提供了一些对用户的基本操作，如添加、删除、禁用/启用、部门变更、密码重置等。

单击用户列表上的“添加”按钮，可以创建用户，如图6-52所示。

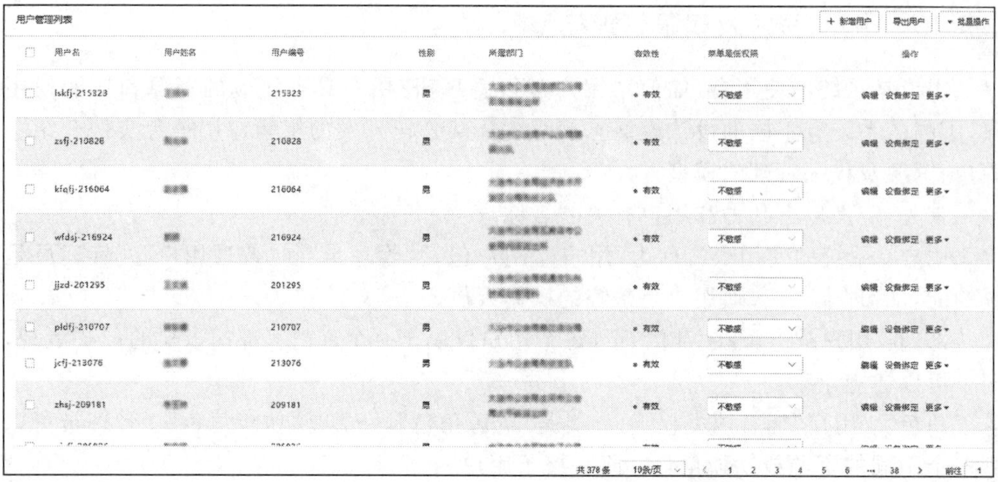

图 6-51 用户列表

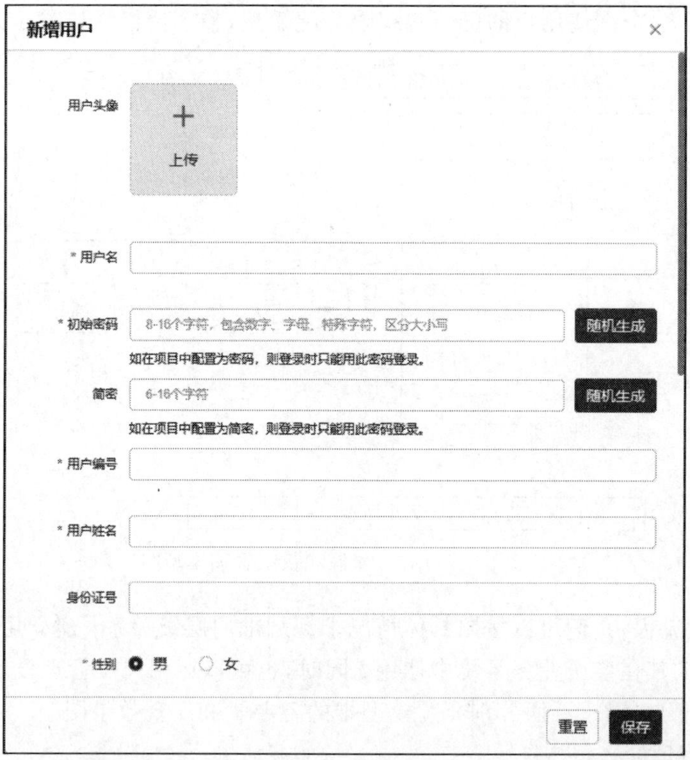

图 6-52 创建用户

当选择“继承部门权限”时，部门所具有的权限将自动赋值给部门下面的所有用户。单击“保存”按钮，创建完用户后，可以为该用户分配权限，如图 6-53 所示。

在关联权限的页面中，单击“+”号按钮，将出现角色选择框，可根据需求勾选需要分配的角色。如果必要，还可以将用户关联岗位或者辖区，如图 6-54 所示。

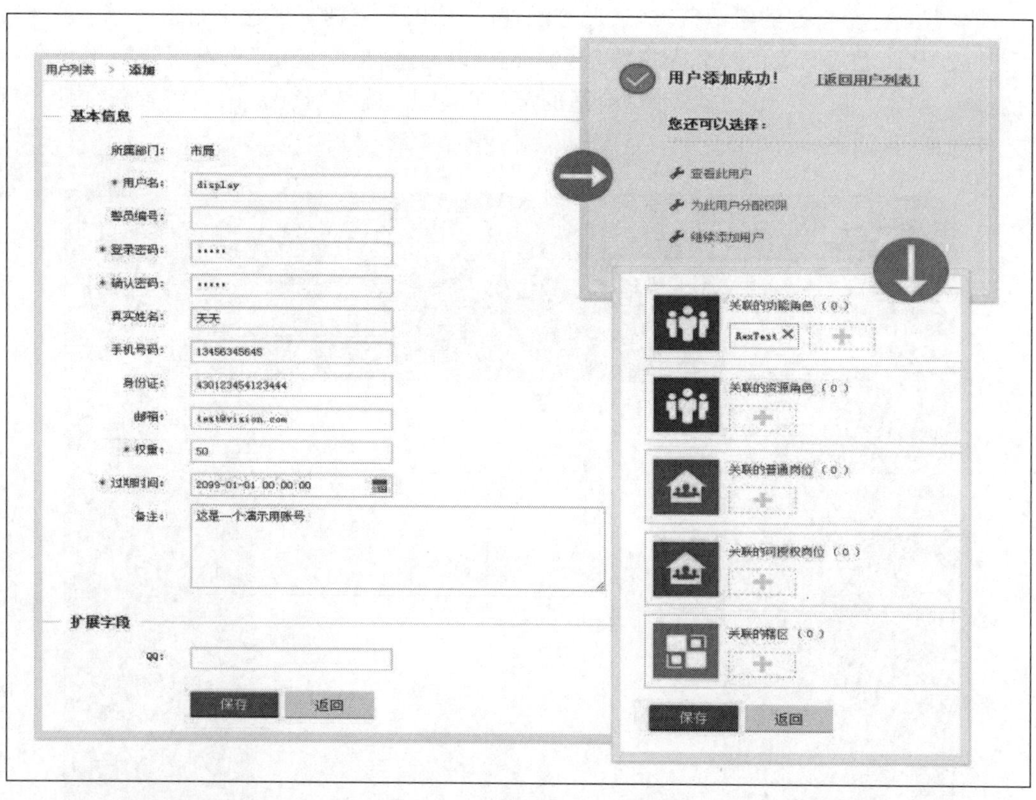

图 6-53 创建用户关联权限

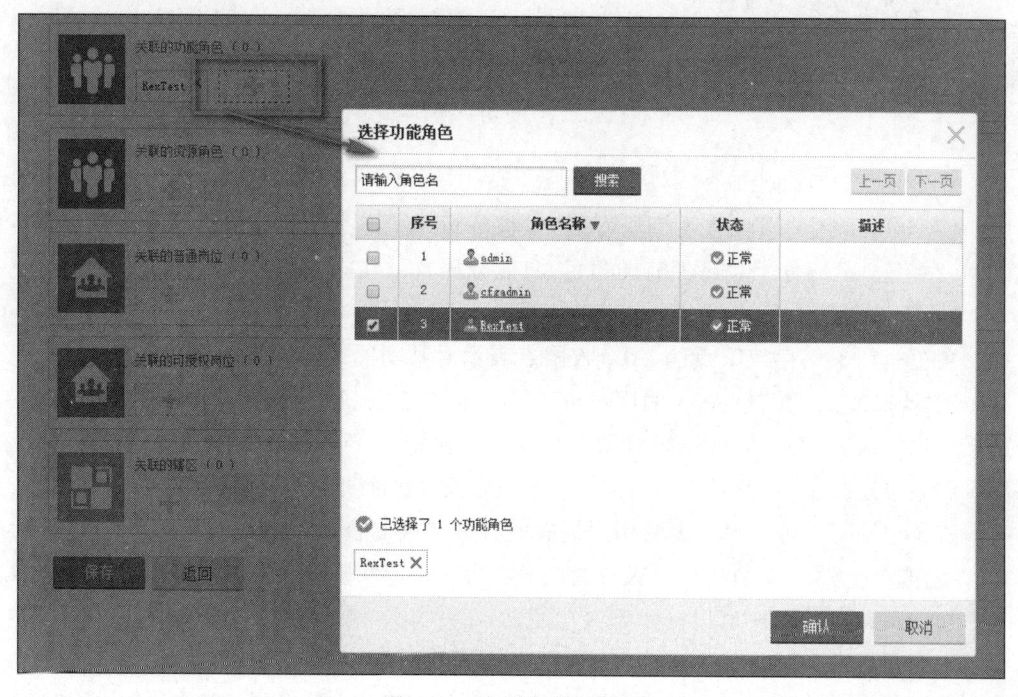

图 6-54 为用户分配角色

辖区是一个特殊的组织区域，通过分配辖区，该用户就拥有了这个组织区域下的所有资源权限，而无须给该用户分配资源角色。也可以通过“部门变更”来重新分配用户所在的部门，单击“部门变更”，选择一个合适的部门后单击“确认”按钮，用户将重新分配到所选择的部门，如图 6-55 所示。

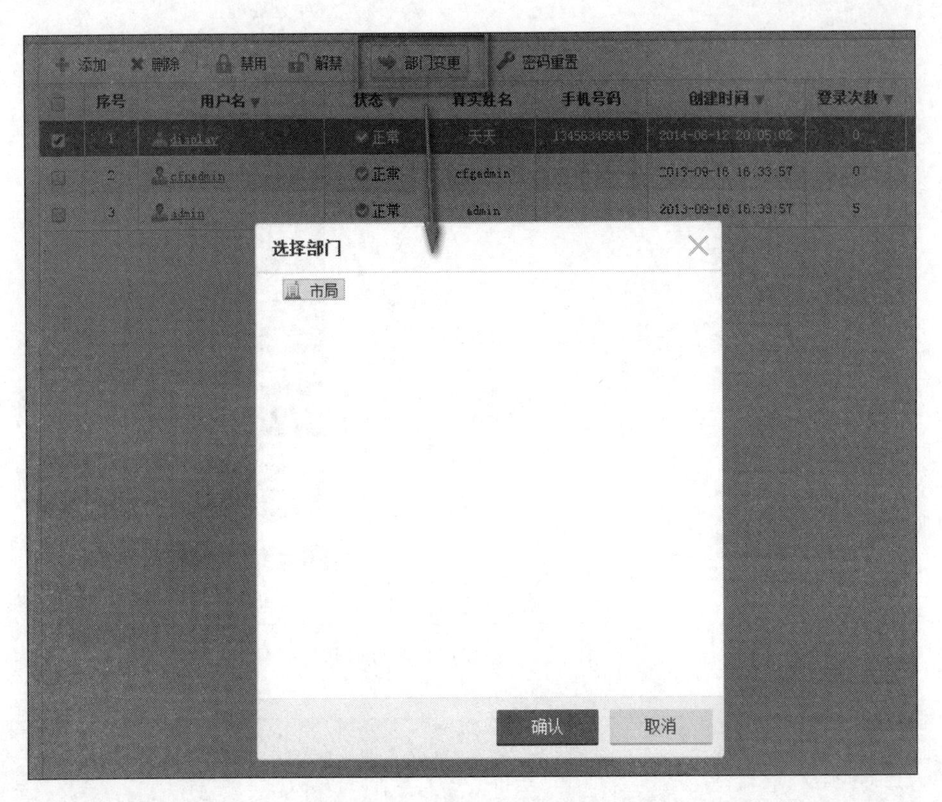

图 6-55 变更用户所在部门

需要注意以下两点。

(1) admin 用户可以查看到所有用户，非 admin 用户只能看到自己建立的用户。

(2) 用户不能分配自己拥有的角色，只能分配自己建立的角色。

2. 角色管理

角色是用来保存权限点的，一个权限点表示对某功能或资源是否可用。

功能权限点：预览——表明用户可以预览监控点的权限，这些权限项按照不同的应用系统加以区分，每个业务系统根据自身业务需要定义了不同的权限功能点。比如某视频应用系统定义了“视频预览”权限点，图侦定义了“案件研判”功能权限点。

资源权限：滨江区——表明用户拥有所有滨江区的资源。

按照这个方式，我们把角色区分为两类：功能角色和资源角色。

功能角色——用户可以操作哪些功能。

资源角色——用户拥有哪些可使用资源。

角色管理模块就是对这两类角色进行管理，如查看、创建、修改、删除角色。同时提供了将角色分配给用户等功能。如图 6-56 所示是角色列表页面。

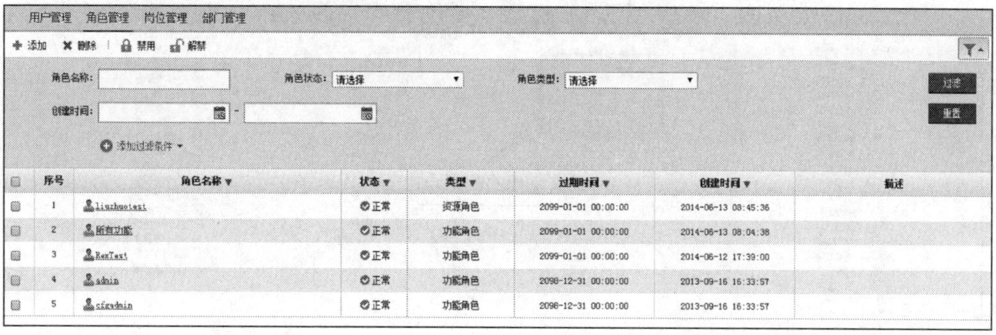

图 6-56 角色列表

可以创建一个或多个功能、资源角色，并分配给该角色相应的权限。下面将具体介绍如何创建这两类角色，以及如何将角色授予用户。这两类角色除了类型选择和权限项创建外，其余过程基本一致。

功能角色创建与配置示意：单击“添加”按钮创建一个新角色，类型选择“功能角色”，如图 6-57 所示。

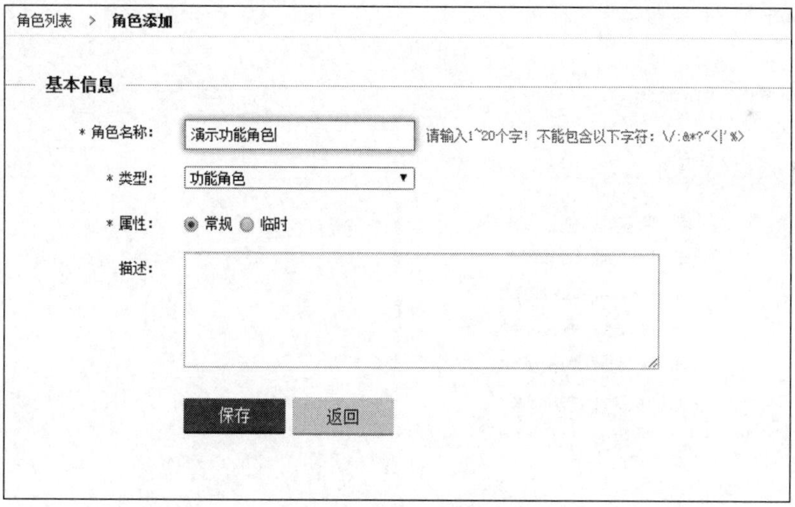

图 6-57 创建功能角色

如果希望角色在一定期限内生效，可以将角色属性修改为“临时”，并设定生效周期。保存成功选择“为此角色分配权限”后，将进入权限分配界面。

在权限分配页面，功能权限点会按照应用系统区分在不同的选项卡中。勾选需要的权限点后，单击“保存”按钮，该功能角色创建成功，如图 6-58 所示。

创建角色成功后将进入角色详情页面。在角色详情页面，除了查看该角色所拥有的权限外，还可以直接将角色分配给用户。单击授权信息的“设置”按钮，如图 6-59 所示。

勾选需要分配的用户，单击“保存”按钮，完成功能角色分配工作，如图 6-60 所示。

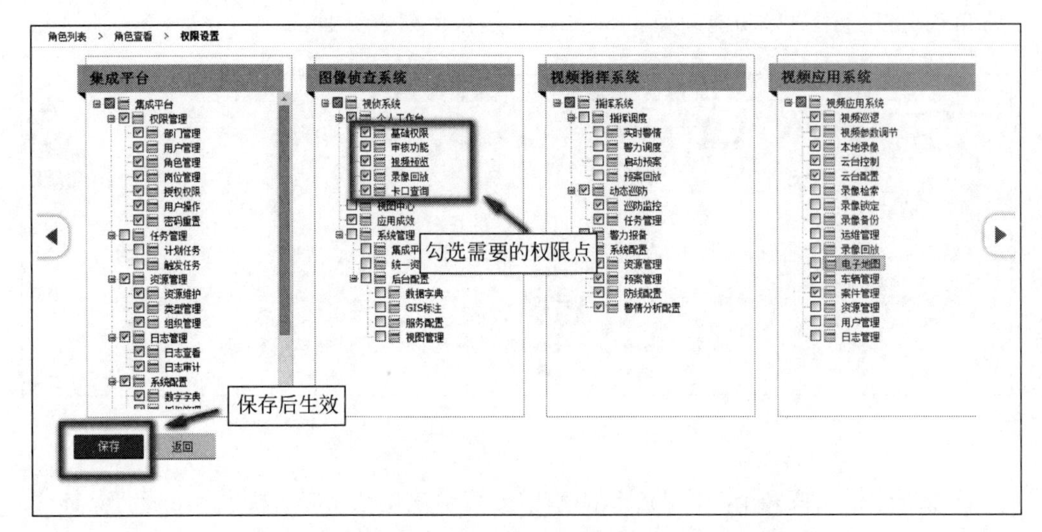

图 6-58　分配功能权限点

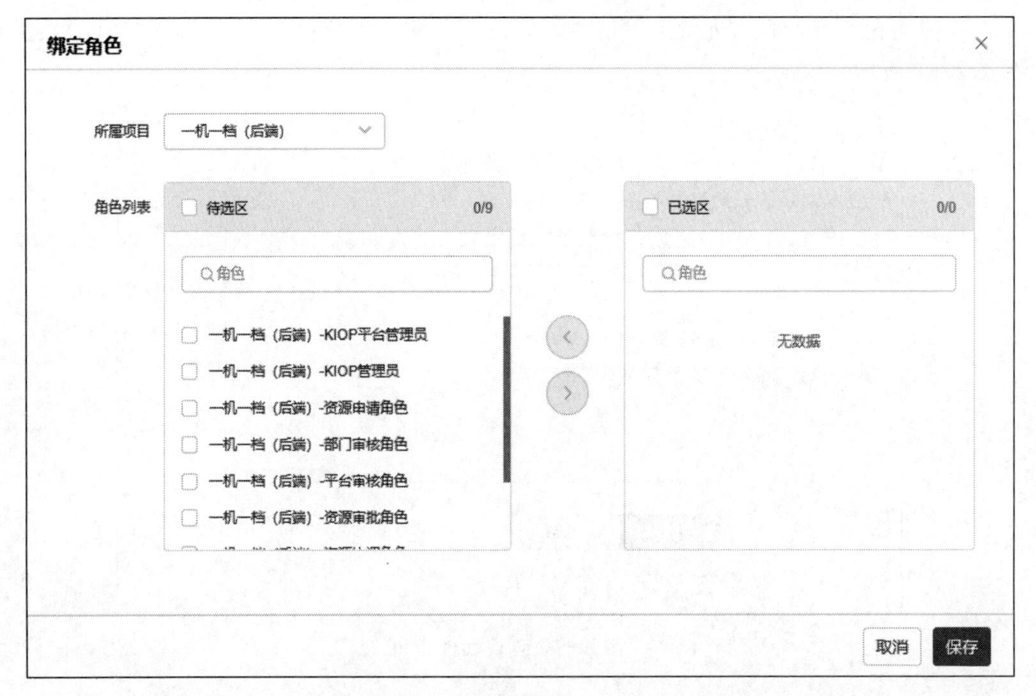

图 6-59　分配功能角色给用户

以上是创建功能角色，并将角色分配给用户的全过程。接下来将介绍如何创建分配资源角色。

在角色创建页面中选择类型为“资源角色”将创建一个资源角色，如图 6-61 所示。

创建完资源角色后同样会进入角色详情页面。与功能角色不同，资源角色通过单击“＋”按钮开始选择资源，勾选监控组织后单击“确认”按钮，确认无误单击“保存”按钮，该资源角色建立完成，如图 6-62 所示。

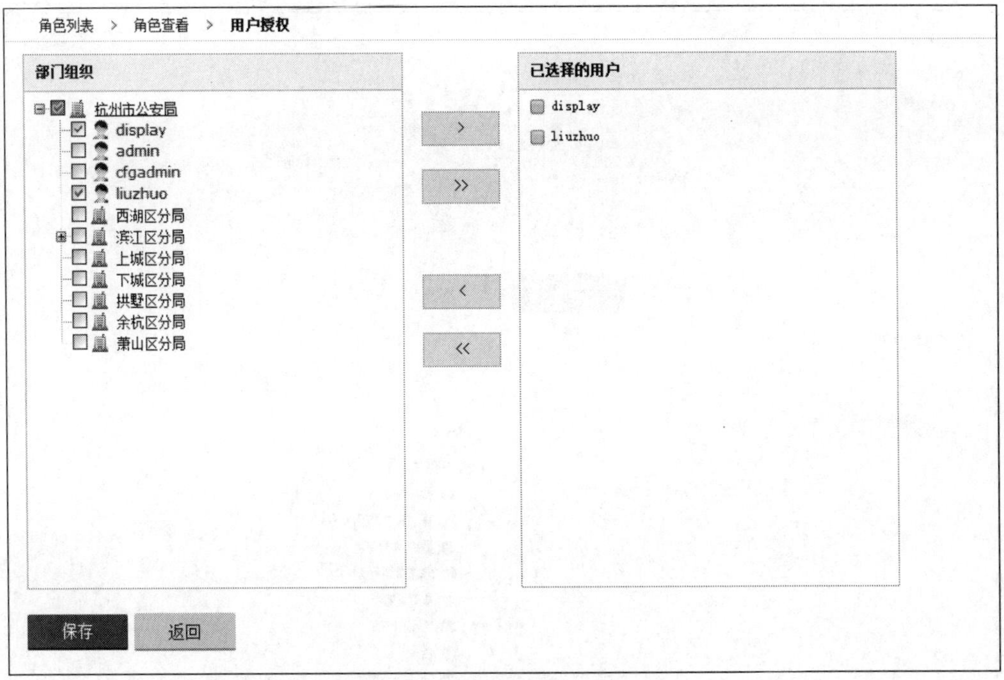

图6-60 选择需要分配的用户

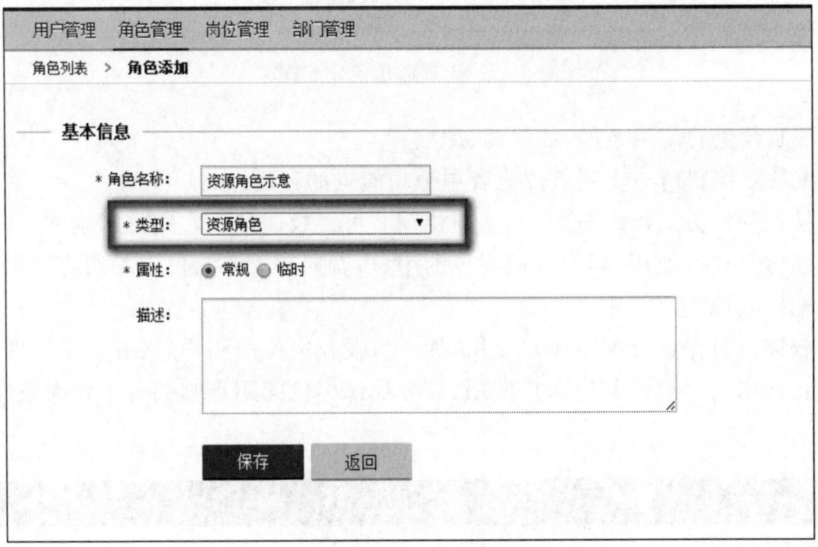

图6-61 创建角色示意图

资源角色关联用户的操作与功能角色相同，不再介绍。

3. 岗位管理

在一般情况下，使用角色已经可以满足大部分需求；在一些特定的场合，需要对人员权限进行更加精细化的管理或者建立规则。岗位即为满足这些特定使用场合而设计，使用岗位，可以做到：

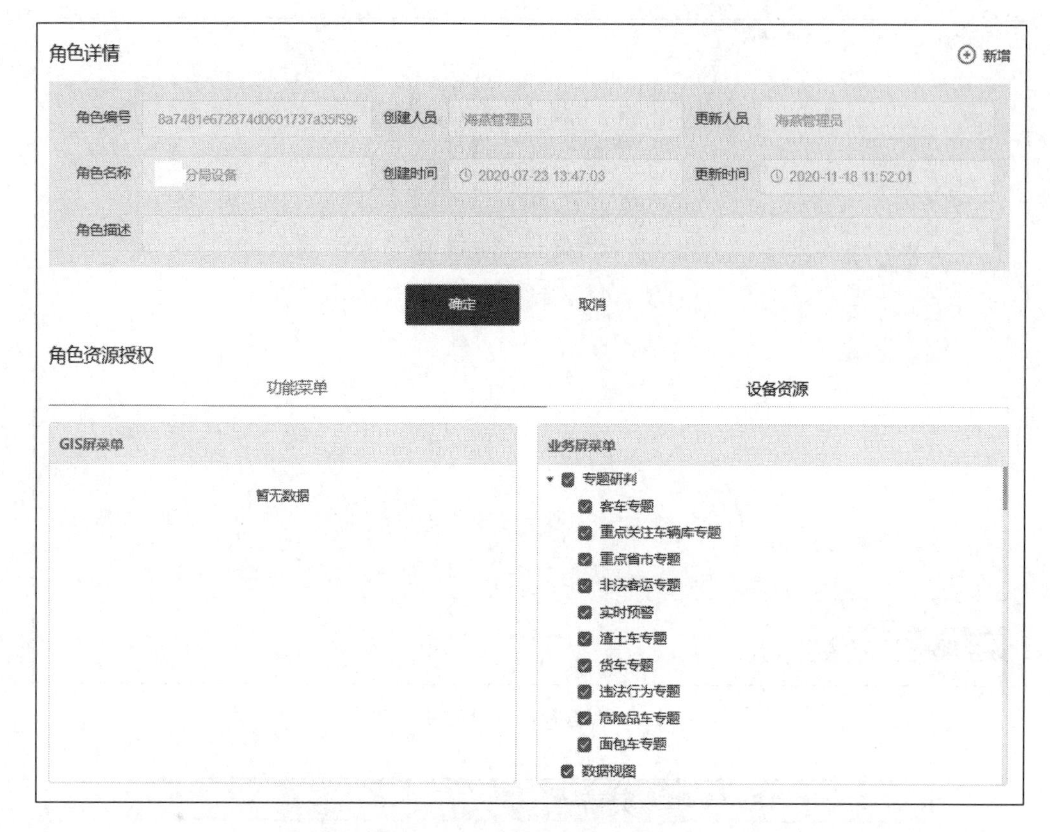

图 6-62　为资源角色分配资源

（1）限制角色的使用条件，如时间、周期。

（2）将权限控制精细化到点位或者单个功能点的程度。

岗位按照使用方式可以分为“普通岗位”和“可授权岗位”，它们的区别如下。

普通岗位只允许使用，拥有普通岗位的用户，就拥有了该岗位下的所有权限。但是不能将其分配给其他用户使用。

可授权岗位只允许分配给用户使用，拥有可授权岗位的用户，没有该岗位的权限。但是他能够将该岗位分配给其他用户使用，被分配该岗位的用户则拥有了该岗位的权限，如图 6-63 所示。

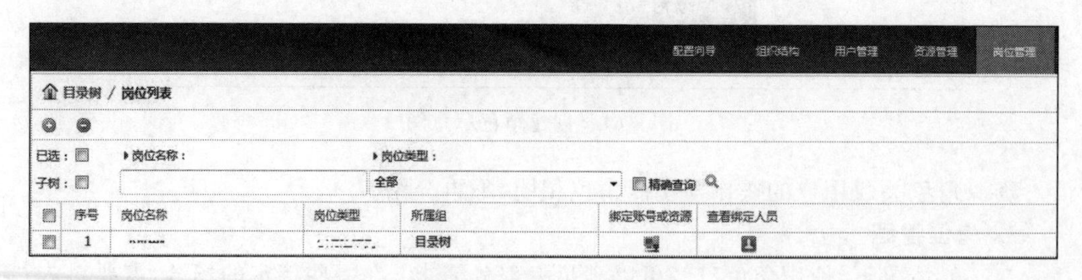

图 6-63　岗位列表展示图

单击岗位功能栏的“添加”按钮，可以增加一个新的岗位，如图 6-64 所示。下面以普通岗位为例。

图 6-64　添加岗位

建立好岗位后，可立即给该岗位分配功能角色或资源角色，如图 6-65 所示。

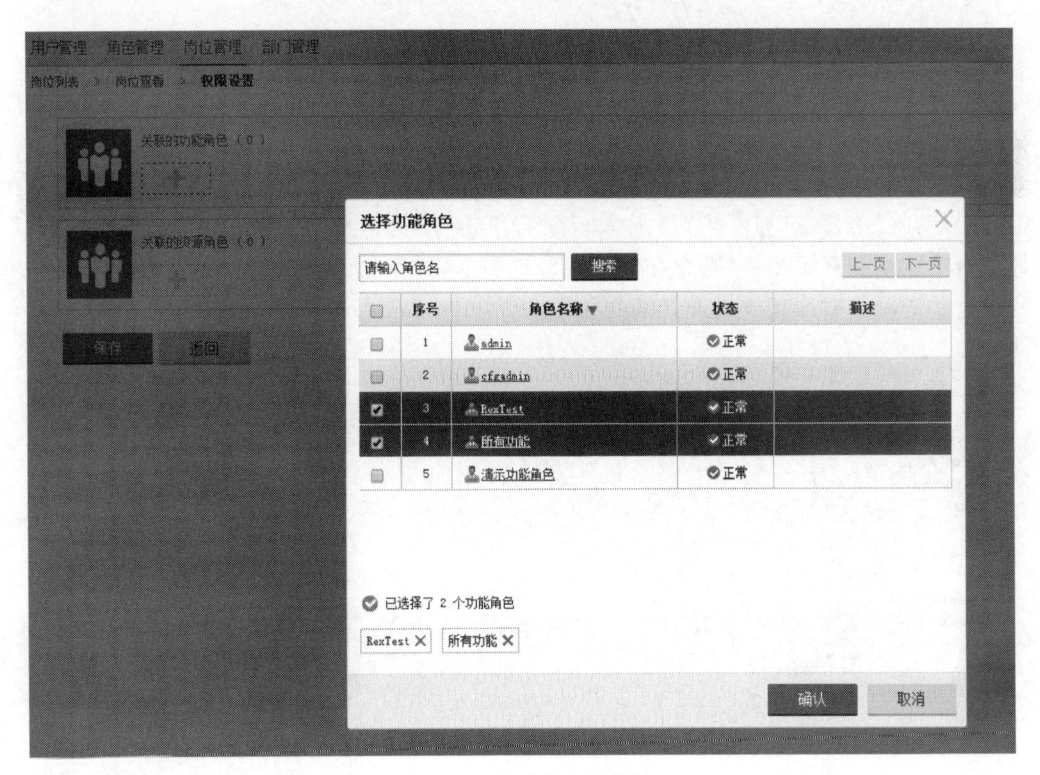

图 6-65　给岗位分配角色

岗位同时提供了精细化的权限项配置，如果需要对单个监控点或者权限点进行配置，可以采取放大、缩小权限的方式进行。

放大权限：在原有的角色基础上增加权限点。

缩小权限：在原有的角色基础上减小权限点。

使用如下方式进行：单击“放大的权限”或“缩小的权限”旁边的设置按钮进入权限点选择界面，如图 6-66 所示。

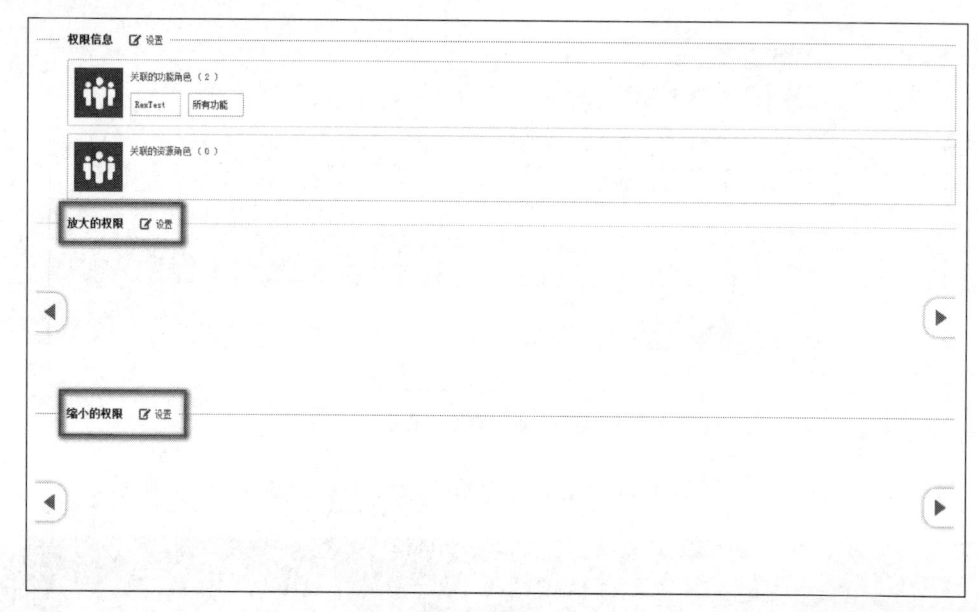

图 6-66　岗位高级权限配置

在该页面右侧，将出现各个应用系统及其权限列表；选择需要精确控制的权限点，单击“加号”，将该权限点加入到“已放大权限”，单击“缩小”，则将其加入到“已缩小权限”。如果该功能点和资源相关，则会在关联资源选项卡中出现所关联的资源点，通过同样的方式将这些资源点添加到放大或者缩小权限中，如图 6-67 所示。

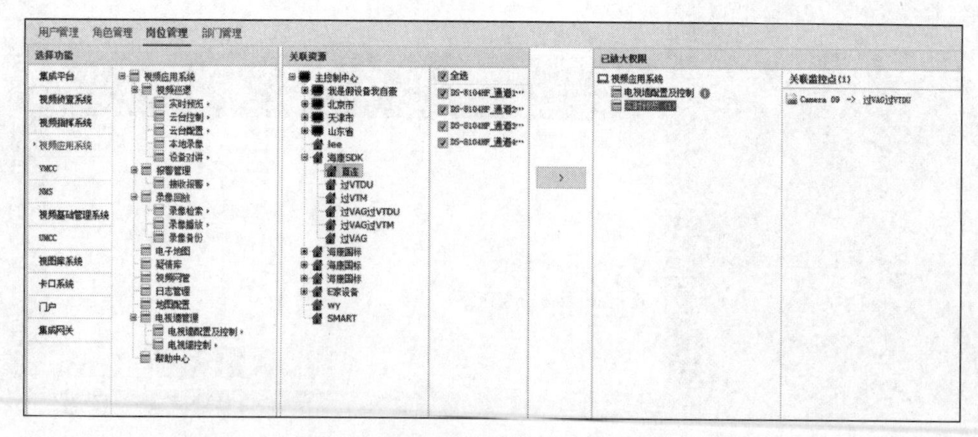

图 6-67　配置岗位放大缩小的权限点

单击“保存”按钮后，岗位的详情页面中将会把这些“特殊控制”的权限点展示出来，如图 6-68 所示。

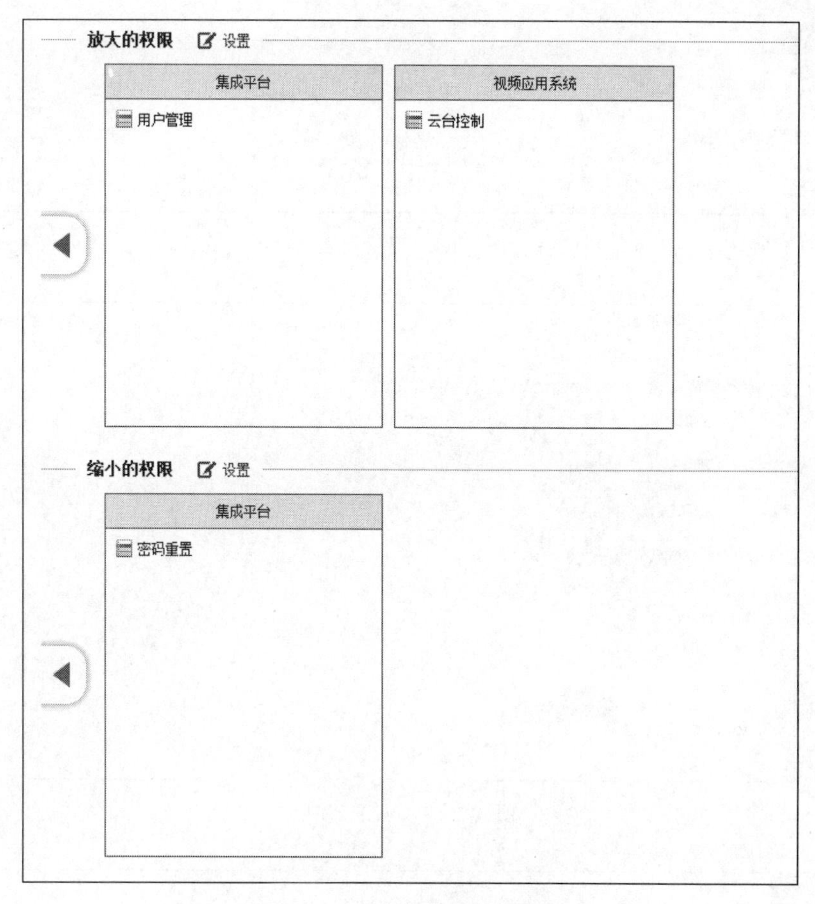

图 6-68　岗位高级配置后效果

建立可授权角色与此类似，不再单独描述。所不同的是：用户在建立可授权岗位的时候，不需要有权限缩小和生效条件。

4. 部门管理

部门管理模块用于管理用户的组织关系——部门。在这里可以创建、修改、删除部门，调整部门的层级关系以及给部门授权。图 6-69 是部门信息的列表展示，从图中可以看出部门的上下级关系。

可以选择一个部门，单击“添加子部门”，为该部门添加一个新的下级部门，如图 6-70 所示。

新部门建立好后，可以通过单击“部门名称”，权限信息“设置”按钮，给该部门授权。通过给部门授权，该部门下的所有人员将拥有该部门的权限。

使用部门授权，可以避免针对每一个用户分配权限带来的繁复操作，如图 6-71 所示。

部门授权过程和用户授权类似，可以为部门关联若干角色、岗位或辖区，如图 6-72 所示。

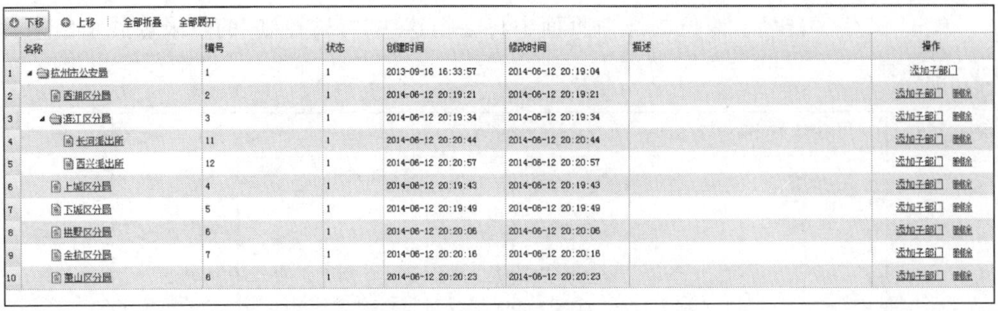

下移 上移 全部折叠 全部展开

	名称	编号	状态	创建时间	修改时间	描述	操作
1	杭州市公安局	1	1	2013-09-16 16:33:57	2014-06-12 20:19:04		添加子部门
2	西湖区分局	2	1	2014-06-12 20:19:21	2014-06-12 20:19:21		添加子部门 删除
3	滨江区分局	3	1	2014-06-12 20:19:34	2014-06-12 20:19:34		添加子部门 删除
4	长河派出所	11	1	2014-06-12 20:20:44	2014-06-12 20:20:44		添加子部门 删除
5	西兴派出所	12	1	2014-06-12 20:20:57	2014-06-12 20:20:57		添加子部门 删除
6	上城区分局	4	1	2014-06-12 20:19:43	2014-06-12 20:19:43		添加子部门 删除
7	下城区分局	5	1	2014-06-12 20:19:49	2014-06-12 20:19:49		添加子部门 删除
8	拱墅区分局	6	1	2014-06-12 20:20:06	2014-06-12 20:20:06		添加子部门 删除
9	余杭区分局	7	1	2014-06-12 20:20:16	2014-06-12 20:20:16		添加子部门 删除
10	萧山区分局	8	1	2014-06-12 20:20:23	2014-06-12 20:20:23		添加子部门 删除

图 6-69　部门列表

部门列表 > **添加子部门**

基本信息

上级部门：长河派出所

* 部门名称：刑侦大队

* 部门编号：123

描述：

保存

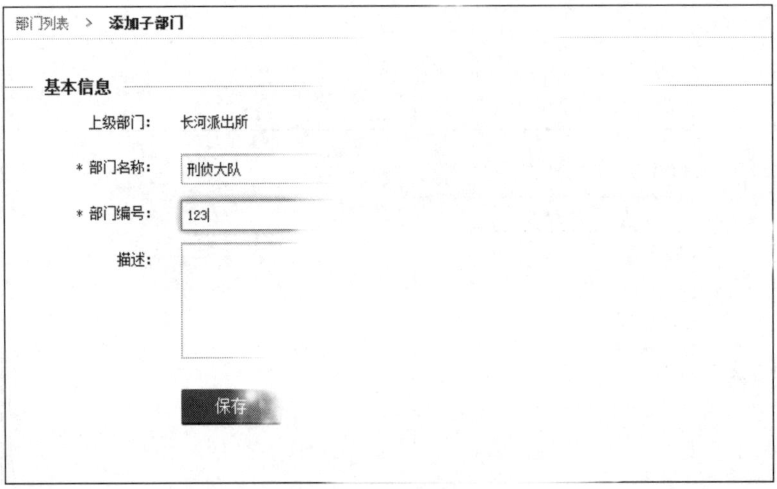

图 6-70　添加子部门

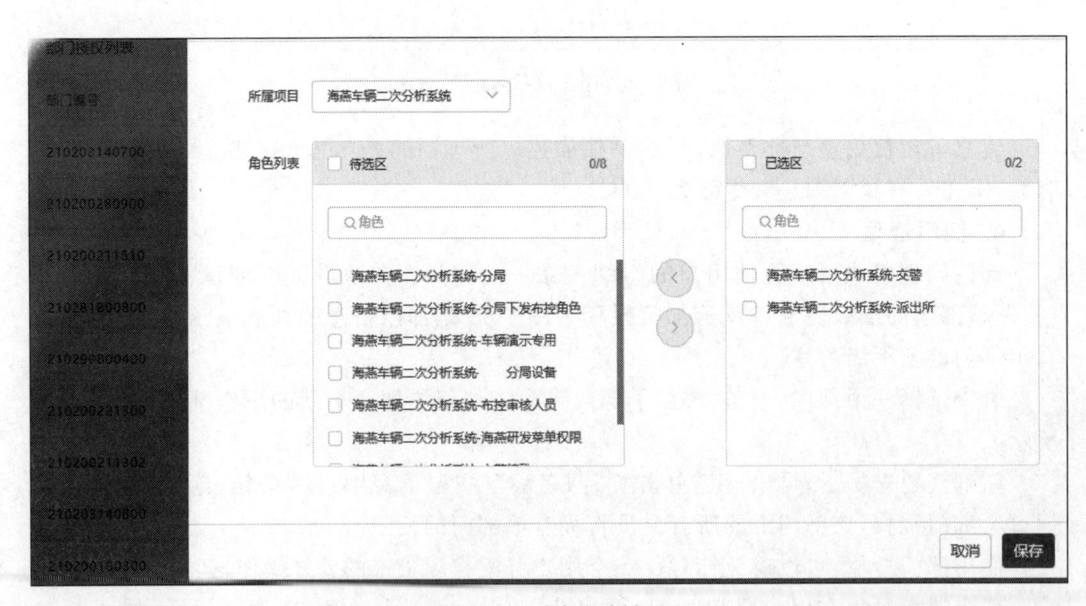

图 6-71　为部门授权

图 6-72　为部门关联角色、岗位或辖区

以上介绍了权限管理部分,从介绍可以发现,授权的方式较多,可总结

(1) 用户真实权限＝功能权限×(辖区＋资源权限)＋岗位放大权限

权限。

(2) 通过不同的权限分配方式得到的权限取并集。优先排除缩小权限

(3) 推荐使用部门授权作为主要授权方式。

第7章 视频监控系统的终端设备

显示部分一般由几台或多台监视器组成，液晶、等离子、LED、OLED、QLED、DLP、大屏、投影等技术正逐步取代传统的CRT监视器。

7.1 平板显示器

显示器(Display)通常也被称为监视器。显示器属于计算机的I/O设备，即输入/输出设备。它是一种将一定的电子文件通过特定的传输设备显示到屏幕上再反射到人眼的显示工具。根据制造材料的不同，可分为阴极射线管显示器(CRT)、等离子显示器PDP、液晶显示器LCD等。

7.1.1 LCD显示器

LCD是Liquid Crystal Display的简称，意为"液态晶体显示器"，即液晶显示器。LCD的构造是在两片平行的玻璃基板当中放置液晶盒，下基板玻璃上设置TFT(薄膜晶体管)，上基板玻璃上设置彩色滤光片，通过TFT上的信号与电压改变来控制液晶分子的转动方向，从而达到控制每个像素点偏振光出射与否而达到显示目的。现在LCD已经替代CRT成为主流，价格也已经下降了很多，并已充分普及。

1. 液晶显示原理

我们很早就知道物质有固态、液态、气态三种形态。液体分子质心的排列虽然不具有任何规律性，但是如果这些分子是长形的(或扁形的)，它们的分子指向就可能有规律性。于是我们就可将液态又细分为许多形态。分子方向没有规律性的液体直接称为液体，而分子具有方向性的液体则称之为"液态晶体"，简称"液晶"。液晶产品其实对我们来说并不陌生，我们常见到的手机、计算器都属于液晶产品。液晶是在1888年由奥地利植物学家莱尼茨尔(Reinitzer)发现的，是一种介于固体与液体之间，具有规则性分子排列的有机化合物。一般最常用的液晶形态为向列型液晶，分子形状为细长棒形，长宽约1～10nm，在不同电流电场作用下，液晶分子会做规则旋转90°排列，产生透光度的差别，如此在电源ON/OFF下产生明暗的区别，依此原理控制每个像素，便可构成所需图像。

液晶显示的原理是液晶在不同电压的作用下会呈现不同的光特性。液晶在物理上分成两大类，一类是无源(Passive)的(也称被动式)，这类液晶本身不发光，需要外部提供光源，根据光源位置，又可以分为反射式和透射式两种。无源液晶显示的成本较低，但是亮度和对比度不大，而且有效视角较小，彩色无源液晶显示的色饱和度较低，因而颜色不够鲜艳。另一类是有电源的，主要是TFT(Thin Film Transitor)。每个液晶实际上就是一个可以发光的晶体管，所以严格地说不是液晶。液晶显示屏就是由许多液晶排成阵列而构成的，在单色液晶显示屏中，一个液晶就是一个像素，而在彩色液晶显示屏中则每个像素由红、绿、蓝三个液晶共同构成。同时可以认为每个液晶背后都有个8位的寄存器，寄存器的值决定三个液晶单元各自的亮度。不过寄存器的值并不直接驱动三个液晶单元的亮度，而是通过一个“调色板”来访问的。为每个像素都配备一个物理的寄存器是不现实的，实际上只配备一行的寄存器，这些寄存器轮流连接到每一行像素并装入该行内容，将所有像素行都驱动一遍就显示一个完整的画面(Frame)。

2. 液晶显示器分类

液晶显示器按照控制方式不同可分为被动矩阵式LCD(无源矩阵)及主动矩阵式LCD(有源矩阵)两种。

1) 被动矩阵式

被动矩阵式LCD又可分为TN-LCD(Twisted Nematic-LCD，扭曲向列LCD)、STN-LCD(Super TN-LCD，超扭曲向列LCD)和DSTN-LCD(Double layer STN-LCD，双层超扭曲向列LCD)。TN-LCD、STN-LCD和DSTN-LCD之间的显示原理基本相同，不同之处是液晶分子的扭曲角度有些差别。下面以典型的TN-LCD为例，介绍其结构及工作原理。

在厚度不到1cm的TN-LCD液晶显示屏面板中，通常是由两片大玻璃基板，内夹着彩色滤光片、配向膜等制成的夹板，外面再包裹着两片偏光板，它们可决定光通量的最大值与颜色的产生。彩色滤光片是由红、绿、蓝三种颜色构成的滤片，有规律地制作在一块大玻璃基板上。每一个像素由三种颜色的单元(或称为子像素)所组成。假如有一块面板的分辨率为1280×1024，则它实际拥有3840×1024个晶体管及子像素。

每个子像素的左上角(灰色矩形)为不透光的薄膜晶体管，彩色滤光片能产生RGB三原色。每个夹层都包含电极和配向膜上形成的沟槽，上下夹层中填充了多层液晶分子(液晶空间不到5×10^{-6}m)。在同一层内，液晶分子的位置虽不规则，但长轴取向都是平行于偏光板的。另一方面，在不同层之间，液晶分子的长轴沿偏光板平行平面连续扭转90°。其中，邻接偏光板的两层液晶分子长轴的取向，与所邻接的偏光板的偏振光方向一致。接近上部夹层的液晶分子按照上部沟槽的方向来排列，而下部夹层的液晶分子按照下部沟槽的方向排列。最后再封装成一个液晶盒，并与驱动IC、控制IC与印刷电路板相连接。

在正常情况下光线从上向下照射时，通常只有一个角度的光线能够穿透下来，通过上偏光板导入上部夹层的沟槽中，再通过液晶分子扭转排列的通路从下偏光板穿出，形成一个完整的光线穿透途径。而液晶显示器的夹层贴附了两块偏光板，这两块偏光板的排列和透光角度与上下夹层的沟槽排列相同。当液晶层施加某一电压时，由于受到外界电压的影响，液晶会改变它的初始状态，不再按照正常的方式排列，而变成竖立的状态。因此经过液晶的光会被第二层偏光板吸收而整个结构呈现不透光的状态，结果在显示屏上出现黑色。当液晶层不施任何电压时，液晶是在它的初始状态，会把入射光的方向扭转90°，因此让背光源的入射光能够通过整个结构，结果在显示屏上出现白色。为了达到在面板上的每一个独立像素都能产生想要的色彩,多个冷阴极灯管必须被使用来当作显示器的背光源。

2）主动矩阵式

目前应用比较广泛的主动矩阵式 LCD,也称 TFT-LCD(Thin Film Transistor-LCD,薄膜晶体管 LCD)。TFT 液晶显示器是在画面中的每个像素内建晶体管,可使亮度更明亮、色彩更丰富并具有更宽广的可视面积。TFT-LCD 液晶显示器的结构与 TN-LCD 液晶显示器基本相同,只不过将 TN-LCD 上夹层的电极改为 FET 晶体管,而下夹层改为共通电极。

TFT-LCD 液晶显示器的工作原理与 TN-LCD 有许多不同之处。TFT-LCD 液晶显示器的显像原理是采用"背透式"照射方式。当光源照射时,先通过下偏光板向上透出,借助液晶分子来传导光线。由于上下夹层的电极改成 FET 电极和共通电极,在 FET 电极导通时,液晶分子的排列状态同样会发生改变,也通过遮光和透光来达到显示的目的。但不同的是,由于 FET 晶体管具有电容效应,能够保持电位状态,先前透光的液晶分子会一直保持这种状态,直到 FET 电极下一次再加电改变其排列方式为止。

3. 技术参数

1）可视面积

液晶显示器所标示的尺寸就是实际可以使用的屏幕范围。例如,一个 15.1 英寸的液晶显示器约等于 17 英寸 CRT 屏幕的可视范围。

2）可视角度

液晶显示器的可视角度左右对称,而上下则不一定对称。举个例子,当背光源的入射光通过偏光板、液晶及取向膜后,输出光便具备了特定的方向特性,也就是说,大多数从屏幕射出的光具备了垂直方向。假如从一个非常斜的角度观看一个全白的画面,可能会看到黑色或是色彩失真。一般来说,上下角度要小于或等于左右角度。如果可视角度为 80°左右,表示在始于屏幕法线 80°的位置时可以清晰地看见屏幕图像。但是,由于人的视力范围不同,如果没有站在最佳的可视角度内,所看到的颜色和亮度将会有误差。现在有些厂商就开发出各种广视角技术,试图改善液晶显示器的视角特性,如 IPS(In Plane Switching)、MVA(Multidomain Vertical Alignment)、TN+FILM。这些技术都能把液晶显示器的可视角度增加到 160°,甚至更多。

3）点距与分辨率

我们常说到液晶显示器的点距是多大,但是多数人并不知道这个数值是如何得到的,现在让我们来了解一下它究竟是如何得到的。举例来说一般 14 英寸 LCD 的可视面积为 285.7mm×214.3mm,它的最大分辨率为 1024×768,那么点距就等于:可视宽度/水平像素(或者可视高度/垂直像素),即 285.7mm/1024=0.279mm(或者是 214.3mm/768=0.279mm)。

4）色彩度

LCD 重要的当然是它的色彩表现度。我们知道自然界的任何一种色彩都是由红、绿、蓝三种基本色组成的。LCD 面板上是由 1024×768 个像素点组成显像的,每个独立的像素色彩是由红、绿、蓝(R、G、B)三种基本色来控制。大部分厂商生产出来的液晶显示器，每个基本色(R、G、B)达到6位，即64种表现度，那么每个独立的像素就有64×64×64=262 144种色彩。也有不少厂商使用了所谓的FRC(Frame Rate Control)技术以仿真的方式来表现出全彩的画面，也就是每个基本色(R、G、B)能达到8位，即256种表现度，那么每个独立的像素就有高达256×256×256=16 777 216种色彩了。

5) 对比值

对比值是定义最大亮度值(全白)除以最小亮度值(全黑)的比值。CRT显示器的对比值通常高达500∶1，以致在CRT显示器上呈现真正全黑的画面是很容易的。但对LCD来说就不是很容易了，由冷阴极射线管所构成的背光源很难去做快速的开关动作，因此背光源始终处于点亮的状态。为了要得到全黑画面，液晶模块必须把由背光源而来的光完全阻挡，但在物理特性上，这些元件并无法完全达到这样的要求，总是会有一些漏光发生。一般来说，人眼可以接受的对比值约为250∶1。

6) 亮度值

液晶显示器的最大亮度，通常由冷阴极射线管(背光源)决定，亮度值一般为200～250cd/m^2。液晶显示器的亮度略低，会觉得屏幕发暗。虽然技术上可以达到更高亮度，但是这并不代表亮度值越高越好，因为太高亮度的显示器有可能使观看者眼睛受伤。

7) 响应时间

响应时间是指液晶显示器各像素点对输入信号反应的速度，此值当然是越小越好。如果响应时间太长，就有可能使液晶显示器在显示动态图像时，有尾影拖曳的感觉。一般液晶显示器的响应时间为20～30ms。随着技术的不断提升，国内一线显示器品牌陆续开始推出5ms以下响应时间的显示器，这也令液晶显示器拖影明显的弊病得到了长足的改善。

7.1.2 PDP显示技术

1. 概述

等离子显示器(Plasma Display Panel，PDP)又称为电浆显示屏，是继CRT(阴极射线管)、LCD(液晶显示器)后的新一代显示器，其特点是厚度极薄，分辨率佳。其工作原理类似普通日光灯和电视彩色图像，由各个独立的荧光粉像素发光组合而成，因此图像鲜艳、明亮、干净而清晰。另外，等离子体显示设备最突出的特点是可做到超薄，可轻易做到40英寸以上的完全平面大屏幕，而厚度不到100mm(实际上这也是它的一个弱点，即不能做得较小。成品最小只有42英寸，只能面向大屏幕需求的用户和家庭影院等方面)。

2. 工作原理

等离子的发光原理是在真空玻璃管中注入惰性气体或水银蒸气，加电压之后，使气体产生等离子效应，放出紫外线，激发荧光粉而产生可见光，利用激发时间的长短来产生不同的亮度(见图7-1)。在等离子显示器中，每一个像素都是三个不同颜色(三原色)的等离子发光体所产生的。由于它是每个独立的发光体在同一时间一次点亮的，所以特别清晰鲜明。等离子显示器的使用寿命约5～6万小时。随着使用时间的增加，其亮度会衰退。

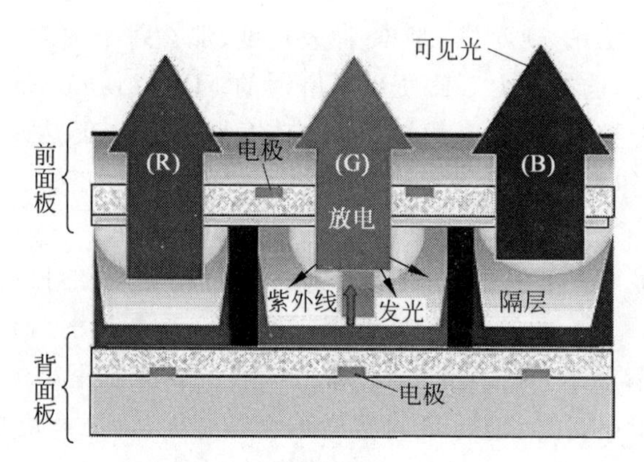

图 7-1　等离子发光显示原理

要注意的是，等离子显示器并不是液晶显示器。后者的显示器虽然也很轻薄，但是用的技术却大不相同。液晶显示器通常会使用一到两个大型荧光灯或是 LED 当作其背光源，在背光源上面的液晶面板则是利用遮罩的原理让显示器显示出不同颜色。

PDP 不同于其他传统电视或液晶的显示方式，等离子的发光原理是在真空玻璃管中注入惰性气体或水银气体，利用加电压方式，使气体产生等离子效应，放出紫外线，激发三原色，RGB 三原色的发光体不经由电子枪扫描或背光的明暗所产生的光，而是每个个体独立发光，产生不同三原色的可见光，并利用激发时间的长短来产生不同的亮度。等离子电视就是在等离子显示器上装上频道选台器的机器，使用寿命约 5～6 万小时，会随着使用的时间，亮度衰退。PDP 的发光体内是利用离化的惰性气体的放电产生紫外线去个别激发 RGB 三种不同的荧光体而产生不同的 RGB 三原色的可见光，并利用激发时间的长短来产生不同的亮度。由于它是每个个别独立的发光体在同一时间(一张画面的时间约 1/30～1/60s)一次点亮的，所以特别清晰鲜明。

3. 特点

等离子显示技术证明比传统的显像管和 LCD 液晶显示屏具有更高的技术优势，表现在以下几个方面。

1) 与直视型显像管彩电相比

(1) PDP 显示屏的体积更小、重量更轻，而且无 X 射线辐射。

(2) 由于 PDP 各个发光单元的结构完全相同，因此不会出现图像的几何变形。

(3) PDP 屏幕亮度非常均匀，没有亮区和暗区；而传统显像管屏幕中心的亮度总是比四周亮度要高一些。

(4) PDP 不会受磁场的影响，具有更好的环境适应能力。

(5) PDP 屏幕不存在聚焦的问题，因此，显像管某些区域因聚焦不良或年月已久开始散焦的问题得以解决，不会产生显像管的色彩漂移现象。

(6) 表面平直使大屏幕边角处的失真和色纯度变化得到彻底改善。高亮度、大视角、全彩色和高对比度，使 PDP 图像更加清晰，色彩更加鲜艳，效果更加理想，令传统电视叹为观止。

2）与LCD液晶显示屏相比

(1) PDP显示亮度高，屏幕亮度高达150Lux，因此可以在明亮的环境之下欣赏大幅画面的视讯节目。

(2) 色彩还原性好，灰度丰富，能提供格外亮丽、均匀平滑的画面。

(3) PDP视野开阔，PDP的视角高达160°，普通电视机在大于160°的地方观看时画面已严重失真，而液晶显示屏视角只有40°左右，更是无法与PDP的效果比拟。

(4) 对迅速变化的画面响应速度快。

此外，PDP平而薄的外形也使其优势更加明显。

4. 应用

PDP等离子屏自面世以来，发展迅速，具有很大的市场发展潜力，引起了全球各大厂商的特别关注。Sony、NEC、Fujitsu、Panasonic等厂商纷纷开发了自己的PDP产品。但是，PDP价格还很高，现阶段主要用于如飞机场、火车站、展示会场、企业研讨、学术会议、远程会议等公共场所的信息显示以及自动监视系统等。

7.1.3　LED阵列显示器

1. 概述

LED(Light Emitting Diode，发光二极管)是一种通过控制半导体发光二极管的显示方式，是由镓(Ga)与砷(As)、磷(P)、氮(N)、铟(In)的化合物制成的二极管，当电子与空穴复合时能辐射出可见光，因而可以用来制成发光二极管。在电路及仪器中作为指示灯，或者组成文字或数字显示。磷砷化镓二极管发红光，磷化镓二极管发绿光，碳化硅二极管发黄光，铟镓氮二极管发蓝光。

2. 工作原理

LED的发光颜色和发光效率与制作LED的材料和工艺有关，灯球刚开始全是蓝光的，后面再加上荧光粉，根据用户的不同需要，调节出不同的光色，广泛使用的有红、绿、蓝、黄四种，如图7-2所示。由于LED工作电压低(仅1.2～4.0V)，能主动发光且有一定亮度，亮度又能用电压(或电流)调节，本身又耐冲击、抗振动、寿命长(10万小时)，所以在大型的显示设备中，尚无其他的显示方式与LED显示方式匹敌。

把红色和绿色的LED晶片或灯管放在一起作为一个像素制作的显示屏称为三色或双基色屏，把红、绿、蓝三种LED晶片或灯管放在一起作为一个像素的显示屏叫作三基色屏或全彩屏。如果只有一种颜色就叫作单色或单基色屏，如图7-3所示。制作室内LED屏的像素尺寸一般是1.5～12mm，常常把几种能产生不同基色的LED管芯封装成一体，室外LED屏的像素尺寸多为6～41.5mm，每个像素由若干个各种单色LED组成，常见的成品称为像素筒，双色像素筒一般由2红1绿组成，三色像素筒由1红1绿1蓝组成。

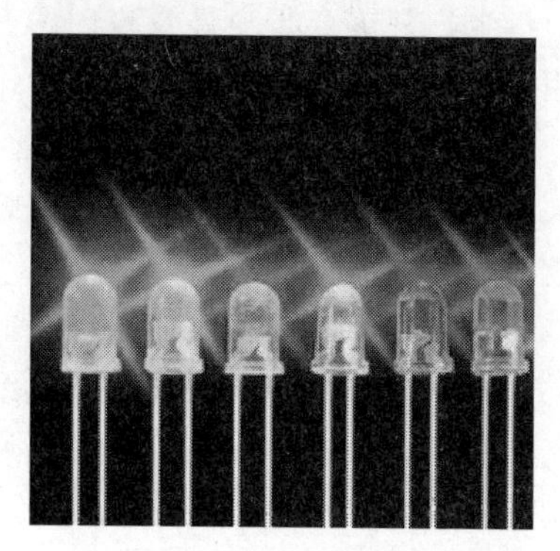

图7-2　显示屏中的彩亮灯珠

图 7-3 LED 电子显示屏示意图

无论用 LED 制作单色、双色或三色屏，显示图像需要构成像素的每个 LED 的发光亮度都必须能调节，其调节的精细程度就是显示屏的灰度等级。灰度等级越高，显示的图像就越细腻，色彩也越丰富，相应的显示控制系统也越复杂。一般 256 级灰度的图像，颜色过渡已十分柔和，而 16 级灰度的彩色图像，颜色过渡界线十分明显。所以，彩色 LED 屏都要求做成 256～4096 级灰度的。

应用于显示屏的 LED 发光材料有以下几种形式。

(1) LED 发光灯(或称单灯)，一般由单个 LED 晶片、反光杯、金属阳极、金属阴极构成，外包具有透光聚光能力的环氧树脂外壳。可用一个或多个(不同颜色的)单灯构成一个基本像素，由于亮度高，多用于户外显示屏。

(2) LED 点阵模块，由若干晶片构成发光矩阵，用环氧树脂封装于塑料壳内。适合行列扫描驱动，容易构成高密度的显示屏，多用于户内显示屏。

(3) 贴片式 LED 发光灯(或称 SMD LED)，就是 LED 发光灯的贴焊形式的封装，可用于户内全彩色显示屏，可实现单点维护，有效克服马赛克现象。

3. 分类

LED 显示屏分类多种多样，大体按照如下几种方式分类。

(1) 按使用环境分为户内、户外及半户外。

户内屏面积一般从不到 1 平方米到十几平方米，室内 LED 显示屏在室内环境下使用，此类显示屏亮度适中、视角大、混色距离近、重量轻、密度高，适合较近距离观看。

户外屏面积一般从几平方米到几十甚至上百平方米，点密度较稀(多为 2500～10 000 点/平方米)，发光亮度为 5500～8500cd/m^2(朝向不同，亮度要求不同)，可在阳光直射条件下使用，观看距离在几十米以外，屏体具有良好的防风、抗雨及防雷能力。

半户外屏介于户外及户内两者之间，具有较高的发光亮度，可在非阳光直射户外下使用，屏体有一定的密封，一般在屋檐下或橱窗内。

(2) 按颜色分为单色，双基色，三基色(全彩)。

单色是指显示屏只有一种颜色的发光材料，多为单红色，在某些特殊场合也可用黄绿色(例如殡仪馆)。

双基色 LED 显示屏由红色和绿色 LED 灯组成，256 级灰度的双基色显示屏可显示 65 536 种颜色(双色屏可显示红、绿、黄 3 种颜色)。

全彩色 LED 显示屏由红色、绿色和蓝色 LED 灯组成，可显示白平衡和 16 777 216 种颜色。

(3) 按控制或使用方式分为同步和异步。

同步方式是指 LED 显示屏的工作方式基本等同于计算机的监视器，点点对应地实时映射计算机监视器上的图像，通常具有多灰度的颜色显示能力，可达到多媒体的宣传广告效果。

异步方式是指 LED 屏具有存储及自动播放的能力，在 PC 上编辑好的文字及无灰度图片通过串口或其他网络接口传入 LED 屏，然后由 LED 屏脱机自动播放，一般没有多灰度显示能力，主要用于显示文字信息，可以多屏联网。

(4) 按像素密度或像素直径划分。

由于户内屏采用的 LED 点阵模块规格比较统一，所以通常按照模块的像素直径划分，主要有 ϕ3.0mm，62 500 像素/平方米；ϕ3.75mm，44 321 像素/平方米；ϕ5.0mm，17 222 像素/平方米。

(5) 按显示性能划分。

视频显示屏：一般为全彩色显示屏。

文本显示屏：一般为单基色显示屏。

图文显示屏：一般为双基色显示屏。

行情显示屏：一般为数码管或单基色显示屏。

(6) 按显示器件划分。

LED 数码显示屏：显示器件为 7 段码数码管，适于制作时钟屏、利率屏等显示数字的电子显示屏。

LED 点阵图文显示屏：显示器件是由许多均匀排列的发光二极管组成的点阵显示模块，适于播放文字、图像信息。

LED 视频显示屏：显示器件由许多发光二极管组成，可以显示视频、动画等各种视频文件。

常规型 LED 显示屏：采用钢结构将显示屏固定安装于一个位置。常见的有户外大型单立柱 LED 广告屏，以及车站里安装在墙壁上用来播放车次信息的单、双色 LED 显示屏等。

租赁型 LED 显示屏：在设计时，研发部就考虑到该屏经常会用于安装与拆卸，所以左右箱体采用带定位功能的快速锁连接，定位精准，整个箱体安装可在 10s 之内完成。租赁屏主要用于舞台演出、婚庆场所以及大型演出。

(7) 按照发展方向划分。

已经广泛使用的“广告传媒类显示屏”：门头的条幅用单双色显示屏，广场楼体表面用全彩显示屏，以广告宣传为主。

正在悄然升起的“工业指示类显示屏”：给 PLC\DCS 等集散控制系统配套辅助性质的显示屏，例如，显示转速、流量、温度、压力等。

4. 特点

(1) 发光亮度强。户外 LED 显示屏的亮度大于 8000mcd/m^2，是唯一能够在户外全天候使用的大型显示终端；户内 LED 显示屏的亮度大于 2000mcd/m^2。在可视距离内阳光直射屏幕表面时，显示内容清晰可见。超级灰度控制具有 1024～4096 级灰度控制，色彩清晰逼真，立体感强。

(2) 静态扫描技术，采用静态锁存扫描方式，大功率驱动，充分保证发光亮度。

(3) 自动亮度调节具有自动亮度调节功能,可在不同亮度环境下获得最佳播放效果。

(4) 全面采用进口大规模集成电路,可靠性大大提高,便于调试维护。

(5) 先进的数字化视频处理,技术分布式扫描,BSV液晶拼接技术高清显示,模块化设计/恒流静态驱动,亮度自动调节,超高亮纯色像素,影像画面清晰、无抖动和重影,杜绝失真。视频、动画、图表、文字、图片等各种信息显示、联网显示、远程控制。

(6) 寿命长。LED寿命长达100 000h(10年)以上,该参数一般都指设计寿命。

(7) 视角大。室内视角可大于160°,户外视角可大于120°。视角的大小取决于LED发光二极管的形状。

(8) 屏幕面积可大可小,小至不到1m^2,大则可达几百上千平方米。

(9) 易与计算机接口,支持软件丰富。

7.1.4 OLED显示器

1. 概述

OLED的基本结构如图7-4所示,是由一薄而透明具半导体特性的铟锡氧化物(ITO),与电力的阳极相连,再加上另一个金属阴极,包成如三明治的结构。整个结构层中包括:空穴传输层(HTL)、发光层(EL)与电子传输层(ETL)。

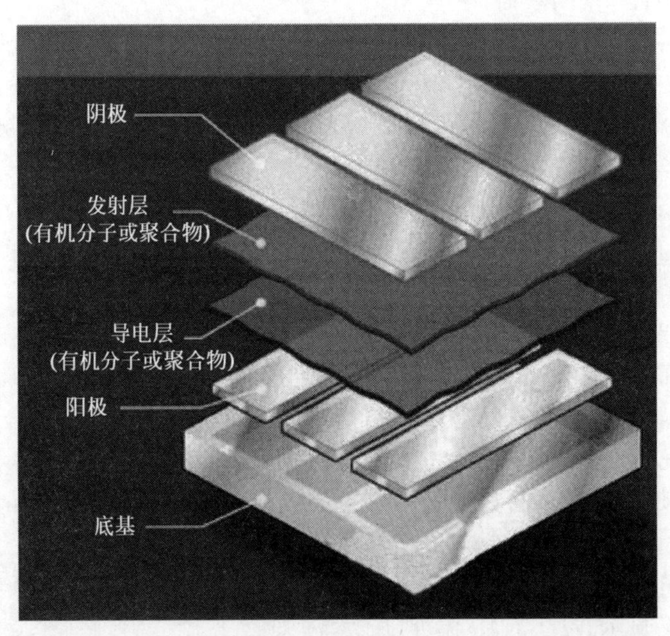

图7-4 OLED结构

OLED具有全固态、主动发光、高对比度、超薄、低功耗、无视角限制、响应速度快、工作范围宽、易于实现柔性显示和3D显示等诸多优点,将成为未来20年最具"钱景"的新型显示技术。同时,由于OLED具有可大面积成膜、功耗低以及其他优良特性,因此还是一种理想的平面光源,在未来的节能环保型照明领域也具有广泛的应用前景。

2. OLED 发展过程

如图 7-5 所示，OLED 的应用大概可以分为以下三个阶段。

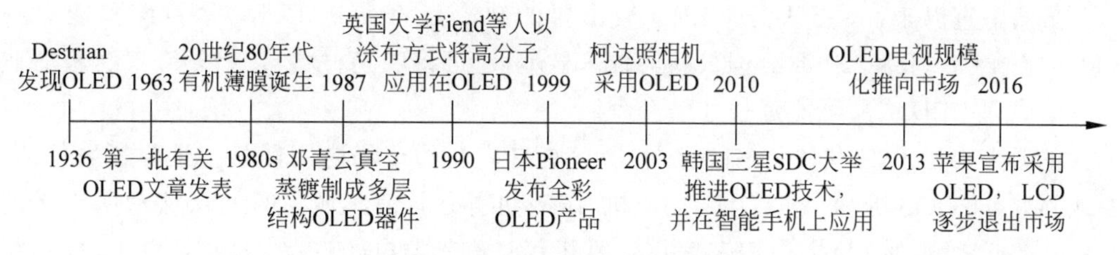

图 7-5　OLED 发展的历史示意图

(1) 1997—2001 年，OLED 的实验阶段。在这个阶段，OLED 开始走出实验室，主要应用在汽车音响面板、PDA、手机上。但产量非常有限，产品规格也很少，均为无源驱动，单色或区域彩色，很大程度上带有实验和试销性质。2001 年全球销售额仅 1.5 亿美元。

(2) 2002－2005 年，OLED 的成长阶段。这个阶段人们能广泛接触到带有 OLED 的产品，包括车载显示器、PDA、手机、DVD、数码相机、头盔用微显示器和家电产品。OLED 产品正式走入市场，主要是进入传统 LCD、VFD 等显示领域。仍以无源驱动、单色或多色显示、10 英寸以下面板为主，但有源驱动的、全彩色和 10 英寸以上面板也开始投入使用。

(3) 2005 年以后，OLED 的成熟阶段。随着 OLED 产业化技术的日渐成熟，OLED 开始全面出击显示器市场并拓展属于自己的应用领域。其各项技术优势得到充分发掘和发挥。

3. OLED 分类

以 OLED 使用的有机发光材料来看，一是以染料及颜料为材料的小分子器件系统，另一则是以共轭性高分子为材料的高分子器件系统。同时由于有机电致发光器件具有发光二极管整流与发光的特性，因此小分子有机电致发光器件也被称为 OLED，高分子有机电致发光器件则被称为 PLED。小分子及高分子 OLED 在材料特性上可以说是各有千秋，但以现有技术发展来看，如从监视器的信赖性，及电气特性、生产安全性上来看，小分子 OLED 现在处于领先地位，当前投入量产的 OLED 组件，全是使用小分子有机发光材料。

4. OLED 显示器的优势

(1) 技术优势——无辐射，超轻薄（可达 1mm 以下），柔软显示，屏幕可卷曲。

(2) 成本优势——OLED 制造工艺比较简单，批量生产时的成本要比 LCD 至少节省 20%。

(3) 适应性强——能在－45～80℃正常显示。

(4) 节能性强——由于有机材料自己发光，驱动电压低，无需后背光源，因而更加节省能源。

(5) 可视角大——接近 180°。

(6) 反应速度快——OLED 显示屏中的单个元素反应速度是 LCD 液晶屏的 1000 倍，

可以实现精彩的视频重放，色彩炫丽，绝不会出现液晶屏上的拖曳现象。

(7) 外形优势——OLED 的重量比 LCD 轻得多，而且可以做到更加轻薄。

虽然一直以来，人们认为 OLED 最主要的缺点是寿命比 LCD 短，目前只能达到 5000h，而 LCD 可达 10 000h，但最新的技术显示，通过将磷光材料与制作 TFT 背板的非晶硅集成，OLED 产品可能延长 3 倍寿命。

正因为 OLED 具有如此多的优点，所以具有广泛的市场应用前景。主要领域包括：商业领域，如 POS 机和 ATM 机、复印机、游戏机等；通信领域，如手机、移动网络终端等；计算机领域，如 PDA、商用和家用计算机等；消费类电子产品，如音响设备、数码相机、便携式 DVD；工业应用领域，如仪器仪表等；交通领域，如 GPS、飞机仪表等。

但是在 OLED 的实际应用中，并非总是一帆风顺。虽然 OLED 技术可称为最理想的显示技术，但它的研究开发历史并不长，要想真正实现产业化，必须克服以下一些具体的难题，即因大面积化带来工艺、设备技术和驱动技术等方面的问题，从单色显示到多色显示带来的问题，封装技术与使用寿命的问题，阴极电极微细化的问题，驱动技术问题等。

有机膜的不均匀性将导致发光亮度和色彩的不均匀性，影响显示效果。显示面积增大，意味着器件必须有很高的瞬间亮度和高的发光效率，并在高亮度下有良好的稳定性。从单色显示到多色显示和彩色过渡时，将三种不同的发光材料分别镀在非常邻近的三个小区域上将是又一大难题。要实现 OLED 的商业化，使用寿命问题必须解决，从材料和器件结构着手是途径之一。驱动技术在实验室研究阶段显得不是很重要，但是一旦考虑到产业化和大面积化，此问题就会变得异常突出，迄今为止，还没有一套成熟的高度集成的大电流驱动 IC。

当前世界上关于 OLED 器件的开发主要分布在日本、美国和欧洲。欧美主要以高分子材料为主，可望有比较长的寿命。日本则以低分子材料为主，已获得很好的发光亮度，发光效率寿命。就目前的情况来看，在实际应用技术开发方面，日本遥遥领先，已经进入商业应用阶段。欧洲居第二位，但在应用技术方面与日本的距离越来越近。美国主要拥有基本专利。致力于 OLED 开发的主要厂商有杜邦、三星电子、索尼、惠普、IBM、柯达、夏普、东芝、三洋、朗讯及飞利浦等。随着对 OLED 规模的研究及应用，相信全面解决以上问题将指日可待。业界普遍认为，OLED 的产业化已经开始，今后 3～5 年是 OLED 技术走向成熟和市场需求高速增长的阶段。

7.1.5 QLED 显示器

1. 概述

量子点发光二极管技术即 QLED 技术，是基于量子点电致发光特性的一种新型 LED 制备技术，是真正意义上的量子点发光二极管。而基于量子点的背光源技术，其实质是量子点 LCD 即量子点加液晶面板，是对现有 LCD 的一种改良，并不是真正意义上的 QLED。

2. QLED 技术的基本原理

QLED 电致发光一般归因于直接的载流子注入复合、Forster 共振能量转移或二者共同的作用。电子和空穴注入后,实现电致发光的途径有以下两种:①电子和空穴直接注入同一个量子点,在量子点中实现辐射复合发光;②在有机物中注入电子和空穴形成激子,然后以 Forster 共振能量转移形式将能量转移给量子点,在量子点中产生一个激子即电子-空穴对,最后电子-空穴对复合发出光子。这两种途径同时存在,可以使 QLED 的发光效率最大化。

3. QLED 四种基本结构类型

自从电致驱动 QLED 于 1994 年发明以来,器件经历了四种结构的发展和变化,其亮度和外量子效率得到很大的提高,如图 7-6 所示。

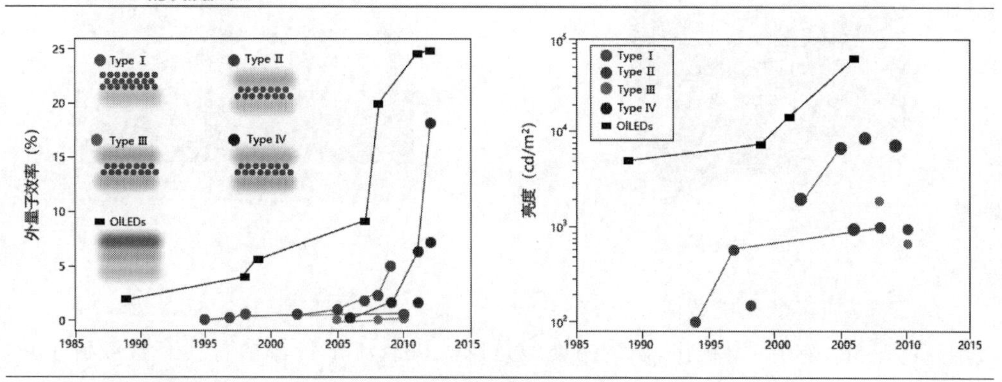

图 7-6 QLED 发展历程

(1) TypeⅠ:以聚合物作为电荷传输层。

该结构以聚合物为载流子传输层,是最早的 QLED 器件结构,其典型的器件结构是将包含 CdSe 纯核量子点和聚合物双层或二者的混合物,包夹于两电极间,如图 7-7 所示。该结构由于使用了低量子产率的纯核 CdSe,且存在明显的聚合物内寄生的电致发光,所以器件具有较低的外量子效率(EOE)和较小的最大亮度。

(2) Type Ⅱ:以有机小分子作为电荷传输层。

2002 年,Coe 等人提出了将单层量子点与双层 OLED 结合的 Type Ⅱ型 QLED 器件结构,以有机小分子材料作为载流子传输层。该结构是在 OLED 的基础上,加入单层的量子点层,能使通过有机层的载流子传输过程和发光过程分离开来,提高了 OLED 的外量子效率。

将 OLED 结构与量子点单层结合,让人们看到了提高 QLED 效率的希望。这种结构器件既具有 OLED 的全部优点,同时又可以改善器件的光谱纯度和实现发光颜色的调谐。但是有机层的使用导致器件在空气中的稳定性下降,如同传统的 OLED 一样,这种结构的 QLED 需要进行封装,从而提高了制作成本和限制了柔韧性,如图 7-8 所示。除此之外,有机半导体材料本身的绝缘性,限制了器件电流密度的进一步优化,进而限制了器件的发光亮度,并且有机半导体材料的发光光谱较宽,也不利于优化器件的色彩纯度。

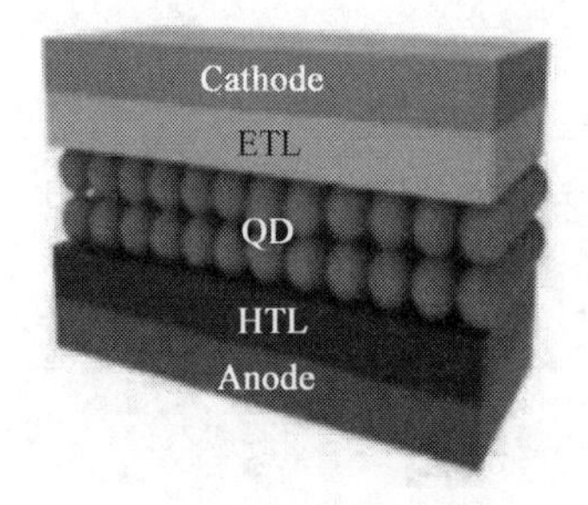

图 7-7　Type Ⅰ结构类型

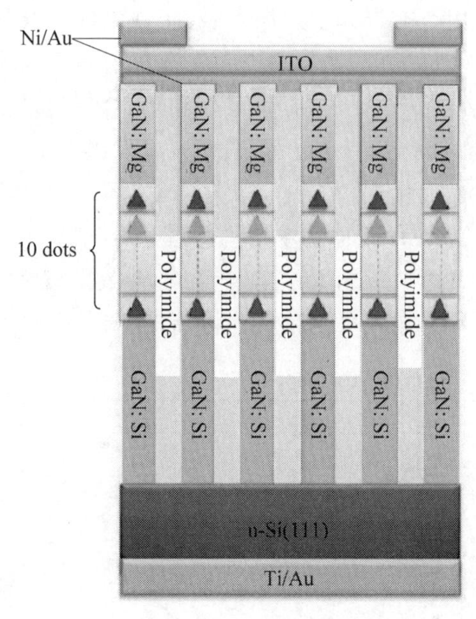

图 7-8　Type Ⅱ结构类型

(3) Type Ⅲ：全无机载流子迁移层。

与 Type Ⅱ结构类型相比，该结构类型是以无机载流子传输层替代有机载流子传输层，这大大提高了器件在空气中的稳定性，并使器件能够承受更高的电流密度。Caruge 等人用溅射法，以氧化锌锡和氧化镍分别作为电子和空穴传输层制备出全无机的 QLED，如图 7-9 所示。该器件能承受的最大电流密度达到 $4A \cdot cm^{-2}$，但外量子效率小于 0.1%。器件效率不高归因于在溅射氧化物层时造成了量子点破坏，载流子注入不平衡和量子点被导电金属氧化物包围时产生的量子点荧光淬灭。

Type Ⅲ的结构类型

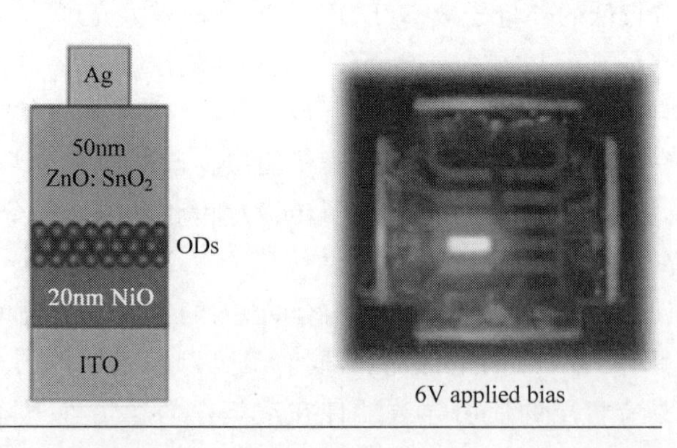

图 7-9　Type Ⅲ结构类型

(4) Type Ⅳ：有机空穴传输层与无机电子传输层混合。

Type Ⅳ结构类型采用有机和无机混合载流子传输层制作 QLED 器件，该结构一般以N型无机金属氧化物半导体作为电子传输层，以P型有机半导体作为空穴传输层，如图7-10所示。混合结构的QLED外量子效率高，同时具有高亮度。其中，Qian等人报道了外量子效率分别为1.7%，1.8%，0.22%，最大亮度分别为31 000cd/m^2，68 000cd/m^2，4200cd/m^{2}的红、绿、蓝混合结构QLED。

Type Ⅳ的结构类型

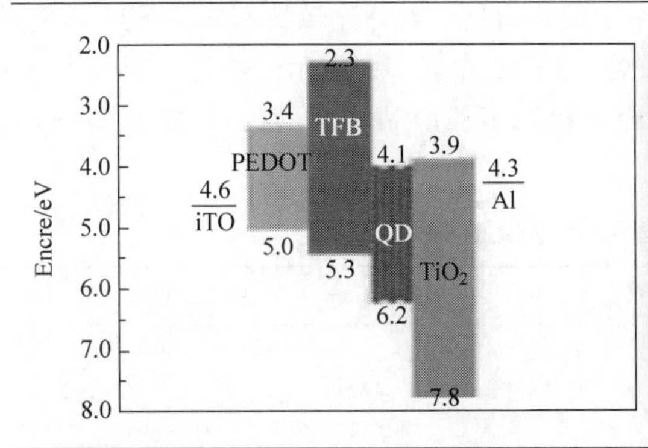

图7-10　Type Ⅳ结构类型

近期利用Type Ⅳ混合结构，人们研制出了4英寸QD-LED彩色显示器，采用微接触印刷技术，使用溶液化QLED彩色显示器的分辨率达到了1000ppi(像素尺寸为25μm)。

与Type Ⅱ结构类型相比，Type Ⅲ和Type Ⅳ结构类型使用的量子点薄膜厚度超过了一个单层达到50nm。因此Type Ⅳ结构类型的工作机制偏重于载流子注入机制，而不是Forster能量转移机制。

4. QLED器件制备方法

QLED器件制备方法中，已经被成功证明的制备技术包括相分离技术、喷墨技术和转印技术三种。

1）相分离技术

相分离技术可以很好地制备大面积有序胶体单层量子点。量子点薄膜可以通过利用旋涂法从有机芳香族材料与脂肪族材料的量子点混合溶液中制备。在溶剂烘干时，两种不同材料分离，在有机半导体表面形成期望的单层量子点。这种方法可靠、灵活，同时可以精确地控制，重复性好。溶液浓度、溶液比例、量子点尺寸分布以及量子点的形状都会影响薄膜的结构。控制好这些因素可以获得高效率、高色彩饱和度的QLED。然而由于这种方法采用旋涂法，因此它只能制备单色显示屏。

2）喷墨技术

对全色显示来说，希望找到一种能够制作单层量子点图案的制备工艺，同时不会对材料与器件结构有更多的要求，而喷墨工艺就是符合这些条件的制备技术。喷墨技术就是用微米级的打印喷头将制备好的有特殊功能的“墨水”喷涂在预先已经图案化了的ITO衬底上形成像素单元。利用喷墨法能精确控制量及位置的按需分配，可降低生产成本，还能实现大面积、大尺寸显示。

3）转印技术

转印技术是首先将量子点溶液涂在硅板上，然后蒸发，再将突起部分进行压制形成量子点层，去掉表层后转压到玻璃基板或塑料基板上，该过程就实现了量子点到基板的转移。

5. QLED 的应用

量子点 LED 主要有两个应用方向：一个是利用量子点背光源技术的量子点 LCD，如表 7-1 所示；另外一个是量子点发光二极管 QLED，如表 7-2 所示。在这两种应用方向中，量子点 LCD 的应用较为简单成熟，已经有相当多的产品出现，而相比之下 QLED 还在不断发展改进中。

表 7-1　量子点 LCD 与 OLED 比较

指　标	量子点 LCD	OLED
色彩饱和度	110%	80%～120%
色域	110%	100%
成本	低	高
良率	＞90%	低
TFT-LCD 制程改变	无须改变	30%
功耗	较低	低
对比度	根据 TFT-LCD 变化	高
亮度	一般	高
背光	需背光	无需背光
视角	根据 TFT-LCD 变化	无视角限制
成熟尺寸	55 英寸以下	7 英寸以下

由于量子点 LED 采用了量子点材料，所以其自然而然也就具备了量子点材料相对于有机荧光材料的诸多优势。

表 7-2　QLED 与 OLED 及 LCD 的比较

指　标	QLED	OLED	LCD
色域	140%NTSC	110%NTSC	70%NTSC
对比度	1 000 000∶1	1 000 000∶1	10 000∶1
背光	不用	不用	需要
视角	180°×180°	180°×180°	＜160°×90°
寿命	长	短	长
厚度	＜1.5mm	＜1.5mm	＞2.5mm
工作温度范围	宽	宽	窄
耐冲击	强	强	弱
实现柔性显示	容易	容易	难
耗电量	低	中	高

7.2　大屏与投影显示器

大屏幕显示系统广泛应用于通信、公安、电力、军队指挥机构，在提供共享信息、决策支持、态势显示、投影拼接分割画面显示方面发挥着重要作用。

7.2.1　硅基液晶投影显示器

1. 概述

LCOS(Liquid Crystal on Silicon，液晶附硅或硅基液晶)是一种基于反射模式，尺寸非常小的矩阵液晶显示装置。这种矩阵采用CMOS技术在硅芯片上加工制作而成。

LCOS是一种新型的反射式微液晶投影技术，它采用涂有液晶硅的CMOS集成电路芯片作为反射式LCD的基片，用先进工艺磨平后镀上铝当作反射镜，形成CMOS基板，然后将CMOS基板与含有透明电极的玻璃基板相贴合，再注入液晶封装而成。LCOS将控制电路放置于显示装置的后面，可以提高透光率，从而达到更大的光输出和更高的分辨率。

LCOS也可视为LCD的一种，传统的LCD是制作在玻璃基板上，LCOS则是制作在硅晶圆上。前者通常用穿透式投射的方式，光利用效率只有3%左右，解析度不易提高；LCOS则采用反射式投射，光利用效率可达40%以上，而且它的最大优势是可广泛使用，以便宜的CMOS制作技术来生产，无需额外投资，并可随半导体制程快速地微细化，逐步提高解析度。反观高温多晶硅LCD则需要单独投资设备，而且属于特殊制程，成本不易降低。LCOS面板的结构有些类似TFT LCD，一样是在上下两层基板中间分布Spacer加以隔绝后，再填充液晶于基板间形成光阀，藉由电路的开关以推动液晶分子旋转，以决定画面的明与暗。LCOS面板的上基板是ITO导电玻璃，下基板是涂有液晶硅的CMOS基板，LCOS面板最大的特色在于下基板的材质是单晶硅，因此拥有良好的电子移动率，而且单晶硅可形成较细的线路，因此与现有的LCD及DLP投影面板相比较，LCOS是一种很容易达到高解析度的新型投影技术。

2. 工作原理

LCOS电视机产生画面需要经过若干步骤。这一过程涉及一个高强度灯泡、布置在一个立方体中的一系列反光镜和微型器件、一个棱镜和一个投影透镜，如图7-11所示。下面介绍整个过程。

在LCOS投影系统中，灯泡发出的光从微型器件中反射出来，并最终通过透镜进行投射。

(1) 灯泡产生一束白光。

(2) 光束穿过一个聚光透镜(负责聚焦和对准光线)。它还会穿过一个滤光器(只允许可见光通过)，这样可以使其他元件免受损害。

(3) 通过以下两种方式之一，这束白光被分解成了红色、绿色和蓝色光。

方式一，光束穿过一个偏振光束分光器(PBS)，它把光分解为三个光束，这些光束分别穿过增加红色、绿色和蓝色的滤光器。

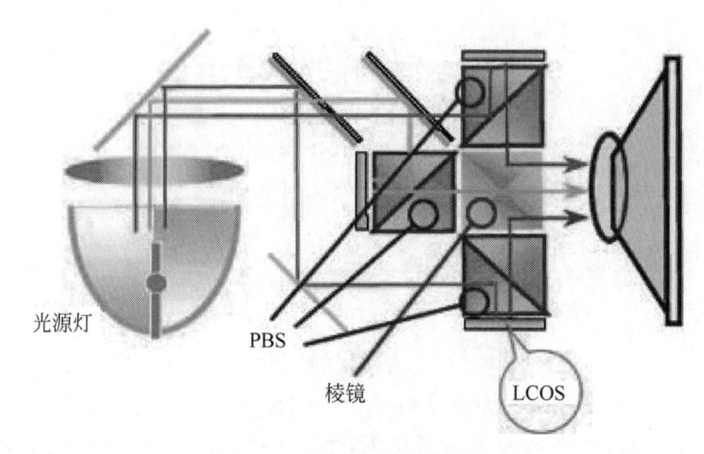

图 7-11　LCOS 的工作原理

方式二，光束穿过一系列分色镜，这些分色镜能够反射某些波长的光线而允许其余光线穿过。例如，分色镜可以把红光从白光中分离出去，留下蓝光和绿光，而另一面分色镜可以再把绿光分离出来，只留下蓝光。

(4) 刚刚产生的彩色光束同时与三个 LCOS 微型器件之一相接触——它们分别对应红光、绿光和蓝光。

(5) 这些微型器件反射出来的光线穿过一个棱镜，这个棱镜能够将这些光线组合在一起。

(6) 然后，棱镜把光线(它们产生了一个全色影像)投射到一个投影透镜中，这个透镜再把影像放大并显示到屏幕上。

大多数背投 LCOS 电视机都采用该过程。有些投影系统采用线性装置而不是立方体装置，并且白光在到达微型器件前，会先穿过将其染成红色、绿色和蓝色的表面。极少数系统只采用一个微型器件，并且采用其他方式进行染色。例如，DLP 系统中的色轮和 LCOS 微型器件本身上的透射染色。有些系统还使用额外的起偏镜或滤光器进一步改善画质和对比度。

如果没有投射透镜，那么在此过程中产生的画面会因为太小而看不清。这就是 LCOS 技术被归类于上海狼微型显示器(如果没有某种放大装置，产生的画面将因为太小而看不清)的原因。

3. 特点

LCOS 微型器件的物理特性，例如，没有色轮以及具有很高的填充系数，通常使其能够产生优质画面，并且最大限度地减少了非自然信号。LCOS 的像素也比其他系统的像素更为平滑，用一些人的说法就是产生了更自然的画面。DLP 电视机中常见的彩虹效应和纱门效应在 LCOS 中已经得到完美解决。并且与 LCD 系统不同的是，它们不易烧伤荧光屏。

但是，大多数 LCOS 系统不具有很好的黑电平或者产生黑色的能力。一般来说，黑电平低劣的电视机不能像其他电视机那样产生很好的对比度和更多的细节。另外，由于 LCOS 电视机和投影机使用三片而不是一片微型器件，它们通常也比较笨重和庞大。大多数还需要定期更换灯泡,而这可能花费数百美元。

另外,LCOS系统并不像其他显示器类型那样常见,原因在于LCOS微型器件难以制造,而且每台电视机还需要三个这样的器件。包括英特尔在内的多家公司都尝试过制造LCOS系统,但最终都因为产量一直很低而放弃了努力。

4. 其他用途

除了在电视机和投影机中运用以外,LCOS还有其他一些用途。例如,一些数码相机取景器使用LCOS显示器。该技术将来可能应用在以下方面。

(1) 近眼式查看系统,包括头置式显示器。

(2) 光束操纵。

(3) 显微投影机。

(4) 全息投影和存储。

7.2.2 使用数字微镜器件的DLP投影显示器

1. 概述

DLP是Digital Light Processing的缩写,即数字光处理,也就是说这种技术要先把影像信号经过数字处理,然后再把光投影出来。它是基于TI(美国得州仪器)公司开发的数字微镜元件(Digital Micromirror Device,DMD)来完成可视数字信息显示的技术。说得具体点儿,就是DLP投影技术应用了数字微镜晶片(DMD)来作为主要处理元件以实现数字光学处理过程。

其原理是将通过UHP灯泡发射出的冷光源通过冷凝透镜,通过Rod(光棒)将光均匀化,经过处理后的光通过一个色轮(Color Wheel),将光分成RGB三色(或者RGBW等更多色),有些厂家利用BSV液晶拼接技术镜片过滤光线传导,再将色彩由透镜投射在DMD芯片上,最后反射经过投影镜头再投影到屏幕上成像。

2. 成像原理

光源通过色轮后折射在DMD芯片上,DMD芯片在接收到控制板的控制信号后将光线发射到投影屏幕上。DMD芯片外观看起来只是一小面镜子,被封装在金属与玻璃组成的密闭空间内,事实上,这面镜子由数十万乃至上百万个微镜所组成。以XGA解析度的DMD芯片为例,在宽1cm长1.4cm的面积里有1024×768=786 432个微镜单元,每个微镜代表一个像素,图像就由这些像素构成。由于像素与芯片本身都相当微小,因此业界也称这些采用微型显示装置的产品为微显示器,如图7-12所示。

3. 系统分类

1) 单片

在一个单DMD投影系统中,需要用一个色轮来产生全彩色投影图像。色轮由红、绿、蓝滤波系统组成,它以60Hz的频率转动。在这种结构中,DLP工作在顺序颜色模式。输入信号被转换为RGB数据,数据按顺序写入DMD的SRAM,白光光源通过聚焦透镜聚集在色轮上,通过色轮的光线然后成像在DMD的表面。当色轮旋转时,红、绿、蓝光顺序地射在DMD上。色轮和视频图像是顺序进行的,所以当红光射到DMD上时,镜片按照红色信息应该显示的位置和强度倾斜到"开",绿色和蓝色光及视频信号也是如此工作。

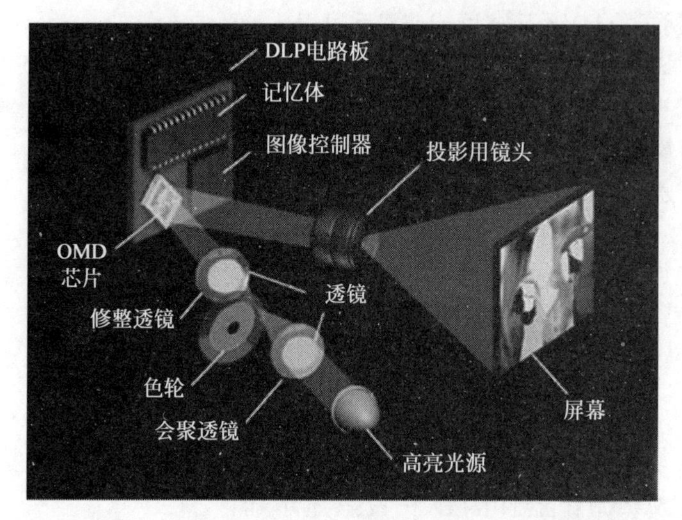

图 7-12 DLP 成像原理

人体视觉系统集中红、绿、蓝信息并看到一个全彩色图像。通过投影透镜，在 DMD 表面形成的图像可以被投影到一个大屏幕上。

2）两片

这种系统利用了金属卤化物灯红光缺乏的特点。色轮不用红、绿、蓝滤光片，取而代之使用两个辅助颜色：品红和黄色。色轮的品红片段允许红光和蓝光通过，同时黄色片段可通过红色和绿色。结果是红光在所有时间内都通过，蓝色和绿色在品红-黄色色轮交替旋转中每种光实质上占用一半时间。一旦通过色轮，光线直接射到双色分光棱镜系统上。连续的红光被分离出来而射到专门用来处理红光和红色视频信号的 DMD 上，顺序的蓝色与绿光投射到另一个 DMD 上，专门处理交替颜色，这一 DMD 由绿色和蓝色视频信号驱动。

3）三片

另外一种方法是将白光通过棱镜系统分成三原色。这种方法使用三个 DMD，一个 DMD 对应一种原色。应用三片 DLP 投影系统主要是为了增加亮度。通过三片 DMD，来自每一原色的光可直接连续地投射到它自己的 DMD 上。结果更多的光线到达屏幕，得到一个更亮的投影图像。这种高效的三片投影系统被用在超大屏幕和高亮度应用领域。

4. 工作过程

DMD 器件是 DLP 的基础，一个 DMD 可被简单描述成为一个半导体光开关，50～130 万个微镜片聚集在 CMOS 硅基片上。一片微镜片表示一个像素，变换速率为 1000 次/秒，或更快。每一镜片的尺寸为 $14\mu m \times 14\mu m$（或 $16\mu m \times 16\mu m$），为便于调节其方向与角度，在其下方均设有类似铰链作用的转动装置。微镜片的转动受控于来自 CMOS RAM 的数字驱动信号。当数字信号被写入 SRAM 时，静电会激活地址电极、镜片和轭板（YOKE）以促使铰链装置转动。一旦接收到相应信号，镜片倾斜 10°，并随来自 SRAM 的数字信号而倾斜 12°；如显微镜片处于非投影状态，则被示为“关”，并倾斜 −12°。简而言之，DMD的工作原理就是借助微镜装置反射需要的光，同时通过光吸收器吸收不需要的光来实现影像的投影，而其光照方向则是借助静电作用，通过控制微镜片角度来实现的。

通过对每一个镜片下的存储单元以二进制平面信号进行寻址，DMD阵列上的每个镜片以静电方式倾斜为开或关状态。决定每个镜片倾斜在哪个方向上为多长时间的技术被称为脉冲宽度调制（PWM）。镜片可以在1s内开关一千多次，在这一点上，DLP成为一个简单的光学系统。通过聚光透镜以及颜色滤波系统后，来自投影灯的光线被直接照射在DMD上。当镜片在开的位置上时，它们通过投影透镜将光反射到屏幕上形成一个数字的方形像素投影图像。当DMD座板、投影灯、色轮和投影镜头协同工作时，这些翻动的镜面就能够一同将图像反射到演示墙面、电影屏幕或电视机屏幕上。

5. 特点

DMD可以提供1670万种颜色和256段灰度层次，从而确保DLP投影机可投影的活动影像画面色彩艳丽、细腻、自然逼真。

DMD最多可内置2048×1152阵列，每个元件约可产生230万个镜面，这种DMD已有能力制成真正的高清晰度电视。

1）抹去图像中的缺陷

DMD微镜器件非凡的快速开关速度与双脉冲宽度调制的一种精确的图像颜色和灰度复制技术相结合，使图像可以随着窗口的刷新而更加清晰，通过增强对比度，描绘边界线以及分离单个颜色而将图像中的缺陷抹去。

2）“纱门”效应

在许多LCD投影图像中，我们会看到当一个图像尺寸增加时，LCD图像中的缝隙将变得更大，而在DLP投影机中则不会出现这样的情况，DMD镜面的大小和形状决定了这一切。每个镜片90%的面积动态地反射光线以生成一个投影图像，由于一个镜头与另一个镜头之间是如此接近，所以图像看起来没有缝隙。DMD镜片体积微小，每一侧边的长度为16μm，相邻镜头之间的缝隙小于1μm。镜头是方形的，所以每一个镜片显示的内容要比实际图像更多。再加上当分辨率增加时大小及间距仍保持一致，因此无论分辨率如何变化，图像始终能够保持很高的清晰度。

3）与光亮并存

许多观众经常会希望在观看投影时保持亮度或打开窗帘，与传统投影机相比，DLP投影机将更多的光线打到屏幕上，这也有赖于DLP本身的技术特点。DMD的强反射表面通过消除光路上的障碍以及将更多的光线反射到屏幕上，而最大化地利用了投影机的光源。DLP技术依据图像的内容对图像进行反射，DLP的光源有两种工作方式，或者通过一个透镜打到屏幕上，或者直接进入一个吸光器。更为有利的是，基于DLP技术的投影机的亮度是随着分辨率的增加而增加的。在如XGA和SXGA等更高分辨率的情况下，DMD提供更多的反射面积，这样就可以更为有效地利用灯光的亮度。

4）图像逼真自然

DLP不仅是简单地投影图像，它还对它们进行了复制。在它的处理过程中，首先将源图像数字化为8～10位每色的灰度图像。然后，将这些二进制图像输入DMD，在那里它们与来自光源并经过仔细过滤的彩色光相结合。这些图像离开DMD后就成像到屏幕上，保持了源图像所有的光亮和微妙之处。DLP 独一无二的色彩过滤过程控制了投影图像的色彩纯度，此技术的数字化控制支持无限次的色彩复制，并确保了原始图像栩栩如生地再现。随着其他显示技术及摄影技术的出现，DLP 使得那些无生命的图像拥有了逼真的色彩。数字色彩的再现保证了图像与真实物质的还原性，而且没有发亮的斑点或其他投影机典型的冲失现象。

5）可靠性高

DMD 不仅通过了所有的标准半导体资格测试，系统制造非常严格，需要经过一连串的测试，所有元件均经过挑选证实可靠才能用作制造数码电子部分驱动 DMD，而且还证明了在模拟操作环境中，它的生命期超过 10 万小时。测试证明，DMD 可以进行超过 1700 万亿次循环无故障运行，这相当于投影机的实际使用时间超过 1995 年。其他测试结果显示，DMD 在超过 11 万个电力周期和 11 000 个温度周期下无故障，以确保在需求较大的应用领域中提供 30 年以上的可靠运行期。

6）可移动性

根据一般应用需求来看，一个单片 DMD 就可以实现大小、重量和亮度的统一，大部分的家用或商用 DLP 投影机都采用了单片结构，而更高级的三片结构一般只应用在数字影院或高端领域，因此，用户可以得到一个更小、更亮、更易于携带而且足以提供出色图像质量的系统 DLP 技术是全数字底层结构，具有最少的信号噪声。

7）极快的响应时间

用户可以在显示一帧图像时将独立的像素开关很多次。它是利用一块显示板通过逐场过滤(field-sequential)方式产生真彩图像。步骤如下：首先，绿光照射到面板上，机械镜子进行调整来显示图像的绿色像素数据。然后镜子再次为图像的红色和蓝色的像素数据进行调整(一些投影仪通过使用第四种白色区域来增加图像的亮度并获得明亮的色调)。所有这些发生得如此之快，以致人眼无法察觉。循序出现的不同颜色的图像在大脑中重新组合起来形成一个完整的全彩色图像。

6. DLP 技术的应用

DLP 技术是一种独创的、采用光学半导体产生数字式多光源显示的解决方案。它是可靠性极高的全数字显示技术，能在各类产品(如大屏幕数字电视、公司/家庭/专业会议投影机和数码相机(DLP Cinema))中提供最佳图像效果。同时，这一解决方案也是被全球众多电子企业所采用的完全成熟的独立技术。自 1996 年以来，已向超过 75 家制造商供货五百多万套系统。

DLP 技术已被广泛用于满足各种追求视觉图像优异质量的需求。它还是市场上的多功能显示技术。它是唯一能够同时支持世界上最小的投影机和最大的电影屏幕(高达 75ft)的显示技术。这一技术能够使图像达到极高的保真度，给出清晰、明亮、色彩逼真的画面。

7.2.3 光阀投影显示器

1. 液晶光阀

液晶光阀是通过电压控制液晶分子的折射率来实现对光的相位延迟。在两片平板玻璃中间填充液晶材料，并在玻璃片上镀上透明电极与校准层。玻璃板之间的空隙由其边缘精细的玻璃纤维进行控制。这就制成了一个液晶相位延迟器。

2. 工作原理

液晶光阀投影显示器本质上是利用液晶的光学开关作用改进 CRT 投影显示器的成像效果的产物，如图 7-13 所示。

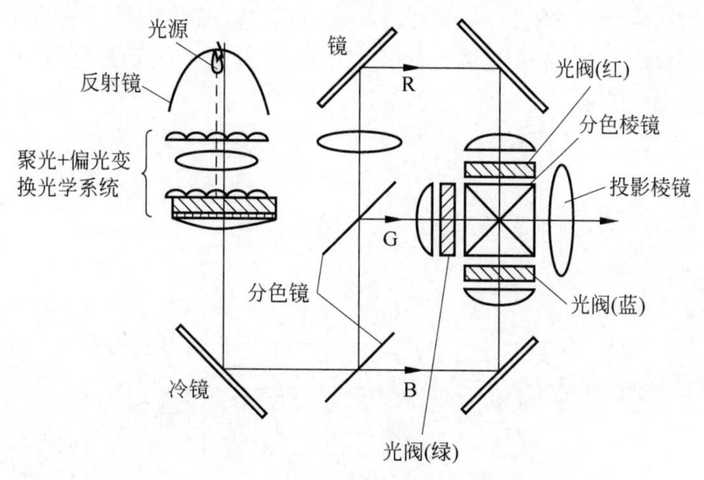

图 7-13　液晶光阀投影显示原理

液晶光阀投影显示器采用 CRT 管和液晶光阀作为成像器件，是 CRT 投影机与液晶与光阀相结合的产物。为了解决图像分辨率与亮度间的矛盾，它采用外光源，也叫被动式投影方式。一般的光阀主要由三部分组成：光电转换器、镜子、光调制器，它是一种可控开关。通过 CRT 输出的光信号照射到光电转换器上，将光信号转换为持续变化的电信号，外光源产生一束强光，投射到液晶光阀上，由内部的镜子反射，通过光调制器，改变其光学特性，紧随光阀的偏振滤光片，将滤去其他方向的光，而只允许与其光学缝隙方向一致的光通过，这个光与 CRT 信号相复合，投射到屏幕上。它是目前为止亮度、分辨率最高的投影机，亮度可达 6000ANSI lm，分辨率为 2500×2000，适用于环境光较强，观众较多的场合，如超大规模的指挥中心、会议中心及大型娱乐场所。

3. 特点

其优点是分辨率高、没有像素结构、亮度高，可用于光线明亮的环境和超大屏幕显示；缺点是成本高、体积大、重量重、维护困难。

7.2.4　激光投影显示器

1. 概述

激光投影显示技术（LDT），也称激光投影技术或者激光显示技术，是以红、绿、蓝（RGB）三基色激光为光源的显示技术，可以最真实地再现客观世界丰富、艳丽的色彩，提供更具震撼的表现力。从色度学角度来看，激光显示的色域覆盖率可以达到人眼所能识别色彩空间的 90%以上，是传统显示色域覆盖率的两倍以上，彻底突破前三代显示技术色域空间的不足，实现人类有史以来最完美色彩还原，使人们通过显示终端看到最真实、最绚丽的世界。

2. 原理及元件

1）技术原理

激光投影使用具有较高功率（瓦级）的红、绿、蓝（三基色）单色激光器为光源，混合成全彩色，利用多种方法实现行和场的扫描，当扫描速度高于所成像的临界闪烁频率时，就可以满足人眼“视觉残留”的要求，人眼就可清晰观察。临界闪烁频率应不低于50Hz。人眼所能看到的色域中，液晶只能再现27%，等离子为32%，而激光的理论值超过90%。技术原理如图7-14所示。

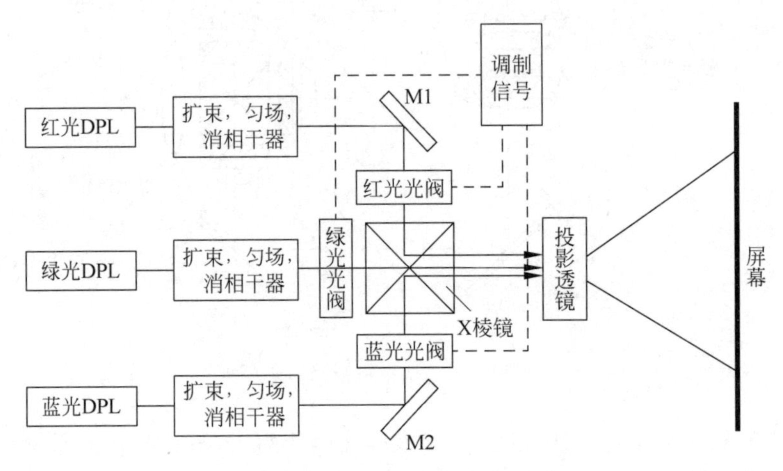

图7-14　激光投影技术工作原理图

2）激光光源

最早激光投影技术是采用气体激光器作为光源，如He-Ne、氩离子、氪气和铜蒸气激光器等，分别辐射红、蓝、绿色激光，实现全彩色激光投影，但气体激光器电光效率很低，且工作可靠性相对较差。

图7-15　红、绿、蓝三色激光光源

使用激光二极管泵浦的全固态激光器和倍频技术也可获得红、绿、蓝光辐射，如图7-15所示，连续输出功率可达数瓦、数十瓦，甚至数百瓦。这些全固态激光器具有很高的电光效率和稳定性，结构紧凑，数瓦的功率就可用于激光投影。

人眼对红、绿、蓝三种颜色的视见函数值相差很大，它们分别为0.265(630nm)、0.862(530nm)和0.091(470nm)，应对激光器功率进行匹配。

3）扫描器件

激光投影的实现可以有多种方式，其中，扫描器件常用的有多面体转镜扫描以及振镜扫描。

（1）多面体转镜扫描。多面体基体使用轻金属材料制造，以减小转动惯量，再将平面反射镜固定在多面体上，调整各反射镜在 Y 轴方向的角度使各行扫描以等距离分开，即可实现场扫描。多面体转镜扫描具有较大的局限性，如面数越少扫描行数越少，分辨率越低，如面数越多则调整越困难。

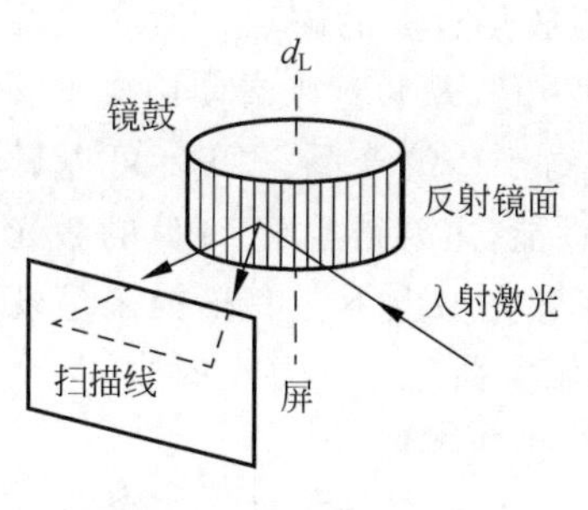

图 7-16　多面体转镜

(2) 振镜扫描。使用高性能检流计驱动平面反射镜高速偏转并精确定位，由于偏转频率极高，已与振动相同，故称振镜。使用两个振镜就可以实现二维扫描。

更多情况是兼用多面体转镜（见图 7-16）和振镜扫描的方案，它们分别完成行和场的扫描。

3. 特点

激光显示技术是以激光作为光源的图像信息终端显示技术，由于激光具有单色性好、方向性好和亮度高等优点，非常适合用于显示。与现有的显示技术相比，激光显示技术具有色域空间大、色饱和度高、光源寿命长以及环保节能显著等特点。

(1) 色域空间大。激光发射光谱为线谱，色彩分辨率高，色饱和度高，能够显示非常鲜艳而且清晰的颜色。激光可供选择的谱线（波长）很丰富，可构成大色域色度三角形，能够用来显示最丰富的色彩。目前常见的显示器件如 CRT、LCD、PDP、DLP 投影仪以及电影放映机等的色彩再现能力均未突破 NTSC 制式的色彩空间，其色域空间仅能覆盖人眼所能识别的色彩空间的 31.8%，难以真实还原自然色彩，这一不足成为进一步提高显示质量的重要障碍。对比传统光源，在色域方面，LED 是很好的光源技术，但由于其属于泛光照明的特性，在高亮度、大屏幕显示方面的不足，大大影响了 LED 在投影显示技术上的应用空间。与此不同的是，激光具有非常高的强度，这样就为高亮度、大屏幕及超大屏幕显示提供了实现基础。得益于激光在色彩高纯度方面的优势，在色温方面，LPD 可以实现从 2400k 到 11 000k 的宽幅调整。对比度方面，LPD 技术更是可以达到 100 000：1 的超高对比度，可以满足户外广告行业用户的苛刻要求。

(2) 刷新率高。高刷新率也是 LPD 的一大优势，240MHz 的刷新速度，让观看者完全不会感到画面的闪动。

(3) 画面的一致性好。在画面的一致性方面，这也是液晶显示器用户最苦恼的问题，因为光源的布置位置和使用时间的增加，会让液晶显示器的画面出现越发不一致的画面，尤其在拼接使用时更加明显。但是 LPD 却可以做得很好，这主要是得益于 LPD 的发光模式不需要液晶显示器所采用的众多灯管。LPD 还内置了老化程度评价程序，可以让用户在拼接不同使用时间的显示器时实现高画面一致性，不会出现过去使用液晶显示器时出现的画面偏暗、色彩不同的问题。

(4) 真正的"无边"显示器。由于 LPD 不需要液晶显示器那样对液晶的边缘进行包边处理，所以可以尽可能地把显示器的边缘做得很薄。在拼接使用时，边缘的厚度是非常关键的，如果边缘过厚，会影响整体的显示效果。LPD 技术目前可以把拼接的缝隙控制到 0.4mm，几乎是一条线的宽度。通过边缘像素增亮技术（将边缘的像素增亮 1.2 倍），还可以让 LPD 的边缘几乎看不出来。

(5) 寿命长。激光光源是满足各种高端显示要求的最佳光源，所以业界将激光显示技术称为“人类视觉史上的一场革命”。激光器产生的为单波长可见光，电光转换效率与传统的显示光源相比有极大提高，避免了传统大功率光源放热过高的缺点。激光光源使用寿命长，可长达十年之久，相当于传统光源寿命的10～20倍，从长远来看使用成本明显低于现在通用的传统大功率光源，产品整体性价比明显高于传统产品。LPD可以做到6万小时工作后亮度和色调的衰减小于5%，这样优秀的性能，主要得益于LPD的激光扫描方式。LPD不同于CRT从上到下的扫描方式，它是将激光做上下左右扫描来呈现影像，激光照射荧光体的时间很短，这大大延长了产品的使用寿命。在6万小时中，每个像素的平均激光照射时间仅为47min，并且维护简便，总体维护成本低。

(6) 环保节能显著。激光显示作为新一代的显示技术，具有卓越的低能耗特点。与目前主流的LCD显示产品相比，激光显示产品在制造过程中不需要消耗大量的水资源，也不需要使用汞等重金属，没有废水、废气、废物排放，因而更加节能、环保。LPD的结构类似CRT的结构，可能很多人会联想到高功耗，但是，LPD的功耗却低得惊人。LPD的功耗大概是同等尺寸采用CCFL液晶显示器的八分之一，相当于每平方米155W。由于LPD发热较低，所以在一般情况下无须使用散热装置，进一步降低了LPD显示器的功耗，要知道往往散热的功耗要占到整个系统的三分之一。以1000万台平板电视每天工作4小时计算，年耗电共计29亿度，如果这些家庭采用更节能的激光电视每年将节电20亿度，近乎为几个大型火力发电厂年发电量的总和，相当于每年减少173万吨二氧化碳的排放。正是LPD的低功耗，可以为户外广告业主节省大量的能源消耗。

(7) 分辨率低。在显示性能方面，LPD技术大大优于目前的液晶显示技术、LED显示技术。但是LPD的缺点也是非常明显的，在目前的技术下，LPD的分辨率很难大幅提升。25英寸的LPD显示器分辨率只有320×240，比液晶显示器动辄1920×1080的分辨率差了很多，只能拼接使用。

(8) 体积较大。由于激光投射到屏幕需要距离，LPD显示器很难做到LCD那样薄，这也就限制了LPD的适用范围。

7.2.5 大屏与投影显示技术的发展趋势

在前面介绍的投影显示技术中，显然其发展趋势是向激光投影显示技术方向发展。

随着信息化技术的提高，人们对于视觉欣赏的要求越来越高。“视觉冲击力”成为人们评判显示性能的一个标准。视觉冲击力不仅来自于清晰的画面，还来自于超大尺寸的画面。为了满足这种需求，大屏拼接应运而生。此外，能实现超大画面的还有基于投影技术的边缘融合技术。

目前比较常见的大屏幕拼接系统，通常根据显示单元的工作方式分为两个主要类型：一是PDP、LED、LCD平板显示单元拼接系统，其缺点是有拼接缝隙；二是DLP投影单元拼接系统，其优点是无拼接缝隙。边缘融合拼接系统也是无缝拼接。

所谓的边缘融合技术就是将一组投影机投射出的画面进行边缘重叠，并通过融合技术显示出一个没有缝隙，更加明亮、超大、高分辨率的整幅画面，画面的效果就好像是一台投影机投射的画质。当两台或多台投影机组合投射一幅画面时，会有一部分影像灯光重叠，边缘融合的最主要功能就是把两台投影机重叠部分的灯光亮度逐渐调低，使整幅画面的亮度一致。边缘融合的技术优势如下。

(1) 增加图像尺寸和画面的完整性。多台投影机拼接投射出来的画面一定比单台投影机投射出来的画面尺寸更大。鲜艳靓丽的画面,能带给人们不同凡响的视觉冲击。另外,采用无缝边缘融合技术拼接而成的画面,在很大程度上保证了画面的完美性和色彩的一致性。

(2) 提高分辨率。每台投影机投射整幅图像的一部分,这样展现出的图像分辨率被提高了。例如,一台投影机的物理分辨率是 800×600,三台投影机融合 25%后,图像的分辨率就变成了 2000×600。

(3) 超高分辨率。利用带有多通道高分辨率输出的图像处理器和计算机,可以产生每通道为 1600×1200 像素的三个或更多通道的合成图像。如果融合 25%的像素,可以通过减去多余的交叠像素产生 4000×1200 分辨率的图像。目前市场上还没有可在如此高的分辨率下操作的独立显示器。其解决办法为使用投影机矩阵,每个投影机都以其最大分辨率运行,合成后的分辨率是减去交叠区域像素后的总和。

(4) 缩短投影距离。随着无缝拼接的出现,投影距离的缩短变成必然。例如,原来 200 英寸(4000mm×3000mm)的屏幕,如果要求没有物理和光学拼缝,将只能采用一台投影机,投影距离=镜头焦距×屏幕宽度,采用广角镜头 1.2∶1,投影距离也要 4.8m。现在采用了边缘融合技术,同样的画面没有各种缝痕,距离只需要 2.4m。

(5) 特殊形状的屏幕上投射成像。例如,在圆柱或球形的屏幕上投射画面,单台投影机就需要较远投影距离才可以覆盖整个屏幕,而多台投影机的组合不仅可以使投射画面变大,投影距离缩短,而且可使弧弦距缩短到尽量小,对图像分辨率、明亮度和聚集效果来说是一个更好的选择。

(6) 增加画面层次感。由于采用了边缘融合技术,画面的分辨率、亮度得到增强,同时配合高质量的投影屏幕,就可使得整个显示系统的画面层次感和表现力明显增强。

边缘融合是将一组投影机投射出的画面进行边缘重叠,因此从理论上讲,利用边缘融合技术显示的画面可以是无限大的而且是清晰的。而大屏拼接则会随着显示画面的扩大,无论是从技术上还是空间布局上都更加困难。因此,具体来讲,边缘融合技术更加适用于空间较大的场所,即所谓超大的空间清晰应用。

在大屏拼接显示技术中,其发展趋势是向 DLP、边缘融合技术方向发展。

第8章 视频监控系统的存储设备

根据数据存储介质与方式的不同，存储可以分为使用磁性存储、闪存技术存储、光存储，这些方式的选择要结合承载网络的带宽、业务需求、客户需求以及实现成本等因素进行具体评估。

8.1 磁性存储

8.1.1 磁性存储基本原理

大多数永久性或半永久性数据都是通过将磁盘上的一小片金属物质磁化来实现的，然后再将这些磁性图转换成原始数据，这便是磁性存储的原理。

1. 磁性存储的历史

在磁性存储出现以前，初级计算机存储介质是1890年Herman Hollerith发明的穿孔卡片。

磁性存储的历史可以回溯到1949年6月，一群IBM工程师和科学家那时正开始研发新的存储设备。他们当时研究的正是用于计算机的第一个磁存储设备，而这个设备改变了整个行业。1952年5月21日，IBM发布了带IBM 701防御计算器的IBM 726磁带机，这标志着穿孔卡片计算器向电子计算机的变迁。

四年之后，一小群IBM工程师率先将第一个计算机磁盘存储系统引入308 RAMAC（随机存取与控制）计算机。

308 RAMAC驱动可以在50个磁盘上保存500万字符，数据保存的密度仅为2kb/平方英尺。与磁带驱动器不同，RAMAC的记录磁头可以直接到达每个磁盘表面的位置而不需要读取中间的信息。随机可访性能有效提高计算机性能，这使得数据的保存和检索的速度都远快于原来保存在磁带上的速度。

在六十多年的发展中，磁性存储行业已经可以在3.5平方英尺大小的驱动上存储3TB数据。

2. 磁场如何保存数据

所有磁性存储设备都通过电磁学原理读写数据。基础物理原理认为电流通过导体的时候，导体周围会产生磁场。注意电子是从阴极流向阳极，尽管我们通常认为电子是从阳极流向阴极。

电磁现象是1819年由汉斯·克里斯蒂安·奥斯特发现的，当时他发现指南针在靠近

通电的电线时无法准确指示方向。而电流停止后，指南针恢复正常。

电线导体产生的磁场对其范围内的磁性物质会产生影响，当电流方向或电压极性变换时，磁极也随之变换。

法拉第在1831年发现了另一个电磁效应。他发现如果导体通过移动的磁场，会产生电流。电流方向随磁极方向而改变。

例如，将交流发电机应用于磁存储设备时，这种双向的电磁作用便能在磁盘上记录和读取数据。记录的时候，磁头将电脉冲变为磁场；而读取的时候，又将磁场转为电脉冲。

磁性存储设备中的读写磁头是U形导体。U形磁头被线圈包裹，从而让电流通过，如图8-1所示。当电流通过线圈时，会在驱动磁头中产生磁场。调换电流极性也会改变磁极。实际上，磁头的电压可在两极快速改变。

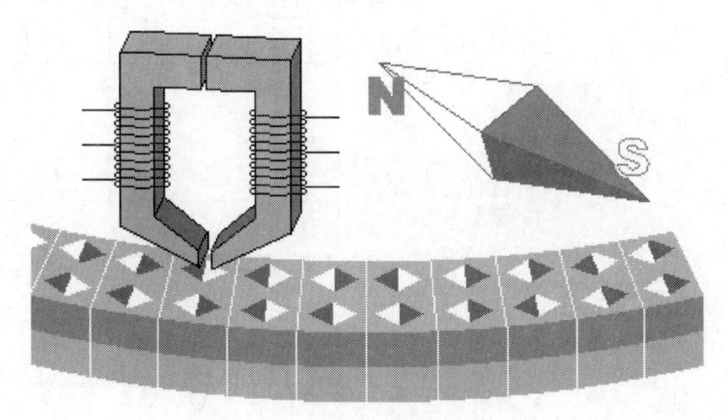

图8-1 读写磁头

组成存储介质的磁盘或磁带形成了一些介质形式，在此之上存放了一层磁化物质。该物质通常是一些带杂质的氧化铁。存储介质上的每个磁性粒子都有自己的磁场。介质为空时，这些磁场的磁极通常是杂乱的。由于每个粒子的磁场指示方向都随机，所以出现了相互抵消的情况，从而出现了无明显磁极的现象。

当驱动的读写磁头产生磁场时，磁场会在U形磁铁的两极之间跳动。因为磁场通过导体比通过空气要容易，所以磁场会向外弯曲，然后利用邻近的存储介质作为最短途径到达另一端。磁场直接穿过介质将磁性粒子极化，使其与磁场保持一致。磁极的方向由通过线圈的电流方向决定。在磁存储设备的开发过程中，读写磁头和介质之间的距离显著减少。这样被记录磁畴也会变小。而被记录磁畴越小，数据保存的密度就越大。

磁场穿过介质的时候，磁头下部区域的粒子方向都相同。当粒子磁畴统一时，就不会产生相互抵消，于是会形成明显的磁场。由许多磁性粒子生成的这个本地磁场现在就会整齐划一地产生一个可探测累积磁场。磁头中颠倒的磁通量会导致磁碟上磁化粒子磁极的颠倒。

通量逆转是存储介质表面磁性粒子的磁极发生了改变。一个驱动磁头在介质上创建颠倒的磁通量是为了记录数据。驱动写入任何一个字节，它都会在介质上创造正-负和负-正的颠倒磁通量。在转换区域里的通量逆转被用来保存给定数据，这种方法被称为编码。根据所使用的编码方式，驱动逻辑或控制器保存好数据后将其编码成一系列的通量逆转。

在写入过程中，磁头被加入电压。由于电压极性改变，磁场电极也随之改变。磁通变换区在极性改变的地方被准确写下来。在读取过程中，磁头生成的信号与写入时的有出入。相反，磁头只在通过通量逆转时产生了电压脉冲或尖峰电压。当正极变成负极，磁头探测到的脉冲就是负极；当负极变成正极时，脉冲就是正极尖峰电压。这种效应之所以发生，是因为导体只在以某种角度通过磁力线时才生成电流。由于磁头与磁场平行移动，所以磁头产生电压的唯一机会就是当它通过磁极或磁通变换区进行读取的时候。

其实，从介质读取信息时，磁头就变成磁通变换区的检测器，可以在通过变换区时产生电压脉冲。没有发生转变的区域则不会出现脉冲。图 8-2 展示了读取波形图和存储介质上记录的磁通变换区之间的关系。

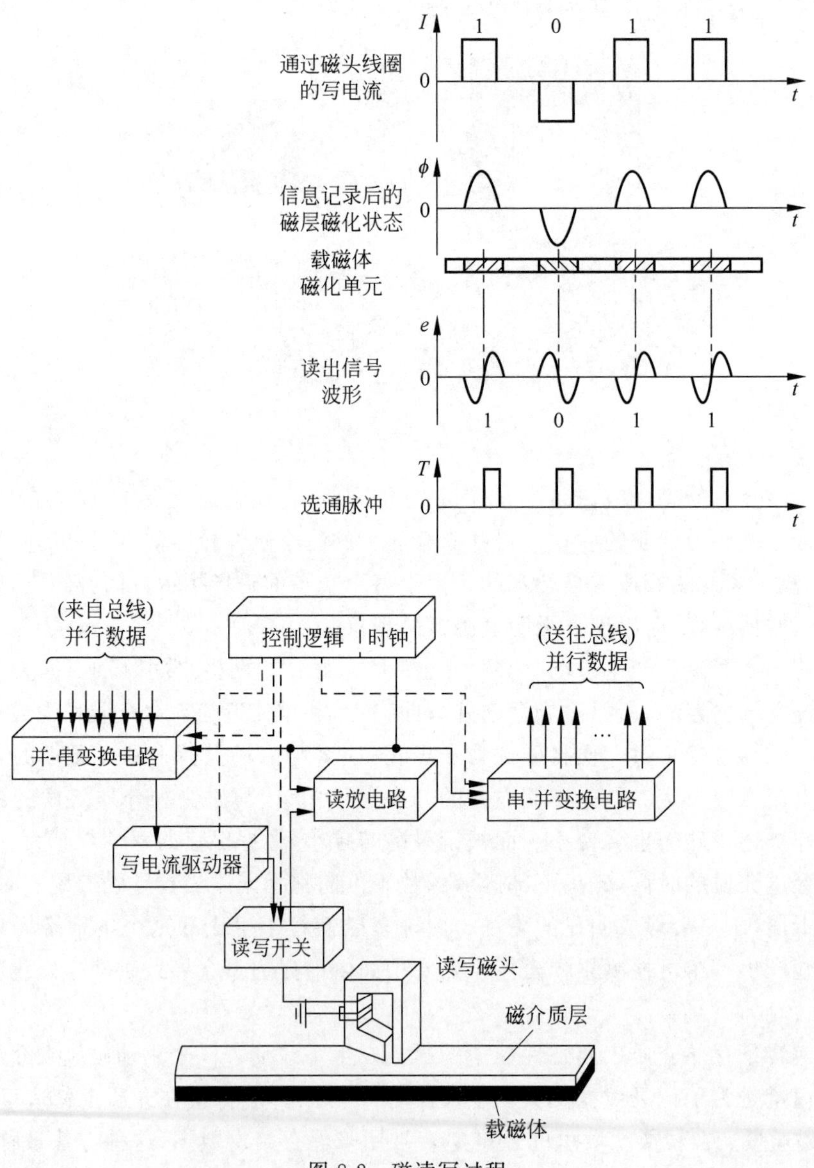

图 8-2 磁读写过程

可以把写入模式看作正负极电压的方波形。当电压为正极时，磁头会产生磁场，这样就把磁性介质导往同一个方向。波形改为负极时，磁场会把介质导向另一个方向。波形从正极转到负极时，磁碟上的磁通量也会改变方向，反之亦然。读取过程中，磁头会感知磁通变换区，并生成正负极脉冲波，而不是持续的波形。换言之，除非电压为零，否则磁头就可以探测到磁通量的变换，而且还生成了相应的正负脉冲。脉冲只在磁头通过介质上的磁通变换区时才出现。如果了解驱动转一圈使用的时间，控制器电路就能确定脉冲是否在限定转换时间内衰减。

磁头以读取模式经过存储介质时会生成脉冲电流，且可能产生大量噪声。驱动中的敏感电流和控制器集会放大信号并将微弱脉冲解码成二进制数据，也就是最先被录入的数据。

硬盘驱动和其他存储设备对数据的读写其实采用的是基本的电磁法则。电流通过磁体(磁头)时，磁体生成可以保存在介质中的磁场，驱动写入数据。磁头再通过介质表面扫过读取数据。由于磁头在保存的磁场中会出现更改，所以它会产生微弱电流指示信号中是否出现磁通变换区。

8.1.2　硬盘录像机 DVR

1. DVR 概述

硬盘录像机，如图 8-3 所示，即数字视频录像机。相对于传统的模拟视频录像机，它采用硬盘录像，故常常被称为硬盘录像机。它是一套进行图像存储处理的计算机系统，具有对图像/语音进行长时间录像、录音、远程监视和控制的功能。

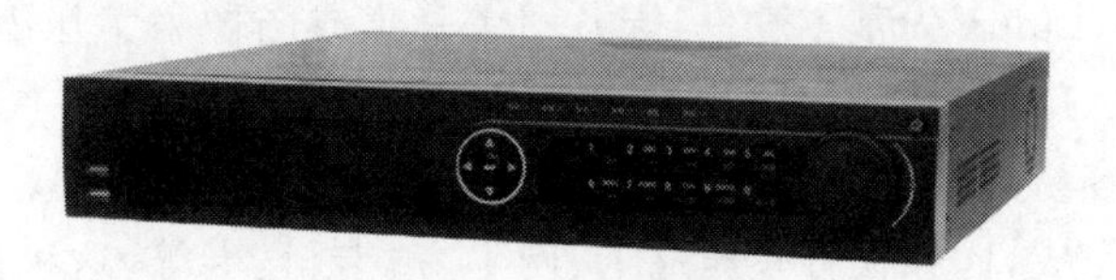

图 8-3　硬盘录像机

在安防行业中，传统的视频监控工程中普遍使用磁带式的长延时录像机，这种录像机使用磁带作为存储视频数据的载体，视频数据采用模拟方式存储，视频信号经过多次复制后信号衰减严重，录像磁带占用大量存储空间，维护和数据检索都比较麻烦。而随着计算机技术的发展，硬件和软件的技术更新都为视频数据的存储提供了新的方法。

早期的硬盘录像机对视频数据的处理能力不够，因此没有大规模的应用，而目前一方面计算机的处理能力大大增强，另一方面 IC 技术也飞速发展，这都使硬盘录像机同时处理多路视频信号成为可能。

目前，DVR 集录像机、画面分割器、云台镜头控制、报警控制、网络传输五种功能于一身，用一台设备就能取代模拟监控系统一大堆设备的功能，而且在价格上也逐渐占有优势。DVR 采用的是数字记录技术，在图像处理、图像存储、检索、备份，以及网络传递、远程控制等方面也远远优于模拟监控设备，DVR 代表了电视监控系统的发展方向，是目前市场上电视监控系统的首选产品。

2. DVR 的主要功能

视频存储：所有硬盘录像机都可以接入串口硬盘，用户可以根据自己的录像保存时间选择不同大小的硬盘。

视频查看：硬盘录像机具有 BNC、VGA 视频输出，可与电视、监视器、计算机显示器等显示设备配合使用。也有的厂家把显示屏与硬盘录像机做成一体化设备。其中，视频查看分为视频实时查看和视频回放。

视频集中管理：DVR 都配有集中管理软件，可用该软件管理多个硬盘录像机的视频图像。

远程访问：硬盘录像机通过网络设置，可以实现远程访问、手机访问。在有网络的情况下，实现随时随地地查看监控录像。

3. DVR 压缩技术

目前市面上主流的 DVR 采用的压缩技术有 MPEG-2、MPEG-4、H. 264、M-JPEG，而 MPEG-4、H. 264 是我国最常见的压缩方式。压缩可分为软压缩和硬压缩两种，软压缩受 CPU 的影响较大，大多做不到全实时显示和录像，故逐渐被硬压缩淘汰；从摄像机输入路数上分为 1 路、2 路、4 路、6 路、8 路、9 路、12 路、16 路、24 路、32 路、48 路、64 路等。

4. DVR 的分类

DVR 按系统结构可以分为两大类：基于 PC 架构的 PC 式 DVR 和脱离 PC 架构的嵌入式 DVR。

1) PC 式硬盘录像机

这种架构的 DVR 以传统的 PC 为基本硬件，以 Windows 98、Windows 2000、Windows XP、Windows Vista、Linux 为基本软件，配备图像采集或图像采集压缩卡，编制软件成为一套完整的系统。PC 是一种通用的平台，PC 的硬件更新换代速度快，因而 PC 式 DVR 的产品性能提升较容易，同时软件修正、升级也比较方便。PC 式 DVR 各种功能的实现都依靠各种板卡来完成，比如视音频压缩卡、网卡、声卡、显卡等，这种插卡式的系统在系统装配、维修、运输中很容易出现不可靠的问题，不能用于工业控制领域，只适合于对可靠性要求不高的商用办公环境。PC 式 DVR 又细分为工控机 PC DVR、商用机 PC DVR 和服务器 PC DVR。

工控机 PC DVR 采用工控机箱，可以抵抗工业环境的恶劣和干扰。采用 CPU 工业集成卡和工业底板，可以支持较多的视频音频通道数以及更多的 IDE 硬盘。当然其价格也是一般的商用 PC 的两三倍，常应用于各种重要场合和需要通道数较多的情况。

商用机 PC DVR 一般也采用工控机箱，用来提高系统的可靠性和稳定性，视频音频路数较少的也有使用普通商用 PC 机箱的。它采用通用的 PC 主板及各种板卡来满足系统的要求。其价格便宜，对环境的适应性好，常应用于各种一般场合，其图像通道数一般少于 24 路。

服务器 PC DVR 采用服务器的机箱和主板等，其系统的可靠性和稳定性也比前两者有很大的提高。常常具有不间断电源(UPS)和海量的磁盘存储阵列，支持硬盘热拔插功能。它可以 7×24h 连续不间断运行，常应用于监控通道数量大、监控要求非常高的特殊应用部门。

2）嵌入式硬盘录像机

嵌入式DVR如图8-4所示。嵌入式系统一般指非PC系统，有计算机功能但又不称为计算机的设备或器材。它是以应用为中心，软硬件可裁减的，对功能、可靠性、成本、体积、功耗等严格要求的微型专用计算机系统。简单地说，嵌入式系统集应用软件与硬件于一体，类似于PC中BIOS的工作方式，具有软件代码小、高度自动化、响应速度快等特点，特别适合于要求实时和多任务的应用。嵌入式DVR就是基于嵌入式处理器和嵌入式实时操作系统的嵌入式系统，它采用专用芯片对图像进行压缩及解压回放，嵌入式操作系统主要是完成整机的控制及管理。此类产品没有PC式DVR那么多的模块和多余的软件功能，在设计制造时对软、硬件的稳定性进行了针对性的规划，因此此类产品品质稳定，不会有死机的问题产生，而且在视音频压缩码流的存储速度、分辨率及画质上都有较大的改善，就功能来说丝毫不比PC式DVR逊色。嵌入式DVR系统建立在一体化的硬件结构上，整个视音频的压缩、显示、网络等功能全部可以通过一块单板来实现，大大提高了整个系统硬件的可靠性和稳定性。

图8-4 嵌入式DVR

5. DVR的特点

(1) 实现了模拟节目的数字化高保真存储，能够将广为传播和个人收集的模拟音频视频节目以先进的数字化方式录制和存储，一次录制，反复多次播放也不会使质量有任何下降。

(2) 全面的输入输出接口提供了天线/电视电缆、AV端子、S端子输入接口和AV端子、S端子输出接口。可录制几乎所有的电视节目和其他播放机、摄像机输出的信号，方便地与其他的视听设备连接。

(3) 多种可选图像录制等级，对于同一个数据源，提供了高、中、低三个图像质量录制等级。选用最高等级时，录制的图像质量接近DVD的图像质量。

(4) 大容量长时间节目存储，可扩展性强。用户可选用20.4GB、40GB或更大容量的硬盘用于数据存储。所用硬盘具有可扩展性、可变更性。

(5) 具有先进的时移(Timeshifting)功能，当不得不中断收看电视节目时，用户只需按下Timeshifting键，从中断收看时刻开始的节目都将被自动保存起来，用户在处理完事务后还可以从中断的位置继续收看节目，而不会有任何停顿感。

(6) 完善的预约录制/播放节目功能。用户可以自由地设定开始录制/播放节目的起始时刻、时间长度等选项。通过对预约节目单的编辑组合，可以系统化地录制各种间断性的电视节目，包括电视连续剧。

6. DVR的典型应用

硬盘录像机的典型应用包含PC式DVR的视频监控系统。

DVR技术成熟、应用广泛，但是伴随着网络视频监控及高清监控的兴起，其发展势头已经放缓，目前混合DVR的发展已经随DVR逐步向NVR方向倾斜，但在一定时期内DVR产品仍然会继续存在并发挥作用。

8.1.3 网络录像机NVR

1. 网络硬盘录像机概述

网络硬盘录像机(Network Video Recorder，NVR)，也称为网络视频录像机，如图8-5所示，是网络视频监控系统的存储转发部分。NVR与视频编码器或网络摄像机协同工作，完成视频录像、存储及转发功能。

图8-5 网络视频录像机

在NVR系统中，前端监控点安装网络摄像机或视频编码器。模拟视频、音频以及其他辅助信号经视频编码器数字化处理后，以IP码流形式上传到NVR，由NVR进行集中录像存储、管理和转发，NVR不受物理位置制约，可以在网络中任意部署。NVR在视频监控系统中实质上是一个“中间件”，负责从网络上抓取视频音频流，然后进行存储或转发。因此，NVR是完全基于网络的全IP视频监控解决方案，可以任意部署及进行后期扩展，是比其他视频监控系统架构(模拟系统、DVR系统等)更具有优势的解决方案。

在本质上NVR已经变成了IT产品。NVR最主要的功能是通过网络接收IPC(网络摄像机)、DVS(视频编码器)等设备传输的数字视频码流，并进行存储、管理。

其核心价值在于视频中间件，通过视频中间件的方式广泛兼容各厂家不同数字设备的编码格式，从而实现网络化带来的分布式架构、组件化接入的优势。

2. NVR的分类

NVR的产品形态可以分为嵌入式NVR和PC式NVR。嵌入式NVR的功能通过固件进行固化，基本上只能接入某一品牌的IP摄像机，这样的NVR表现为一个专用的硬件产品。PC式NVR的功能灵活强大，这样的NVR更多地被认为是一套软件(和视频采集卡+PC的传统配置并无本质差别)。

1) 嵌入式NVR

嵌入式NVR和嵌入式DVR有一个本质的区别，就是对摄像机的兼容性。DVR接入的是模拟摄像机，输出的是标准的视频信号，因为是模拟信号，所以DVR可以接入任何品牌和任何型号的模拟摄像机。对于模拟摄像机而言，DVR是一个开放产品。

嵌入式NVR由于IP摄像机的非标准性，再加上嵌入式软件开发的难度，一般的嵌入式NVR只支持某一厂家的IP摄像机。从目前市场上嵌入式NVR的产品来看，多数嵌入式NVR都是由IP摄像机厂商推出，只是IP摄像机厂商为了推广IP摄像机的配套产品。目前市场上只兼容一家或两家 IP 摄像机的嵌入式 NVR 产品，虽然在市场上会占有重要的地位，但是很难成为主流产品。

2) PC 式 NVR

PC 式 NVR 可以理解为一套视频监控软件，安装在 X86 架构的 PC 或服务器、工控机上。PC 式 NVR 是目前市场上的主流产品，由两个方向发展而来。一个方向是插卡式 DVR，厂家在开发的 DVR 软件的基础上加入对 IP 摄像机的支持，形成混合型 DVR 或纯数字 NVR；另外一个方向是视频监控平台厂家的监控软件，过去主要是兼容视频编解码器，现在加入对 IP 摄像机的支持，成为 NVR 的另外一支力量。

NVR 在视频监控中的应用方案如图 8-6 所示。

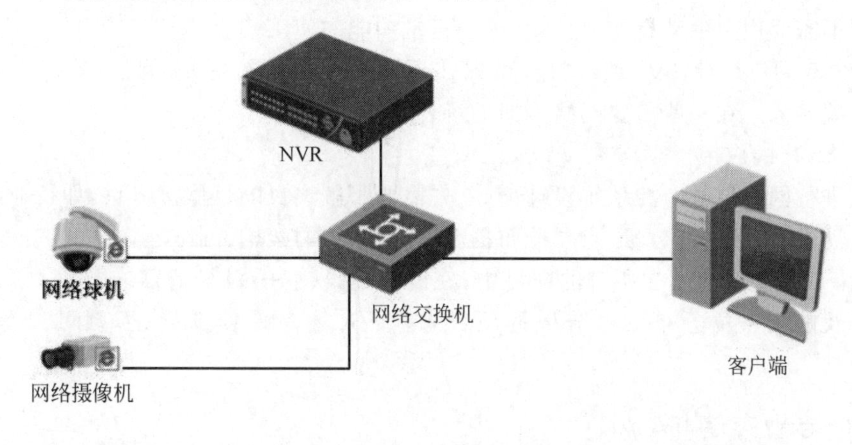

图 8-6　NVR 在视频监控中的应用方案

3. NVR 的特点

(1) 高清分辨率浏览与录像：支持 1080 像素和 720 像素的高清网络摄像机的接入，支持高清视频实时浏览，支持对所有高清网络摄像机同时进行 24h 不间断的高清视频录像，支持外接高清解码器实现高清电视墙显示功能。

(2) 64 路网络前端接入：可接入多达 64 路的网络前端，支持 H.264 编码，可实现最高 1080 像素分辨率的全实时的视频浏览与录像。并且，每一个网络前端均可实现双码流传输，录像始终保持高分辨率，而实时浏览的图像根据网络带宽和浏览画面等条件自动调节分辨率。

画面风格分为 4∶3 和 16∶9 两种，以适应不同比例的显示器。最多可进行 64 画面(4∶3)或 70 画面(16∶9)的视频显示。

(3) 高清双屏显示：可以进行双屏显示。主屏可选择 HDMI 输出或者 VGA 输出，辅屏采用 VGA 输出。HDMI 视频输出接口可实现 1920 像素×1080 像素的高清显示分辨率。

在实际应用时，主屏通过多种画面风格、通道轮巡等方式播放全部的视频图像，而需要关注某一细节时，通过鼠标或控制键盘操作，将该图像一键切换至辅屏显示。既可以全景展现所有的视频画面，同时又可关注某个图像的细节场景。

(4) 录像检索图形化：采用图形化的时间轴模式进行录像的检索和回放，可利用日历表对录像日期进行方便的选择，并可同时选择多个录像文件。时间轴的时间长度可自行定义，不同的录像状态在时间轴上由不同的颜色标注，简洁直观。

(5) 大容量的数据存储：可以内置多块大容量硬盘，总设计容量可达32TB。硬盘支持热插拔。当硬盘处在非工作状态时，自动进入休眠状态，节约能耗。

此外，NVR还可通过IPSAN磁盘阵列和eSATA磁盘柜进一步扩展存储容量。

(6) ANR技术：对存储可靠性要求较高的应用场合，当设备或网络出现故障时，NVR会自动启用前端存储，从而防止录像中断或录像遗失。待故障排除后，在不影响实时视频传输质量的前提下，前端存储数据可自动同步至NVR中心存储。数据恢复的整个过程不需要用户手动操作，也不会影响正常功能的使用。

(7) 双网口设计：支持双网口，可以在不同的网段开展业务，例如，支持不同网段的网络前端接入。在一些需要网络隔离的场合非常适用。

4. NVR的应用

在进行网络视频监控系统设计前，首先需要了解项目的具体接入点，如行业特点及用户特殊需求、摄像机的数量、点位分布情况、存储系统的架构、网络建设情况，等等。其次，要明确NVR并非使用在所有的项目中，在网络建设良好、对高清需求显著、具有集中存储优势及前端点位分布相对分散的项目中，NVR才是最佳选择，否则可以考虑DVR系统。

8.1.4 专业存储IP-SAN

IP-SAN即基于IP以太网络的SAN存储架构，它使用iSCSI协议传输数据，直接在IP网络上进行存储，iSCSI协议就是把SCSI命令包在TCP/IP包中传输，即为SCSI over TCP/IP。IP-SAN架构使用以太网络、以太网卡和iSCSI存储设备。

IP-SAN可以将存储设备分成一个或多个卷，并导出给前端应用客户端，客户端计算机可以对这些导过来的卷进行新建文件系统(格式化)操作。客户端计算机对这些卷的访问方式为设备级的块访问，IP-SAN通过把数据分成多个数据块(Block)并行写入/读出磁盘，块级访问的特性决定了iSCSI数据访问的高I/O性能和传输低延迟。

IP-SAN继承了IP网络开放、高性能、高可靠性、易管理、可扩展性强、自适应性强的优点，存储方式灵活，实现存储网络与应用网络的无缝连接，并提供了优良的远程数据复制和容灾特性。

1. IP-SAN存储架构(图8-7)

视频监控图像存储应具备高度的可靠性，不允许出现需要回放某一时间某一地点的录像时，而没有录像或不能回放的情形。存储系统的设计和配置需要从以下几个方面提高系统的可靠性。

(1) 存储服务器的冗余技术，确保存储管理不间断工作。

(2) 存储磁盘阵列采用RAID技术与多种硬件冗余保证系统的高可靠性，磁盘故障不会影响数据的继续访问。

(3) 磁盘在线更新机制，采用热备盘实现故障的自动替换。

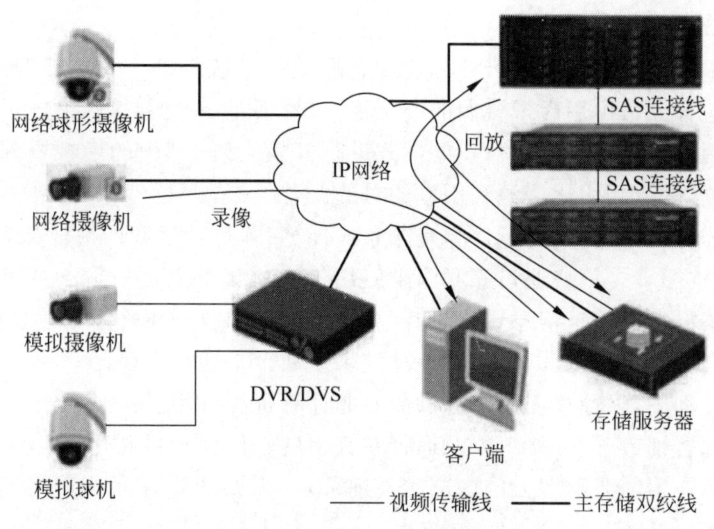

图 8-7 IP-SAN 存储架构

2. IP-SAN 存储特点

(1) 具有高带宽"块"级数据传输的优势。

(2) 基于 TCP/IP,网络技术成熟,具有 TCP/IP 的所有优点,如可靠传输、可路由等,减少了配置、维护、管理的复杂度。

(3) 可以通过以太网部署 iSCSI 存储网络,易部署,成本低,易于扩展,当需要增加存储空间时,只需要增加存储设备即可完全满足,扩展性强。

(4) 数据迁移和远程镜像容易,只要网络带宽支持,基本没有距离限制,更好地支持备份和异地容灾。

8.1.5 分布式云存储系统

随着信息化程度的不断提高,全球数据日益膨胀。面对当前 PB 级的海量数据存储需求,传统的存储系统在容量和性能的扩展上存在瓶颈。云存储以其扩展性强、性价比高、容错性好等优势得到了业界的广泛认同。

云存储伴随着云计算产生,作为云计算的先驱,它很早就进入了广大研究人员的视野,由于其前瞻性,众多企业都将其作为进军云计算的第一步。

文件系统是操作系统的重要组成部分,用来管理和存储大量的文件信息,负责对文件的存储空间进行分配和管理,并对存入其中的文件进行保护和检索,同时为用户提供包括文件创建、删除、命名、读写、访问控制等一系列功能。此外,文件系统还可以根据存取权限及访问操作类型来指定用户对文件的存取。

分布式文件系统除了具有本地文件系统的所有功能外,还必须管理整个系统中所有计算机上的文件资源,从而把整个分布式文件资源以统一的视图呈现给用户。

此外,分布式文件系统还需要隐藏内部的实现细节,对用户和应用程序屏蔽各个计算机结点底层文件系统之间的差异,以提供给用户统一的访问接口和方便的资源管理手段。很显然,作为一种典型的分布式系统,云存储需要分布式文件系统的底层支撑方能实现所希望的功能。

1. 云计算技术

目前学术界以及工业界对云计算还没有形成一个统一的定义。普遍来说,云计算被定义为一个包含大量可用虚拟资源的资源池,该资源池一般由基础设施提供商按照服务等级协议采用按时付费或按需付费的模式进行开发管理,其中的虚拟资源根据不同负载进行动态配置,以达到优化资源利用率的目的。

在一定程度上,可以认为云计算是分布式计算、并行计算和网格计算等计算概念的商业发展,其基本原理是用户通过互联网来应用计算机集群上的资源。通过本地计算机连接互联网向集群发送需求信息,远端的计算机集群资源收到用户需求信息后,将为该用户提供必要的资源并进行运算,最后将计算结果返回至本地计算机。

在上述过程中,云计算向用户提供的并非计算资源,而是一种服务。云计算屏蔽了它的内部设备部署细节、网络接口以及运行在其上的软件运行机制,只是把外部访问接口暴露给用户。用户不需要了解云的内部实现细节,只需要通过互联网连接其外部应用接口即可获得所需服务。

云计算具有规模庞大、资源虚拟化、高可靠性、可扩展性、通用性、以用户为中心以及计费灵活等特点。云环境下,用户面对的不再是复杂的硬件和软件资源,而是最终所需的服务,用户从过去"购买产品"转变到"购买服务"上来;用户不需要购买硬件设施,也不需要为机房支付设备供电、空调制冷、专人维护等费用,而只需支付相应资源使用费用,即可得到相应服务。

目前云计算技术发展迅速,和传统的预先购置和部署设备的计算方式相比,其独特的按需付费和弹性扩展的资源供给方式具有明显的性能优势,因此,其必将成为未来最值得推广和应用的技术之一。

2. 云存储系统

云存储是实现云计算系统架构中的一个重要组成部分。随着信息技术的不断发展,全球数据规模日益膨胀。由于传统的SAN(Storage Area Network)或NAS(Network Attached Storage)存储技术在存储容量和可扩展性上存在瓶颈,并且在硬件设备的部署数量上也存在一定限制,这使得用户升级系统的成本大大增加。云存储采用可扩展的分布式文件系统,并使用廉价的PC来进行系统部署,从而使得整体存储架构能够保持极低的成本。

云存储是通过集群应用、网格技术、分布式文件系统等,将网络中大量类型各异的存储设备整合起来,并对外提供数据存储和业务访问功能的系统。简单来说,云存储是对虚拟化存储资源的管理和使用。

云存储是存储领域一个新的概念,其目前已成为学术界和工业界的一个研究热点。区别于传统的存储技术,云存储提供了更好的可扩展性,当需增加存储能力时,只需添加服务器即可实现,而不需要对存储系统的结构进行重新设计;同时随着存储能力的增加,云存储系统的性能不会下降。

云存储专注于解决云计算中海量数据的存储问题,它既可以给云计算技术提供专业的存储解决方案,又可以独立发布存储服务。云存储将存储作为服务,它将分别位于网络中不同位置的大量类型各异的存储设备通过集群应用、网格技术和分布式文件系统等集合起来协同工作，通过应用软件进行业务管理，并通过统一的应用接口对外提供数据存储和业务访问功能。在使用一个独立的存储设备时，我们需要了解该设备的型号、接口以及该设备所使用的传输协议；如果使用云存储，则不存在上述问题。对用户来说，云存储系统中的所有设备都是透明的，用户不必关心云存储系统内部是如何实现的，也无须了解存储的提供方式和底层基础，任何一个授权用户都可以通过网络来使用云存储系统提供的数据存储和业务访问服务。

目前，云存储的兴起正在颠覆传统的存储系统架构，其正以良好的可扩展性、性价比和容错性等优势得到业界的广泛认同。

3. 云存储分布式文件系统

由上述可知，云存储系统具有良好的可扩展性、容错性，以及内部实现对用户透明等特性，这一切都离不开分布式文件系统的支撑。现有的云存储分布式文件系统包括GFS、HDFS、Lustre、FastDFS、PVFS、GPFS、PFS、Ceph和TFS等。它们的许多设计理念类似，同时也各有特色。下面对现有的分布式文件系统进行详细介绍。

1) GoogleFile System(GFS)

GFS是一个可扩展的分布式文件系统，其主要用于处理大的分布式数据密集型应用。GFS的一大特色就是其运行于大量普通的廉价硬件上，通过GFS文件系统提供容错功能，并给大量用户提供可处理海量数据的高性能服务。和传统标准相比，GFS文件规模巨大，其主要用来处理大文件。此外，GFS大多通过直接追加新数据来改变文件，而非覆盖现有数据，一旦数据写入完成，文件就仅支持读操作。

2) Lustre文件系统

Lustre文件系统是一种典型的基于对象存储技术的分布式文件系统，目前，该文件系统已经广泛用于国外许多高性能计算机构，如美国能源部、Sandia国家实验室、Pacific Northwest国家实验室等。Top 500机器中有多台均采用的是Lustre文件系统。

Lustre文件系统的大文件性能良好，其通过基于对象的数据存储格式，将同一数据文件分为若干个对象分别存储于不同的对象存储设备。大文件I/O操作被分配到不同的对象存储设备上并行实施，从而实现很大的聚合带宽。此外，由于Lustre融合了传统分布式文件系统的特色和传统共享存储文件系统的设计理念，因此其具有更加有效的数据管理机制、全局数据共享、基于对象存储、存储智能化，以及可快速部署等一系列优点。

尽管如此，由于Lustre采用分布式存储结构将元数据和数据文件分开存储，访问数据之前需要先访问元数据服务器，这一过程增加了网络开销，从而使得Lustre的小文件I/O操作性能较差。

3) FastDFS文件系统

FastDFS是一个轻量级分布式文件系统，其体系架构如图8-8所示，整个文件系统由客户端(Client)、跟踪器(Tracker)和存储结点(Storage)三部分组成。系统服务端有Tracker和Storage两个角色，Tracker用来负责作业的调度和负载均衡，Storage则用于存储文件，并负责管理文件。为支持大容量的数据存储，Storage采用分卷或分组的数据组织方式；存储系统可由一个或多个卷组成，一个卷可以由一台或多台存储服务器构建。

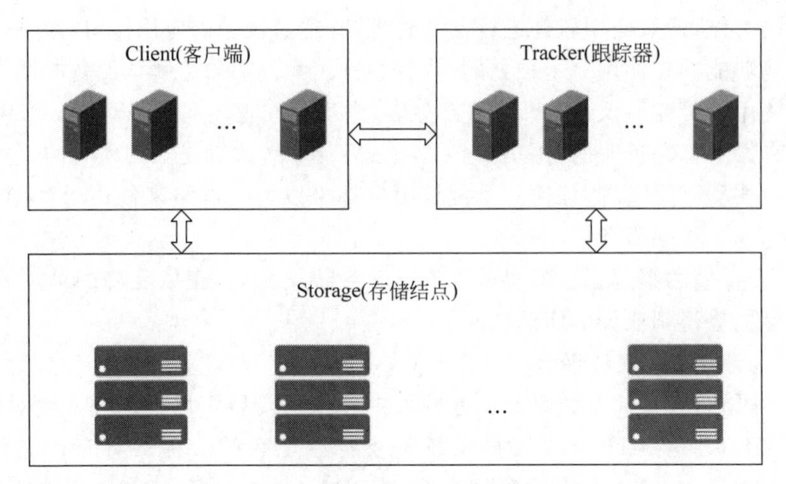

图 8-8 FastDFS 文件系统体系结构示意图

同一个卷下的多台存储服务器中的数据文件都是相同的，卷与卷之间的文件则相互独立，通过这种数据组织方式，可以很好地实现数据冗余备份以及系统负载均衡的目的。

4）Parallel Virtual File System(PVFS)

由 Clemson 大学设计并成功开发的 PVFS 是一种构建在 Linux 操作系统之上的开源并行虚拟文件系统。PVFS 基于传统的 C/S 架构进行设计，整个文件系统由管理结点、计算结点和 I/O 结点三大部分组成，管理结点负责处理文件的元数据，计算结点用来执行各种计算任务，I/O 结点则主要负责数据文件的存储和读写，并负责给计算结点提供所需的数据。

在整个集群系统范围内，PVFS 使用一致的全局命名空间，另外，PVFS 应用对象存储的概念，将数据文件条块化为多个对象并分别存储到多个存储结点上。由于在网络通信方面，PVFS 只支持 TCP 网络通信协议，这使得其灵活性不足。

此外，由于 PVFS 应用对象存储的概念进行数据文件的存储，其在处理小文件时性能也不太理想。

5）General Parallel File System(GPFS)

GPFS 的前身是 Tiger Shark 多媒体文件系统，其是 IBM 专为 Linux 集群系统设计的并行共享文件系统。在系统结构上，GPFS 主要借鉴了 IBM Linux 集群系统中的虚拟共享磁盘技术，计算结点可以通过使用交换网络来同时并行访问系统中多个磁盘中的数据，并依赖这一访问方式来实现较高的 I/O 带宽。

GPFS 的主要特点包括：通过循环的方式将大文件存储在不同的磁盘上，同时通过合并操作来处理小文件的读写，使用动态选举的元数据结点来管理元数据；此外，GPFS 还具有基于日志的失效结点的自动恢复策略以及集中式的数据锁机制。

6）Parallel File System(PFS)

Sun 公司的 PFS 分布式文件系统可以很好地支持高性能和可扩展的 I/O 操作，其主要设计思想是将文件分布在多个磁盘和服务器上，并将存放文件的多个设备逻辑上看成一个虚拟磁盘来统一管理。

很显然，PFS可以同时跨越多个存储系统，可以将整个PFS中的所有存储设备都看成是这个虚拟磁盘的一部分。当有多个结点同时访问同一文件时，PFS可以并行地为这些结点提供访问服务。PFS分布式文件系统构建于Solaris操作系统之上，主要包括宿主结点、计算结点、I/O从属结点和I/O主机结点。宿主结点是PFS提供给其他系统的入口，只有成功登录到宿主结点的用户才是合法的，才可以访问PFS内部的数据文件。计算结点主要用来管理PFS系统的通信和内存资源。I/O主机结点则主要负责文件系统的目录管理和存储块管理，同时为存储数据文件提供读写服务。I/O从属结点仅用来处理磁盘的读写操作和空白块的分配工作。

7) Ceph云存储文件系统

Ceph是California大学Santa Cruz分校的Sage Weil设计的一种云存储分布式文件系统。Ceph云存储文件系统的主要目标是设计基于POSIX的无结点故障分布式文件系统，并且数据文件具有容错和无缝复制功能。

Ceph文件系统具有三大特点。首先，其使用多个元数据服务器来构建系统的命名空间，显著强化了元数据服务器的并发访问功能；其次，在元数据服务器上，Ceph文件系统采用了动态的子树划分技术，并支持元数据服务器的负载迁移，可以很好地实现元数据的负载均衡；最后，Ceph文件系统提供基于对象存储设备的对象文件系统，并将数据文件作为一个存储对象来对待，有效地提高了数据文件的读写效率。

8) Taobao File System(TFS)

Taobao File System(TFS)是由淘宝开发的云存储文件系统，其主要面向海量非结构化数据存储问题提供服务。TFS部署在普通的Linux集群上，提供高可靠、高并发的大量小文件数据存储服务。TFS采用扁平化的数据组织结构将文件名映射到文件的物理地址，简化了文件访问流程，一定程度上优化了系统读写性能。

一个TFS集群由两个NameServer结点和多个DataServer结点组成，TFS的服务程序都是作为一个用户级的程序运行在普通Linux机器上。TFS将众多的小文件合并成大文件，并称这个大文件为Block，Block存储在DataServer上，每个Block在TFS系统内均拥有唯一的ID号。

NameServer负责维护Block与DataServer之间的映射关系。NameServer采用HA结构，即双机互为热备份，来实现容灾功能，两台NameServer同时运行，其中一台为主结点，另外一台作为备用结点。当主NameServer结点出现故障后，迅速将备份NameServer切换为主结点并对外提供服务。

自云计算技术出现以来，随着科学技术的不断发展，以及学术界和工业界的不断推进，云计算应用不断发展壮大，云存储也逐渐从理论走向实践。

8.2 闪存技术

闪存(Flash Memory)是一种长寿命的非易失性(在断电情况下仍能保持所存储的数据信息)的存储器，数据删除不是以单个字节为单位而是以固定的区块为单位(注意：NOR Flash为字节存储)，区块大小一般为256KB到20MB。闪存是电子可擦除只读存储器(EEPROM)的变种。闪存与EEPROM不同的是,EEPROM能在字节水平上进行删除和重写而不是整个芯片擦写,而闪存的大部分芯片需要块擦除。由于其断电时仍能保存数据,闪存通常被用来保存设置信息,如在计算机的BIOS(基本程序)、PDA(个人数字助理)、数码相机中保存资料等。

8.2.1 闪存原理

目前市面上出现了大量的便携式存储设备,这些设备大部分是以半导体芯片为存储介质的。采用半导体存储介质,可以把体积变得很小,便于携带;与硬盘之类的存储设备不同,它没有机械结构,所以也不怕碰撞;没有机械噪声;与其他存储设备相比,耗电量很小;读写速度也非常快。半导体存储设备的主要缺点是价格和容量。

现在的半导体存储设备普遍采用一种叫作Flash Memory的技术。从字面上可理解为闪速存储器,它的擦写速度快是相对于EPROM而言的。Flash Memory是一种非易失型存储器,因为掉电后,芯片内的数据不会丢失,所以很适合用来做计算机的外部存储设备。它采用电擦写方式,可10万次重复擦写,擦写速度快,耗电量小。

1. NOR型Flash芯片

我们知道三极管具备导通和不导通两种状态,这两种状态可以用来表示数据0和数据1,因此利用三极管作为存储单元的三极管阵列就可作为存储设备。Flash技术是采用特殊的浮栅场效应管作为存储单元。这种场效应管的结构与普通场管有很大区别。它具有两个栅极,一个如普通场管栅极一样,用导线引出,称为“选择栅”;另一个则处于二氧化硅的包围之中不与任何部分相连,这个不与任何部分相连的栅极称为“浮栅”。通常情况下,浮栅不带电荷,则场效应管处于不导通状态,场效应管的漏极电平为高,则表示数据1。编程时,场效应管的漏极和选择栅都加上较高的编程电压,源极则接地。这样大量电子从源极流向漏极,形成相当大的电流,产生大量热电子,并从衬底的二氧化硅层俘获电子,由于电子的密度大,有的电子就到达了衬底与浮栅之间的二氧化硅层,这时由于选择栅加有高电压,在电场作用下,这些电子又通过二氧化硅层到达浮栅,并在浮栅上形成电子团。浮栅上的电子团即使在掉电的情况下,仍然会存留在浮栅上,所以信息能够长期保存(通常来说,这个时间可达10年)。由于浮栅为负,所以选择栅为正,在存储器电路中,源极接地,所以相当于场效应管导通,漏极电平为低,即数据0被写入。擦除时,源极加上较高的编程电压,选择栅接地,漏极开路。根据隧道效应和量子力学的原理,浮栅上的电子将穿过势垒到达源极,浮栅上没有电子后,就意味着信息被擦除了。

由于热电子的速度快,所以编程时间短,并且数据保存的效果好,但是耗电量比较大。

每个场效应管为一个独立的存储单元。一组场效应管的漏极连接在一起组成位线,场效应管的栅极连接在一起组成选择线,可以直接访问每一个存储单元,也就是说可以以字节或字为单位进行寻址,属于并行方式,因此可以实现快速的随机访问。但是这种方式使得存储密度降低,相同容量时耗费的硅片面积比较大,因而这种类型的Flash芯片的价格比较高。

特点:数据线和地址线分离,以字节或字为单位编程,以块为单位擦除,编程和擦除的速度快,耗电量大,价格高。

2. NAND型Flash芯片

NAND型Flash芯片的存储原理与NOR型稍有不同，编程时，它不是利用热电子效应，而是利用量子的隧道效应。在选择栅上加上较高的编程电压，源极和漏极接地，使电子穿越势垒到达浮栅，并聚集在浮栅上，存储信息。擦除时仍利用隧道效应，不过把电压反过来，从而消除浮栅上的电子，达到清除信息的结果。

利用隧道效应，编程速度比较慢，数据保存效果稍差，但是很省电。

一组场效应管为一个基本存储单元(通常为8位、16位等)。一组场效应管串行连接在一起，一组场效应管只有一根位线，属于串行方式，随机访问速度比较慢。但是存储密度很高，可以在很小的芯片上做到很大的容量。

特点：读写操作是以页为单位的，擦除是以块为单位的，因此编程和擦除的速度都非常快；数据线和地址线共用，采用串行方式，随机读取速度慢，不能按字节随机编程。体积小，价格低。芯片内存在失效块，需要查错和校验功能。

3. AND型Flash芯片

AND技术是Hitachi公司的专利技术。AND是一种结合了NOR和NAND的优点的串行Flash芯片，它结合了Intel公司的MLC技术，加上0.18μm的生产工艺，生产出的芯片，容量更大、功耗更低、体积更小，采用单一操作电压，块比较小。由于内部包含与块一样大的RAM缓冲区，因而克服了因采用MLC技术带来的性能降低。

特点：功耗特别低，读电流为2mA，待机电流仅为1μA。芯片内部有RAM缓冲区，写入速度快。

MLC(Multi-level Cell)技术是Intel提出的一种旨在提高存储密度的新技术。通常数据存储中存在一个阈值电压，低于这个电压表示数据0，高于这个电压表示数据1，所以一个基本存储单元(即一个场效应管)可存储一位数据(0或者1)。现在将阈值电压变为四种，则一个基本存储单元可以输出四种不同的电压，令这四种电压分别对应二进制数据00、01、10、11，可以看出，每个基本存储单元一次可存储两位数据(00或者01或者10或者11)。如果阈值电压变为8种，则一个基本存储单元一次可存储三位数据。阈值电压越多，则一个基本存储单元可存储的数据位数也越多。这样，存储密度大大增加，同样面积的硅片上就可以做到更大的存储容量。不过阈值电压越多，干扰也就越严重。

8.2.2 固态硬盘

固态硬盘(SSD)就是用固态电子存储电子芯片阵列而制成的硬盘，由控制单元和存储单元组成。固态硬盘在使用上是和普通硬盘一样的，广泛用于军事、车载、工控、视频监控、网络监控、航空等。

固态硬盘简单说起来，类似平时的U盘，只是电路板更为复杂，但是它的优点是速度更快，更稳定，使用寿命更长，但是目前的价格还是比较昂贵。

固态硬盘和普通硬盘相比，具有以下优点。

(1) 启动快，没有电机加速旋转的过程。

(2) 不需要用到磁头，能够快速地随机进行读取，读取的延迟小。

(3) 读取的时间相对固定，由于寻址时间和数据存储位置没有关系，所以磁盘碎片不会影响读取的时间。

(4) 基于 DRAM 的固态硬盘写入速度比较快。

(5) 没有噪声,因为没有机械马达以及风扇,所以工作的时候噪声值是 0dB,但是,一些高端或者是大容量的产品装有风扇,这种情况下会产生噪声。

(6) 低容量的基于闪存的固态硬盘在工作状态下,能耗和发热量比较低,但是高端或者是大容量的产品的能耗会比较高一些。

(7) 固态硬盘的内部不存在任何机械活动的部件,不会发生机械故障,也不用害怕碰撞、冲击、震动,即使在高速移动甚至是翻转倾斜的情况下,也不会影响正常的使用,并且在笔记本发生意外掉落或者是和硬物相碰撞的时候,发生数据丢失的可能性也比较小。

(8) 工作范围广,大多数固态硬盘能够在 10~70℃的情况下工作,一些工业级的固态硬盘还能够在−40~85℃中工作,甚至能够在更大温度范围下工作。

(9) 低容量的固态硬盘与同容量的硬盘相比,体积比较小,重量也比较轻,但是这个优势随着容量的增大而逐渐减弱。

缺点:成本高,容量低,写入寿命有限,数据损坏后难以恢复。

8.3 光 存 储

光存储是由光盘表面的介质影响的,光盘上有凹凸不平的小坑,光照射到上面有不同的反射,再转换为 0、1 的数字信号就成了光存储。

8.3.1 光存储原理

光存储技术是用激光照射介质,通过激光与介质的相互作用使介质发生物理、化学变化,将信息存储下来的技术。其基本物理原理是:存储介质受到激光照射后,介质的某种性质(如反射率、反射光极化方向等)发生改变,介质性质的不同状态映射为不同的存储数据,存储数据的读出则通过识别存储单元性质的变化来实现。

目前得到广泛应用的 CD 光盘、DVD 光盘等光存储介质以二进制数据的形式来存储信息。信息写入过程中,将编码后的数据送入光调制器,使激光源输出强度不同的光束。调制后的激光束通过光路系统,经物镜聚焦照射到介质上。存储介质经激光照射后被烧蚀出小凹坑,所以在存储介质上存在被烧蚀和未烧蚀两种不同的状态,分别对应两种不同的二进制状态 0 或 1。读取信息时,激光扫描介质,在凹坑处入射光不返回,无凹坑处入射光大部分返回。根据光束反射能力的不同,将存储介质上的二进制信息读出,再将这些二进制代码解码为原始信息。

8.3.2 大容量蓝光存储技术

蓝光光盘库,适用于所有大容量资料数据的存储场合,适合存储一些资料性的不经常更改的数据,例如,医院的医疗影像资料、银行等金融机构的重要票据影像资料、图书馆的书库、电视台的音像资料库等。

蓝光光盘库还适合作为二级存储设备。传统的方式一直把数据或数据库建立在硬盘上，但据国外权威机构统计结果显示，80%的硬盘数据是不经常被访问的，但这些不经常被访问的数据却占据了宝贵而且昂贵的磁盘空间，有了DVD光盘库就可以把经常访问的数据存放在磁盘或磁盘阵列上，不经常访问的数据放在超大容量DVD光盘库中，由此得到数百TB的总存储容量，但付出的代价仅仅是同等容量磁盘的10%～20%。

二级存储系统方案中不仅支持传统的文件，而且可以支持各种类型的数据库，例如Oracle、Informix、SQL等，用户可以直接把数据库的表空间建立在光盘库中的蓝光或者DVD-RAM光盘上，可以支持数据查询和数据插入、修改、删除等操作，对于用户完全透明，感觉就如同使用硬盘一样方便。

对于许多大数据量的用户通常会把历史数据备份到磁带上，一旦需要使用时再恢复回硬盘上，这样做非常麻烦，而且会耗费大量时间，如果这些历史数据长期占用宝贵的磁盘空间，是无法接受的。因此应将数据库历史数据迁移到光盘库中，使用户同时拥有庞大的数据空间、低廉的价格、在线存储的易用性。

蓝光存储的基本结构如图8-9所示，左边是光盘匣，右边是光驱阵列，下面是机械手，最后以SAS接口连到服务器，包含RAID和机械手控制器以及驱动。

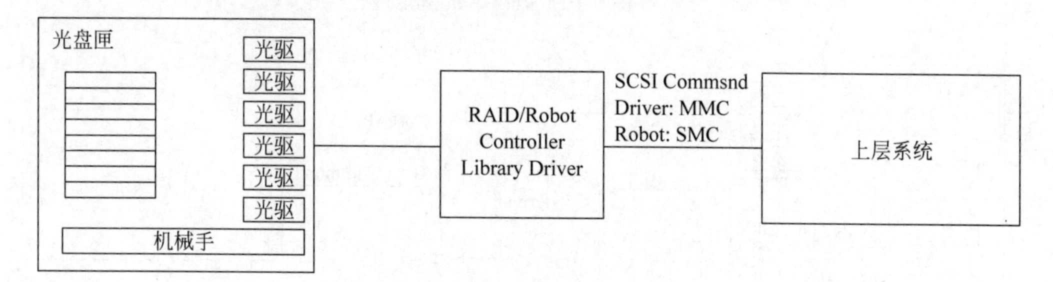

图8-9　蓝光存储的基本结构

上层系统以各光盘匣为单位进行管理，容量为3.6TB，将光盘匣分为两组(6张碟片为一个单位)，送入光驱，光驱系统中6台光驱为一组，使用RAID0/5/6，刻录读取数据。

特点：以光盘匣为单位进行数据的刻录、读取；可以保证高传输速度、RAID冗余、离线管理等。

刻录数据较大时，可以使用Reed Solomon，如图8-10所示。数据小时，因为在传输速度上没有优势，光驱的效率更高。

优势/不足：以光盘匣为单位管理数据，使用RAID保护数据，可以进行离线管理。若要实现设备间的冗余，需要镜像处理，所以系统成本提高。

另一种模式就没有RAID了，光驱分别控制，如图8-11所示。

上层系统以各碟片为单位进行管理，容量为300GB。根据需要，将碟片送入光驱，再以光驱为单位进行控制、数据的刻录与读取。

特点：以碟片为单位进行数据的刻录、读取，虽然能够有效地使用光驱，但是传输速度下降；Reed Solomon分割的数据，刻录在不同的碟片中；各碟片放置在不同的机柜中，即使设备本身出现问题，也能正常读取数据；如果各碟片放置在不同的数据中心，即使一个数据中心出现问题，也不影响数据的正常读取。

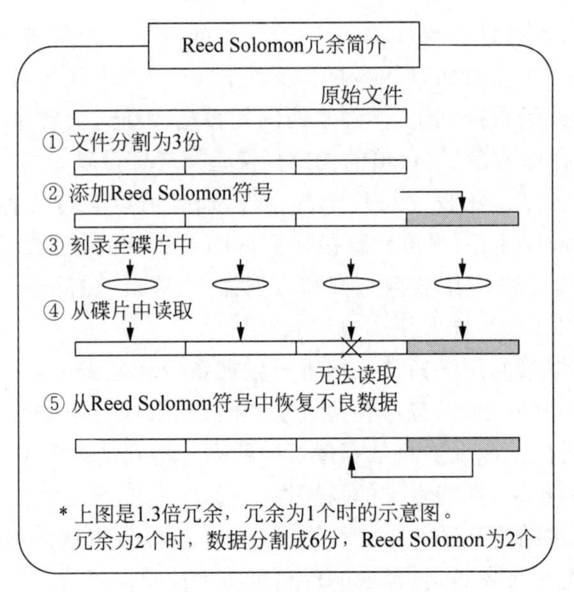

图 8-10　Reed Solomon

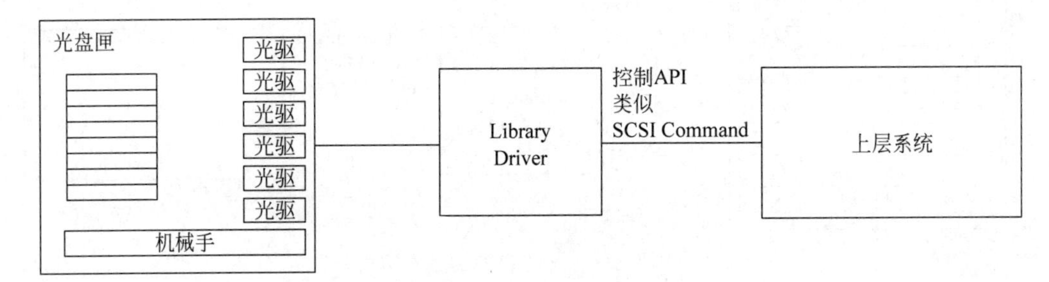

图 8-11　光驱控制模式

优势/不足：可以实现设备间冗余，数据中心间冗余；因为搭载多个光驱，文件大小可以满足多个用户同时访问的要求。但离线管理困难。

最后一种模式是最上层做成 NAS、对象存储，如图 8-12 所示。

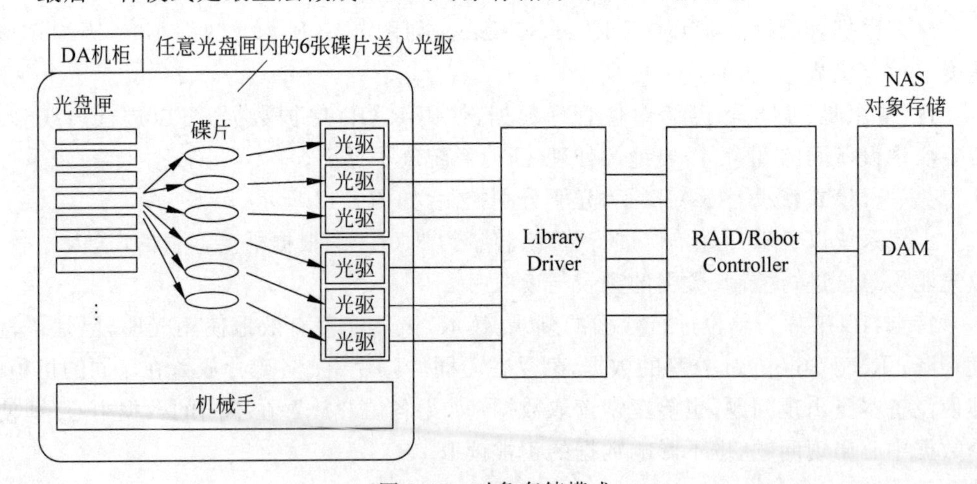

图 8-12　对象存储模式

上层系统以卷为单位进行管理,容量可调;将光盘匣分为两组(6张为一个单位),分割至每个卷使用;采用NAS、Object Storage的刻录读取方式,可以进行文件的访问。

特征:有NAS、对象存储等接口,与现存系统的连接性高,可以与普通的ISV相连接;因为以光盘匣为单位进行数据的刻录、读取,可以保证高传输速度、RAID冗余、离线管理等。

优势/不足:以光盘匣为单位管理数据,使用RAID保护数据,可以进行离线管理;若要实现设备间的冗余,需要镜像处理,所以将提高系统成本。

8.3.3 全息存储技术

全息存储是20世纪60年代随着激光全息照相技术的发展而出现的一种高密度、大容量的信息存储技术。全息存储是在全息照相技术的基础上发展起来的。全息照相是由一路物光,一路参考光,在一定的夹角、一定的分光比满足相干条件的情况下,经过曝光、显影、水洗、定影、水洗、晾干等处理得到一张全息图。而这张全息图在未显影、定影之前,如果再改变物光、参考光的角度,相应地改变多种物体,可以得到多张全息照片,全息存储正是利用这一特点,把物光、参考光缩小成为"点",再改变角度。即在一个小点上,改变几个角度又记录多个物体信息,使得存储量剧增。全息存储与一般的光学存储及磁盘存储相比具有以下优点。

(1) 存储量大。全息存储既能在二维平面上存储信息,又能在三维空间内进行立体存储,改变物光、参考光夹角,还能使许多信息重叠。

(2) 保密性强。全息存储可以方便地进行加密存储,增加信息的安全性。

(3) 全息图冗余度大。每一信息位都存储在全息图的整个表面或整个体积中,因此全息片上有污迹刮痕等缺陷对存储影响很小,也不会引起丢失信息的现象。

(4) 全息图本身具有成像功能,因此即使不用透镜也能写入或读出。并且由于全息的材料不仅具有抗干扰能力,强度和保存时间久的特点,还能批量生产,价格便宜,全息存储被认为是最具有潜力且能与传统的磁盘和光盘存储技术相竞争的新型技术。

第9章 视频监控系统的行业应用

商业综合体是物质密集、人员集中、现金流量大的场所，是人们在社会交流以及公务活动中必不可少的交流场所。随着通信技术、控制技术和计算机网络技术的发展和普及，如何满足不断变化的使用者的需求，对商业综合体实现统一、有序、智能化的管理，是商业综合体视频监控系统应用的目标。

随着城市建设步伐的加快，人们需要快节奏加以适应，商业综合体视频监控系统已渗透到社会发展中，逐渐成为城市安防的主力军，为了提高城市安全发展，综合体根据不同需求，以多种组合形态满足城市安全发展。

9.1 需求分析

使用高清视频监控技术，可实现对管理区域的可视化管理，结合部分实用的智能化技术，在实现可视化的同时，有效提高综合安防管理的业务效率。

9.2 监控系统设计

商业体视频监控系统的设计思路如下。

前端设备均采用高清 IPC，从而实现高清视频采集，同时为满足前端多种应用场景的不同需求，推荐不同类型、不同功能的 IPC。

采用 NVR(或 CVR)存储模式对实时视频进行分布式(或集中式)存储，实现存储系统的高可靠性、高性价比。

部署模块化、集成化的视频综合平台，结合高清显示大屏实现视频图像、电子地图、计算机信号的上墙显示、拼接控制等功能。

建立统一的综合管理平台，实现对系统的统一管理；同时引入视频质量诊断技术，保障系统稳定运行。

充分考虑原有系统利旧，实现新老系统的无缝对接，降低成本，减少资源浪费。

系统采用高清视频监控技术，实现视频图像信息的高清采集、高清编码、高清传输、高清存储、高清显示；系统基于 IP 网络传输技术，提供视频质量诊断等智能分析技术，实现全网调度、管理及智能化应用，为用户提供一套“高清化、网络化、智能化”的视频图像监控系统，满足用户在视频图像业务应用中日益迫切的需求。系统拓扑图如图 9-1 所示。

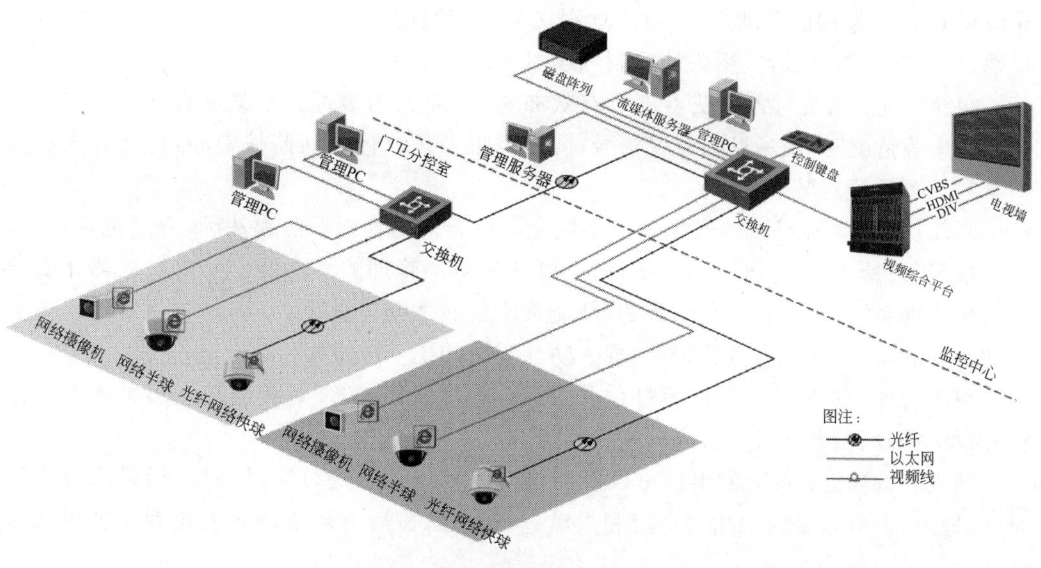

图 9-1 系统拓扑示意图

1. 功能说明

全天候监控功能：通过安装的全天候监控设备，全天候 24h 成像，实时监控综合体室内、电梯轿厢、电梯厅、安全通道、室外路口、周界、出入口、地下室、屋顶等区域的安全状况。

昼夜成像功能：方案中涉及的半球摄像机和固定枪式摄像机部分采用红外模式的摄像机，可见光成像系统的彩色模式非常适合天气晴朗、能见度良好的状况下对监视范围内的观察监视识别；红外模式则具有优良的夜视性能和较高的视频分辨率，对于照度很低甚至 0lx 照度的情况下具有良好的成像性能。

高清成像功能：商业综合体主要出入口部署高清摄像机，商业综合体室外的主要路口，开阔区域部署高清快速球形摄像机，利用高清成像技术对区域内实施监控，有利于记录商业综合体车辆、人员面部等细部特征。

自动跟踪功能：商业综合体周界和主要路口、室外开阔区域采用高清智能快速球机，当发现运动物体后，系统会停止继续执行摄像机的巡逻程序，而对目标图像变焦放大，并跟踪目标，以便对运动录像，并发出报警。这些动作都不需要操作人员的帮助，使操作人员能处理报警或采取其他行动。

前端设备控制功能：可手动控制镜头的变倍、聚焦等操作，实现对目标细致观察和抓拍的需要；对于室外前端设备，还可远程启动雨刷、灯光等辅助功能。

智能视频分析功能：在商业综合体的周界、地面及地下停车场等位置采用智能球形摄像机，配合中心管理软件，具有视频分析识别报警功能，能够对商业综合体周界、地面及地下停车场进行警戒线、警戒区域检测，对于满足条件的非法活动目标进行区分自动报警，为及时出警提供依据。

分级管理功能：记录配置客户端、操作客户端的信息，包括用户名、密码和用户权限（系统资源），在客户端访问监控系统前执行登录验证功能。在商业综合体安防控制中心建设以C/S为架构的管理平台，对于远程访问和控制的人员，可以通过授权登录Web客户端，实现对摄像机云台、镜头的控制和预览实时图像、查看录像资料等功能。

报警功能：系统对各监控点进行有效布防，避免人为破坏；当发生断电、视频遮挡、视频丢失等情况时，现场发出告警信号，同时将报警信息传输到监控中心，让管理人员第一时间了解现场情况。

联动功能：商业综合体安全防范系统是以综合安防管理平台为基础，通过视频监控、入侵报警、门禁、巡更等既可独立运行，又可统一协调管理的多功能、全方位、立体化安防自动化管理系统，建立起一套完善的、功能强大的技术防范体系，以满足对商业综合体安全和管理的需要，配合人员管理，实现人防与安防的统一与协调。

集中管理指挥功能：在指挥中心采用综合管理软件，实现对各监控点多画面实时监控、录像、控制、报警处理和权限分配。

回放查询功能：有突发事件可以及时调看现场画面并进行实时录像，记录事件发生时间、地点，及时报警联动相关部门和人员进行处理，事后可对事件发生视频资料进行查询分析。

电子地图功能：系统软件多级电子地图，可以将区域通过平面电子地图以可视化方式呈现每一个监控点的安装位置、报警点位置、设备状态等，利于操作员方便快捷地调用视频图像。

设备状态监测功能：系统前端结点为网络摄像机，它们与软件平台之间保持IP通信和心跳保活，软件平台能实时监测它们的运行状态，对工作异常的设备可发出报警信号。

2. 点位设计

1）前端设备技术要求

前端摄像机是整个视频监控系统的原始信号源，主要负责各个监控点现场视频信号的采集，并将其传输给视频处理设备。监控前端的设计将结合商业综合体实际监控需要选择合适的产品和技术方法，保障视频监控的效果。

作为监控系统的视频源头，摄像机对整套监控系统起着至关重要的作用。对摄像机的基本要求是：图像真实清晰、适应复杂环境、安装调试简便。

(1) 图像真实清晰——摄像机种类很多，其本源是内部核心部件“图像传感器＋数字处理芯片”，针对不同的行业有完全不同的优化方案。例如，广播电视系统的图像处理偏艳丽，这符合观众的视觉需求。相对而言，视频监控系统对图像的要求是真实还原，尤其是图像的色彩应与现场一致，例如，人的肤色、衣着颜色、车辆颜色等。此外，镜头倍数也将影响用户捕获图像的景深，广角取景能获取全景概况，长焦取景能获取人脸面部特征，因此，用户对图像要求与使用场景密切相关。当然，在特殊场景下还需要特殊功能进行匹配，例如，超低照度、宽动态等。

(2) 适应复杂环境——与硬盘录像机、交换机所处环境不同，摄像机一般都置于风吹日晒的环境下，天气变化都会影响摄像机的工作。耐高温、抗雷击、防水防尘等应达到相关指标，摄像机应该能在恶劣环境下正常工作。有些环境下室外摄像机护罩内应该有加热、除湿等装置，防水防尘级别应该达到IP66，内部电路应该具备防浪涌保护设计，抗3000V雷击。

(3) 安装调试简便——摄像机多安装在难以摘取的位置,因此使用过程中的再度调试是较麻烦的,也会增加维护成本。摄像机应该提供OSD操作菜单供用户远程调试及参数修改。此外,建议对摄像机以UPS集中供电以保证电源洁净,防止串扰。

2) 前端监控点的选择

根据监控点的具体位置和情况,采用红外枪机、强光抑制摄像机、宽动态摄像机、高清智能球形摄像机和一体化网络摄像机相结合的方式。

整个综合体视频监控系统可以分为以下三道防线。

第一道防线:综合体周界、主要出入口,结合中心管理软件,周界主要采用视频监控+入侵报警+智能行为分析的方式来实现,当入侵探测器检测到非法进入时,摄像机联动录像。主入口采用高清智能快速球形摄像机+强光抑制摄像机实现对该区域的监控,对进出车辆的车牌识别存档及进出人员的跟踪定位。

第二道防线:综合体道路、主要路口等区域,该部分路口、道路主要采用自动跟踪快球形摄像机来实现该区域内的监控。

第三道防线:综合体室内,安装在建筑物入口的宽动态摄像机,安装在电梯厅等位置的低照度枪式摄像机,安装在电梯轿厢的电梯专用摄像机,安装在地下室的红外枪式摄像机、室内快球形摄像机等不同类型的摄像机来实现相应区域内的监控。

根据监控点的具体位置、不同应用和光照等情况,选用不同类型的摄像机。

3) 前端摄像机选型原则

前端摄像机选型原则如表9-1所示。

表9-1　前端摄像机选型原则

序号	位　　置	清晰度	选　　型
1	综合体入口及主干道	高清	强光抑制摄像机
2	各楼入口、走廊	高清	宽动态半球形摄像机
3	办公区、电梯厅	高清	低照度半球形摄像机
4	电梯轿厢	高清	电梯专用摄像机
5	楼梯、地下室	高清	低照度枪式摄像机
6	周界围墙	高清	红外摄像机

下面对摄像机的具体选用做详细介绍。

综合体的公共区域要求加以监控的区域有:商业综合体的室外广场、各出入口、下沉式广场、空中花园、商业步行街、商业综合体内顾客休息区、中庭、各服务台、中手扶电梯与直梯,以及地下车库等。

考虑安装设备兼顾建筑的外立面美观,设备尽可能采用壁装方式监控商业综合体的广场、下沉式广场与空中花园;为不影响室外的园林效果,同时不给顾客造成不适感,尽可能减少安装监控设备,尤其尽量减少单独立杆。壁装的监控设备可采用红外筒式网络摄像机做定焦监控;广场的园区采用室外球形网络摄像机立杆安装,或借用灯杆抱箍安装。广场采用球形网络摄像机的好处在于,既可做定点定焦监控(设置预置点),同时还可做大范围巡视。

各出入口是进出商业综合体的必经地，按照民用安防设计规范，需在每个出入口安装监控网络摄像机。为不给顾客带来不适感，设备采用较宜融入装修风格的半球形网络摄像机。该处网络摄像机可具备两个功能：一方面可满足重点区域的安全防范作用；另一方面可利用该处的网络摄像机设备，为商业综合体做该处视频客流统计的采样点，提供相关数据报表做营销策略分析。

为扩大视频监控范围，商业步行街也可考虑安装少量的半球形网络摄像机，布置设备以主干道、转弯交叉口等为关键点布置。

商业综合体的休息区是顾客的集聚地，在该处的顾客往往会身感疲惫，或带些已购好的商品在该处休息，很容易为不法分子创造较好的作案时机。为减少案件事件发生及案后追查，在商业综合体休息区较好的视角位置安装半球形网络摄像机，对休息区全范围监控。

中庭是连接各商业综合体功能区的枢纽，该处设置视频客流统计的采样点，较能客观地反映出各功能区的人流量情况，分析出顾客感兴区的商业区域。

服务台是面对顾客的形象窗口，商业综合体的工作人员仪容仪表及工作状态是体现给顾客尊重感的重要一环。相关管理人员不定期对前方一线的工作人员状态进行巡视也是必不可少的工作内容，如能借用商业综合体内的安全防范系统的资料对前方员工的工作状态巡查，既可提高工作效率，同时可将不良的工作行为存档，做反面教育素材。另一方面，服务台也是较容易发生纠纷的区域，为维护商业综合体的权益，对无理顾客的案发举证也是非常有必要的。从以上两点考虑，可在商业综合体每个服务台的内侧、外侧分别安装半球形网络摄像机，全景监控服务台。

为增加顾客体验，商业综合体基本都会在内部安装多处手扶电梯方便顾客上下楼。与此同时，由于顾客使用不当或小孩子打闹发生的不愉快事件在国内时有发生，事后追查、责任界线成为许多管理部门头疼的事。另外，手扶电梯是否过载运行，是否需要启动电梯分流预案，也是管理部门重点关注的问题。从上述两个问题考虑，在每个手扶电梯对面安装高清网络摄像机是非常必要的，在监管电梯是否被顾客正确使用的同时，可通过人流量的统计，计算出该处电梯是否为过载设备，以便提早发生预警，启动电梯分流预案。

综合体的每个直梯候梯厅，也是进出商业综合体的必经地，需在每个候梯厅安装监控网络摄像机。

图 9-2　地下停车库视频监控

地下停车库的视频监控也是必不可少的，为保证顾客的车辆安全，在地下停车场的主要通道均需设置支持低照度环境监控的摄像机，通过广角，实时监控车库情况，以备案发后查证，如图 9-2 所示。

在外墙和制高点，适合布置大场景的视频监控和全景的监控设备，推荐现在主流的星光级全景网络高清智能球形摄像机，采用一体化设计，单产品即可同时提供全景与特写画面，兼顾全景与细节，如图 9-3 所示。

图 9-3　摄像机效果图

3. 网络设计

视频监控系统中，视频信号的传输是整个系统非常重要的一环，这部分的造价虽然所占比重不大，但关系到整个视频安防监控系统的图像质量和使用效果，因此要选择合理的传输方式。目前，在高清监控系统中最常用的传输介质是双绞线、光纤等方式。

1）视频双绞线传输

视频双绞线基带传输是用 5 类以上的双绞线，利用平衡传输和差分放大原理。这种传输方式的优点是线缆和设备价格便宜，传输距离相对较远。

2）光缆传输

光缆传输技术是远距离传输最有效的方式，传输效果也都公认比较好，适于几千米到几十千米以上的远距离视频传输。具体实施是通过光缆把视频编码信号传输到监控中心的汇聚交换机上进行监控和存储；控制信号通过汇聚交换机传输到前端设备，完成对前端高清摄像机的控制。

根据两种传输方式的特性，在本书的视频安防监控系统中，两种传输方式比较如下。

图像质量：光纤>超 5 类非屏蔽双绞线。

传输距离：光纤>超 5 类非屏蔽双绞线。

布线成本：光纤>超 5 类非屏蔽双绞线。

根据本次监控系统的整体构架及商业综合体实地情况，对于不同场合、不同的传输距离，选择不同的传输方式。

室外场所一般距离监控中心较远，且因对监控中心信号有防雷的要求，宜选用光纤传输方式传输信号，有效地避免了视频信号受到雷击和静电的干扰和破坏，确保视频信号稳定、可靠地采集和传输。

由于本次视频监控系统采用纯网络架构，因此室内的监控点只需通过网线接入到就近弱电室的接入交换机上，距离超出 100m 的则可考虑采用光纤传输。

当必须穿越复杂的电磁环境（如附近有大功率电动机）时，建议采用光纤传输方式。

3）电源及控制信号传输

前端摄像机建议采用 UPS 统一供电，UPS 供电线路部署到每个楼栋或室外弱电箱，通过变压后输出给前端摄像机，直流供电线路采用 RVV2 * 1.0。

9.3 智能技术

1. 视频质量诊断技术

视频质量诊断是一套智能化视频故障分析与预警系统，主要由管理中心的诊断分析仪客户端管理软件组成，其采用视频质量诊断技术，应用计算机视觉算法通过对前端设备传回的码流进行解码以及图像质量评估，对视频图像中存在的质量问题进行智能分析、判断和预警，系统采用轮巡的方式，在短时间内对大量的前端设备进行检测。

判断的状态主要包括信号丢失、图像模糊、亮度异常、图像偏色、视频雪花、条纹干扰、画面冻结。故障定义如下。

1）信号丢失

信号丢失是由于前端设备损坏或者传输环节故障引起的信号丢失现象，包括单色画面、叠加 OSD 画面等人造画面。图像情况如图 9-4 所示。

图 9-4 信号丢失效果图

2）图像模糊

图像模糊是由于聚焦不当、镜头灰尘、镜头涂抹、异物遮挡导致的图像画面不清晰。图像情况如图 9-5 所示。

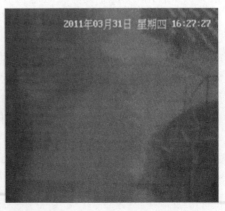

图 9-5 图像模糊效果图

3）亮度异常

亮度异常是由于摄像机增益异常、曝光不当、光照条件异常等原因引起画面过亮、过暗、闪烁等故障。图像情况如图 9-6 所示。

图 9-6　亮度异常效果图

4）图像偏色

图像偏色是由于视频线路接触不良、信号干扰等原因造成的视频画面发生偏色，甚至某种颜色缺失。图像情况如图 9-7 所示。

5）视频雪花

视频雪花是由于视频信号干扰、线路接触不良引起的点状、尖刺等图像质量故障。图像情况如图 9-8 所示。

图 9-7　图像偏色效果图

图 9-8　视频雪花效果图

6）条纹干扰

条纹干扰是由于线路老化、接触不良、线路干扰导致的横条、滚屏、波纹等带状、网状噪声故障。图像情况如图 9-9 所示。

图 9-9　条纹干扰效果图

7）画面冻结

画面冻结是由于传输系统故障导致的，一般表现为画面静止不动，包括时标 OSD 部分不动。

上述视频故障用户可通过客户端软件或 Web 浏览器登录客户端管理平台软件，根据实际情况，实现设备信息管理、检测计划管理、检测结果管理等。客户端管理平台根据协议，将设备、监控点信息、计划信息等发送至诊断服务器，诊断服务器按照检测计划进行巡检，同时用户可以通过客户端管理平台对结果进行查询以及结果导出。

2. 行为分析技术

行为分析技术主要由管理中心的智能分析服务器组成，该技术主要基于背景建模技术，在静态场景（摄像机不发生位移）下查找出以人为主要防范对象的动态目标，并根据设置的报警规则进行报警。主要的检测事件有警戒区域入侵、跨越警戒面（虚拟围墙）、警戒区域徘徊。模拟的应用场景效果如图 9-10 所示。

图 9-10　行为分析效果图

上述场景当发生报警时，在管理中心通过多种多媒体联动方式引起监控人员注意，并帮助监控人员迅速定位报警地点及原因，快速做出反应。管理中心可提供如下报警提示。

报警点电子地图联动：在电子地图中反映出报警方位，帮助监控人员迅速定位报警地点。

报警实时图像弹出：及时在屏幕上弹出报警图像，帮助监控人员了解报警事件。

语音报警：用语音的方式读出通道名称、报警名称。

3. 自动跟踪技术

智能自动跟踪球形摄像机主要应用于综合体的周界防范和出入口跟踪，利用高速DSP芯片对图像进行差分计算，可自动识别视觉范围内物体运动的方向，并自动控制云台对移动物体进行追踪。再辅以自动变焦镜头，目标物体在进入智能跟踪球形摄像机视线范围内直至离开的这段时间里，物体所有动作将以特写的形式清晰地传往监控中心。

在实际使用中，当目标进入球形摄像机的用户设置的检测区域并触发行为分析规则，系统将自动产生报警，球形摄像机放大并持续跟踪报警目标。监控关键帧效果如图9-11所示。

图9-11　自动跟踪技术效果图

4. 全景技术

全景网络高清智能球形摄像机采用一体化设计，单产品即可同时提供全景与特写画面，兼顾全景与细节。另外，全景球形摄像机假如集成了先进的视频分析算法和多目标跟踪算法程序，可实现自动或手动对全景区域内的多个目标进行区域入侵、越界、进入区域、离开区域行为的检测，并可输出报警信号和联动云台跟踪，从而满足高等级要求的安保需求。

部分大区域场景会遇到监控覆盖不全的现象，用多个监控也不能做到完全覆盖并且多个监控图像不能进行无缝拼接。有的全景摄像机则能完美解决该问题，全景摄像机自带拼接服务器功能，可以将自身各个摄像机图像无缝拼接输出，覆盖整个场景进行无死角监控。其球形摄像机还可放大查看细节，全景和细节兼顾。具体效果如图 9-12 所示。

图 9-12　全景技术拍摄效果

9.4　视频智能应用

视频智能应用部分主要包含行为分析、人脸应用、客流统计等应用。

1. 行为分析

1）异常行为分析

通过接入行为分析摄像机，平台可接收人员异常行为检测事件，检测事件包括人数异常、间距异常、徘徊检测、剧烈运动、在离岗检测、倒地检测、滞留检测、跨线检测和奔跑事件，进行人员异常行为的分析、报警和联动。不同的异常行为检测功能可用于不同的监控场景，防范安全事件的发生，向安保人员报警及时处理，尽量将安全事件的损害降低。

如徘徊和滞留检测，可应用于综合体内部和外围道路、墙角监控，采集人员徘徊的信息，为可疑人员预警和反侦察踩点提供了证据，如图 9-13 所示。

图 9-13　人员徘徊检测

离岗检测可应用于对安保人员的离岗检测报警,防止安保人员擅自离岗,如图9-14所示。

图9-14 安保人员离岗检测

2) 报警联动

平台可通过报警弹窗、蜂鸣器报警、I/O输出等多种方式进行周界防范报警联动。

2. 人脸应用

人脸应用在综合体中具有广泛、巨大的价值。如人脸身份核验应用,可应用于出入口识别业主及工作人员,以及对进出综合体的访客等人员检测和识别,通过对抓拍的人脸进行实时比对,比对成功后联动闸机进行开门,实现内部人员或相关人员进出大门出入口的管控。

除此之外,人脸身份核验还可以应用于其他重要区域,如综合体工作人员比对、酒店/商超/连锁惯偷识别等场景。

人脸(黑名单)布控报警应用,可应用于综合体的出入口、大厅等场景,满足用户对于不法分子、惯偷、闹事者、地痞流氓、社会"混混"等可疑人员的检测和识别,以及其他人员(综合体VIP等重要人员)的检测和识别,并对抓拍的人脸进行实时比对,比对成功后进行报警。

人脸检索应用,可用于事后追溯、证据查询等场景,通过下发人脸,在人脸抓拍库中进行人脸比对、搜索,比对成功后返回搜索结果,满足用户对于人脸搜索的需要。

通过上述场景和需求分析,人脸智能分析主要功能包括人脸抓拍、人脸身份核验、人脸布控报警、人脸检索和人脸库管理。

1) 人脸抓拍

通过人脸检测算法,前端智能摄像机从实时视频数据或录像视频中,自动检测、跟踪人脸图片,如通过对运动人脸进行检测、跟踪、抓拍、评分、筛选一系列流程,结合人脸质量判断规则,自动选出符合人脸提取条件的人脸抓拍照片并进行输出,如图9-15所示。人脸抓拍中一般包含人脸的性别、年龄、是否戴眼镜等特征的识别。

人脸抓拍的质量在很大程度上决定了人脸智能分析的应用场景和功效,可通过如下技术不断提高人脸抓拍的质量。

(1) 人脸区域曝光功能和曝光算法。在检测到人脸之后,自动根据人脸区域亮度的变化控制曝光参数,在逆光或者过曝的光照环境下,优先保证人脸的亮度。在逆光场景下,启用人脸区域曝光的效果明显优于普通曝光算法抓拍的人脸,如图9-16所示。

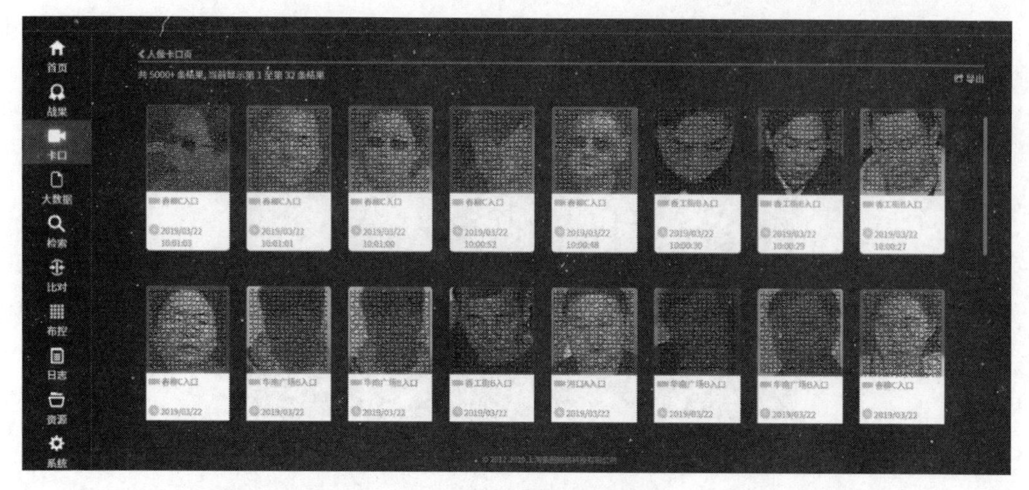

图 9-15 人脸抓拍查询

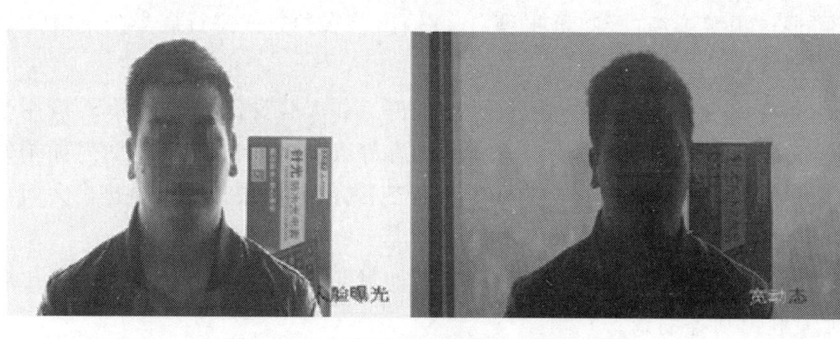

图 9-16 人脸区域曝光和宽动态对比图

(2) 推荐使用具有深度学习能力的人脸抓拍机。深度学习的人脸抓拍机相比传统的智能产品,具有精确度更高和场景适应能力更强的特点。场景适应能力更强体现在小目标场景和大角度场景中,检出率较传统的智能产品显著提高。

2) 人脸比对

平台向比对设备下发需要进行人脸比对的人员信息并存入名单库中,比对设备接收人员信息后与绑定的前端 IPC 抓拍的人脸进行比对,将相似度阈值(平台下发)之上的比对结果和信息发送给平台,完成比对。其中,相似度阈值范围由平台下发,可根据用户需要设置不同的阈值,一般人脸比对阈值为 80%~90%,阈值太高可能导致比对无结果,遗漏重要信息;阈值太低会导致比对结果过多,需要人工二次确认,造成效率低下。

人脸比对功能是人脸应用中的基础功能,基于此功能结合不同的使用场景,可开发人脸身份核验、人脸布控报警、人脸检索(以脸搜脸)、人脸一对一比对、人脸轨迹分析、人脸碰撞等多种应用,满足用户不同的需要。下面详细介绍人脸身份核验、人脸布控报警、人脸检索(以脸搜脸)三类应用。

(1) 人脸身份核验。

由具备人脸身份核验管理权限的用户进行人脸身份核验设置,将需要核验的人脸下发到名单库,并将名单库与指定的比对设备(具备比对功能的前端摄像机/后端比对设备/

服务器比对)进行关联核验。关联后，摄像机抓拍的人脸只与其关联的名单库内人脸进行比对识别和联动。

人脸比对设备将推送过来的人脸照片进行建模，并和关联的人脸库内的人脸图片进行比对，如果比对结果中有一个或多个相似度达到或超过预设报警阈值，选取相似度最高的人脸图片作为识别结果(不同的模式上报不同张数)，并将识别的人脸图片和比对结果推送到平台，在平台中对人脸比对事件进行查询报警信息和比对结果。

比对设备成功比对后可进行联动，可通过 I/O 与需要联动的设备(如开门闸机)进行硬联动，直接联动开门。硬联动需要在设备上进行配置；或将比对结果发给平台，由平台具有权限的管理员进行联动闸机开门，实现软联动，如图 9-17 所示。

图 9-17　人脸身份核验刷脸开门

人脸身份核验的业务流程如图 9-18 所示。

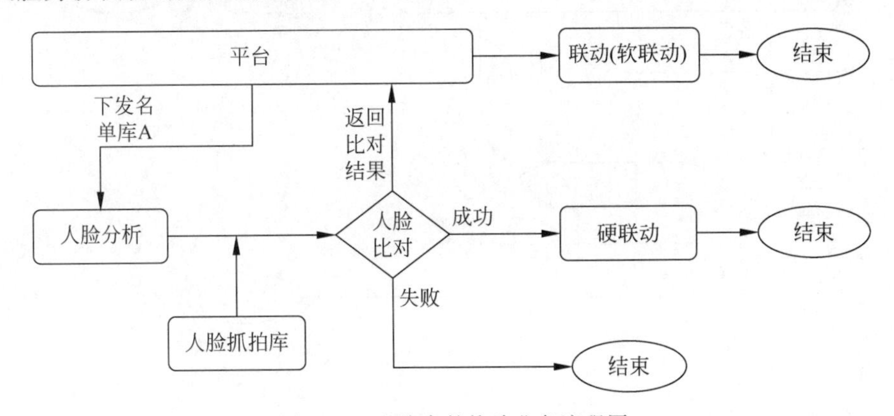

图 9-18　人脸身份核验业务流程图

(2) 人脸布控报警。

由具备布控管理权限的用户进行人脸布控设置，将需要布控的人脸下发到名单库，并将名单库与指定的比对设备进行关联布控。关联后，摄像机抓拍的人脸只与其关联的名单库内人脸进行比对识别和报警。

人脸比对设备将推送过来的人脸照片进行建模，并和关联的人脸库内的人脸图片进行比对，如果比对结果中有一个或多个相似度达到或超过报警阈值，选取相似度最高的人脸图片作为识别结果（不同的模式上报不同张数），并将识别的人脸图片和比对结果推送到平台，在平台中对人脸比对事件进行查询报警信息和比对结果，如图 9-19 所示。

图 9-19　人脸布控报警

平台接收到人脸实时比对报警，将对应的人脸图片及信息显示出来，警示值班人员关注和处理，并可进行相关联动。

人脸布控报警业务流程如图 9-20 所示。

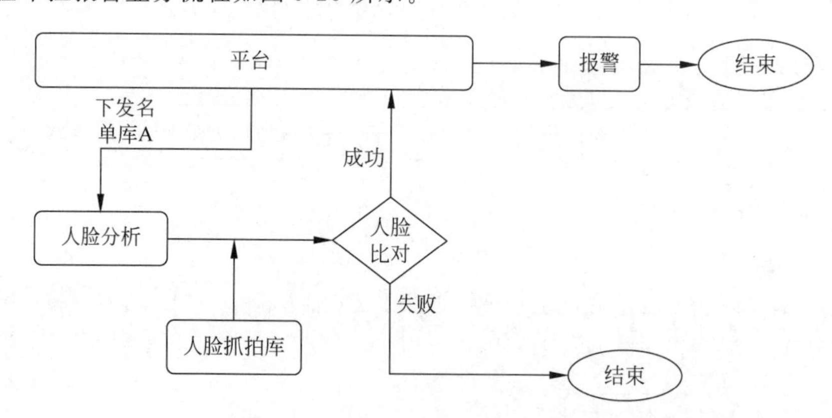

图 9-20　人脸布控报警业务流程图

(3) 人脸检索。

人脸检索包括通过人脸以图搜图和通过人脸属性进行人脸检索两个功能。

① 人脸以图搜图。

在平台上导入人脸图片后，通过人脸以图搜图功能进行人脸检索。可直接输入人脸图片、人脸相似度阈值、检索数量、其他检索条件，选择抓拍的摄像机和时间段，在抓拍库中通过人脸图片查找是否有匹配的人脸图片，如果抓拍库中存在一张或多张达到或超过阈值的人脸图片(阈值之上的图片最多 99 张),按照抓拍时间/相似度进行分页排序,如图 9-21 所示。

图 9-21　人脸以图搜图

人脸以图搜图业务流程如图 9-22 所示。

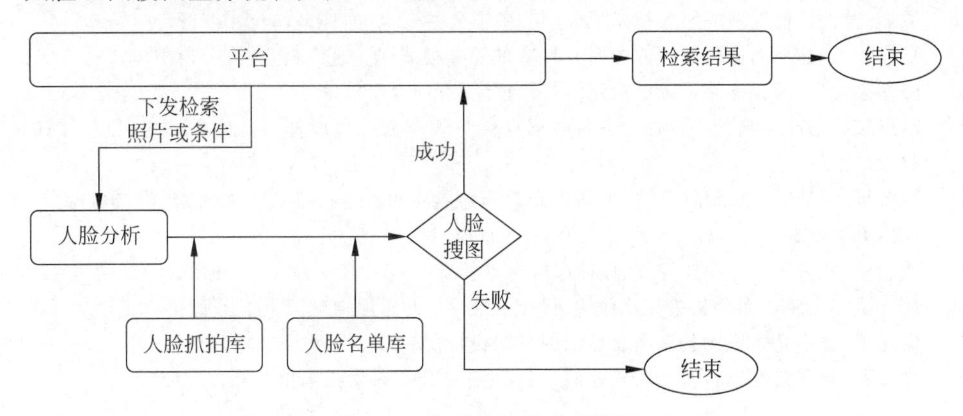

图 9-22　人脸检索业务流程图

② 人脸属性检索。

系统接收前端人脸抓拍机上报人脸抓拍事件,其中包含人脸的性别、年龄段和是否戴眼镜三个属性。可按照性别、年龄段和是否戴眼镜三个属性进行人脸属性检索,搜索具有相同属性的人脸图片。

3) 人脸库管理

(1) 名单库添加。

平台支持创建、编辑、删除名单库,根据不同的需要,系统可创建多个不同的名单库,可便于用户根据自身需求将不同的名单库用作不同的比对功能,如名单库可设置高度危险人员名单库、一般等级危险人员名单库等。

(2) 名单库人员添加。

平台可向各名单库添加、编辑、删除人员信息和人脸图片,进行人员信息和人脸图片的信息注册,系统自动完成人脸特征提取及建模,一个人员可对应多张人脸图片。

参 考 文 献

[1] 叶贾宁. 吴学智. SIP 在视频监控系统互联互通中的应用研究[J]. 舰船电子工程，2010，(10)：148-150.

[2] 肖行诠. 李富祥. 视频监控系统平台互联互通的建设思路[J]. 电力系统通信，2010，(7)：30-35.

[3] 高伟. 计算机控制系统[M]. 北京：中国电力出版社，2000.

[4] 马伟明. 电力电子系统中的电磁兼容[M]. 武汉：武汉水利电力大学出版社，2000.

[5] 王庆斌，等. 电磁干扰与电磁兼容技术[M]. 北京：机械工业出版社，2002.

[6] 郑传伟，张密林，董国君. 等离子显示器用荧光粉[J]. 化工新型材料，2002，(1)：15-18.

[7] 朱伟长，王露. 彩色等离子显示器用红色荧光粉的研究现状[J]. 安徽工业大学学报（自然科学版），2007，(2)：137-139.

[8] 王育华，Tadshi E. 等离子显示屏（PDP）用新型红色发光体的合成及光学特性[J]. 液晶与显示，2003，(5)：325-331.

[9] 何遥. 人工智能注入安防平台软件中国公共安全[J]. 工程科技，2016，(19)：49-51.

[10] 赵志刚. 音视频内容的数字版权管理与信息安全[J]. 黑龙江科技信息，2016，(28)：278.

[11] 袁星范，蔡敏. 解码器的硬件设计与实现电子设计工程[J]. 电子设计工程，2016，(22)：57-64.

[12] 罗超. 监控传输领域的四大技术风尚[J]. 中国公共安全，2016，(18)：46-48.

[13] 夏广武. 王楠移动视频监控业务及其特有的商业模式[J]. 通信企业管理，2010，(05)：79-81.

[14] 陈润瑜. 浅谈闪存存储系统的应用[J]. 科技风，2016，(24)：6.

[15] 赵彦庆，程芳，李鸿飞，等. 海量空间数据存储与管理云平台设计[J]. 信息系统工程，2016，(12)：34-36.

[16] 曾令筏，邹景岚，张豪磊，等. 一种基于光学隧穿效应的新型拾音器方案探索[J]. 激光技术，2017，(6)：872-875.

[17] 贺志坚，欧阳毅，郑虎鸣，等. 驻极体电容振动拾音器（ECVP）[J]. 电声技术，2017，(3)：27-30.

[18] 何立民. MCS-51 单片机应用系统设计[M]. 北京：北京航空航天大学出版社，1990.

[19] 廖燕平. 薄膜晶体管液晶显示器显示原理与设计[M]. 北京：电子工业出版社，2016.

[20] 徐端颐. 超高密度超高速光信息存储[M]. 沈阳：辽宁科学技术出版社，2009.

图书资源支持

感谢您一直以来对清华版图书的支持和爱护。为了配合本书的使用，本书提供配套的资源，有需求的读者请扫描下方的“书圈”微信公众号二维码，在图书专区下载，也可以拨打电话或发送电子邮件咨询。

如果您在使用本书的过程中遇到了什么问题，或者有相关图书出版计划，也请您发邮件告诉我们，以便我们更好地为您服务。

我们的联系方式：

地　　址：北京市海淀区双清路学研大厦 A 座 714

邮　　编：100084

电　　话：010-83470236　010-83470237

客服邮箱：2301891038@qq.com

QQ：2301891038（请写明您的单位和姓名）

资源下载：关注公众号“书圈”下载配套资源。

资源下载、样书申请

书圈

获取最新书目

观看课程直播